灰色预测模型的优化研究

HUISE YUCE MOXING DE YOUHUA YANJIU

李晔　刘斌　刘盼　白雪　著

中国农业出版社
北　京

FOREWORD 前　言

“凡事预则立，不预则废”，预测问题从古至今，从国家大事到日常工作和生活的方方面面都是人们所关注的焦点之一。如果能够根据目前已掌握的数据、事物现状等信息得到相对科学可靠的预测结果，从而对事情未来的发展演化做出有针对性的应对措施或计划，将会发挥事半功倍的作用。另一方面，由于客观世界受诸多因素的影响具有不确定性，而人们的认知水平和信息获取途径也表现出一定程度的局限性和有限性，因此得到的描述事物特征的数据往往包含不确定性信息。那么，如何从少量、不确定性数据中挖掘有效信息，并根据这些有限信息得到科学合理的事物未来发展状态，成为现代管理领域的重要研究内容之一。

灰色系统理论作为解决具有“少数据、贫信息”特征的不确定性问题的新思想，由中国学者邓聚龙教授于 20 世纪 80 年代提出，之后便得到迅速发展和壮大。灰色预测模型是灰色系统理论的重要研究内容，由于其具有只需要少量的数据便可以实现模型建立的优势，目前已在多个领域得到了广泛运用。随着灰色预测模型在实际生活中的应用范围不断扩大，这一新兴的理论体系需要结合新的实际问题进行不断优化和改进。

本书针对以灰数为建模对象的灰色预测模型，研究如何从模型结构层面入手对模型的建模范围进行拓展，即区间灰数预测模型和三参数区间灰数预测模型的优化研究；针对以实数为建模对象的单变量灰色预测模型，研究如何构建基于数据特征的灰色模型，即 FGM（1，1）模型、NGBM（1，1）模型和 GM（1，1，t^{α}）模型的优化研究；针对实际生活中存在的受多因素影响的系统变量预测问题，现有多变量灰色预测模型的局限性，研究如何进一步实现模型优化，即 GM（1，N）模型、DGM（1，N）模型和 MGM（1，m）模型的优化研究。

本书由河南农业大学李晔教授和上海理工大学刘斌教授负责整体框架设计，其中李晔撰写了第 1 章、第 2 章、第 6 章和第 12 章，刘斌撰写了第 3 章、第 4 章和第 5 章，刘盼撰写了第 7 章和第 8 章，白雪撰写了第 9 章、第 10 章和第 11 章，李娟、丁园苹、任洪涛、刘冬玉和王承云等人参与了本书的撰写工作。另外，作者的同事和研究生为本书的撰写、资料的搜集、格式的调整等不辞辛劳地做了很多工作，本书在编写过程中，曾参考和引用了部分国内外相关的研究成果和文献，在此向所有帮助过本书编写和出版的朋友们表示衷心的感谢。

然而，任何一门学科的发展都需要学者们共同的努力，只有集思广益，站在巨人的肩膀上，才能逐渐完善，越走越远，灰色系统理论作为一门新兴学科，还需不断发展，而灰色决策分析方法作为其主要研究内容之一，其理论及应用研究还处于起步阶段，学海无涯，路漫漫其修远兮：灰色预测方法的发展需要更多的学者为之奋斗，愿本书可以起到抛砖引玉的作用。

由于本人水平有限，书中难免有不妥之处，恳请读者批评指正。

李　晔

2023 年 8 月

CONTENTS 目录

1 绪　　论

1.1 研究背景

“凡事预则立，不预则废”，预测问题从古至今，从国家大事到日常工作和生活的方方面面都是人们所关注的焦点之一。如果能够根据目前已掌握的数据、事物现状等信息得到相对科学可靠的预测结果，从而对事情未来的发展演化做出有针对性的应对措施或计划，将会发挥事半功倍的作用。另一方面，由于客观世界受诸多因素影响具有不确定性，而人们的认知水平和信息获取途径也表现出一定程度的局限性和有限性，因此得到的描述事物特征的数据往往包含不确定性信息[1]。那么，如何从少量、不确定性数据中挖掘有效信息，并根据这些有限信息得到科学合理的事物未来发展状态，成为现代管理领域的重要研究内容之一。

灰色系统理论作为解决具有“少数据、贫信息”特征的不确定性问题的新思想，由中国学者邓聚龙教授于20世纪80年代提出，之后便得到迅速发展和壮大[2]。灰色预测模型是灰色系统理论的重要研究内容。作为连接灰色系统理论与实际应用的桥梁，它通过对原始数据序列进行累加生成的方式，来弱化其自身的随机性，并利用差分方程求参数、微分方程求时间响应式的形式进行建模，从而实现系统发展趋势的预测[1]。由于其具有只需要少量的数据便可以实现模型建立的优势，目前已在人口[3]、农业[4]、能源[5]、医疗[6]、经济[7]等多个领域得到广泛运用。随着灰色预测模型在实际生活中的应用范围不断扩大，这一新兴的理论体系需要结合新的实际问题进行不断优化和改进。

传统的灰色预测模型以实数为建模对象，然而，在现实情况中，人们认知水平的局限性和多种外界不确定因素的干扰导致对系统的掌握是模糊的、不清楚的，那么得到的描述系统行为的数据是大概范围已知，而其具体取值难以直接确定的灰数[8]。灰数具有多种不同形式，具体地可以分为上界灰数、下界灰数、区间灰数和离散灰数等。其中，区间灰数是其基础和核心。显然，一般状况下区间灰数是由两个参数表征的灰数。当对客观事物有了进一步的了解并掌握其取值可能性最大的点时，引入新的参数——“重心”点，即以三参数区间灰数的形式刻画问题。所以，三参数区间灰数是一种特殊的区间灰数。在现有研究成果下，灰代数运算方法有待进一步健全，灰数间直接运算会引起结果的灰度变大，直接建立面向灰数序列的预测模型存在一定困难。现阶段对于区间灰数序列的建模主要是通过把区间灰数序列白化为实数序列，并对其建立模型最后逆推区间灰数的表达式。因此，如何从模型结构层面入手对模型的建模范围进行拓展有待进一步研究。

针对以实数为建模对象的单变量灰色预测模型，传统的灰色 GM（1，1）模型是最基本、应用最广泛的灰色模型。然而，该模型为固定线性结构，直接利用其预测具有复杂非线性的现实系统并不能达到理想的预测效果。随着建模对象日益复杂，现有灰色模型难以完全适应现象的发展和变化，构建基于数据特征的灰色模型成为当务之急。为此，需针对不同特征的数据序列，对三种基本的非线性灰色预测模型，即分数阶灰色模型（记为 FGM（1，1）模型）、灰色伯努利模型（记为 NGBM（1，1）模型）和含时间幂次项的灰色模型（记为 GM（1，1，t^{α}）模型），进行结构的改进和优化，构造一系列新的非线性灰色模型与之匹配，最终实现数据序列的准确预测。

针对实际生活中存在的受多因素影响的系统变量预测问题，学者们通常采用多变量灰色预测模型来进行建模预测。随着应用范围的不断拓展，现有的多变量灰色预测模型出现了局限性，主要体现在：①现有的多变量灰色预测模型未能考虑不可定量描述的未知影响因素或干扰项对主系统行为序列的作用；②未能考虑到主系统行为序列自身固有的时间变化趋势；③忽视了驱动因素可能存在的分时段作用机制；④忽视了模型参数随时间变化的动态特征；⑤存在理想化的建模条件。模型结构的不完善以及建模条件的理想化均是导致模型建模效果不佳的原因。因此，基于多变量灰色预测模型存在的实际问题，如何实现模型优化，有待进一步研究。

1.2 研究目的和意义

由于人们面对的复杂系统受内外界扰动的影响，信息获取以及人类认知水平具有局限性，因此我们得到的描述系统行为的数据存在不确定性。为了更准确地掌握这种不确定性，即提前测算系统可能的结果或大致范围，专家提出了灰色系统模型。灰色预测模型是灰色系统理论与实际应用的纽带。深入研究灰色建模机制，对传统灰色预测模型进行延伸和拓展，能够不断丰富和完善灰色预测理论体系。结合现有灰色预测模型在实际应用中存在的问题，选取区间灰数序列和实数序列作为研究对象，从单变量预测及多变量预测两个角度入手进行优化研究。具体研究意义主要体现在以下四个方面，其中前两个方面针对区间灰数序列，后两个方面针对实数序列。

第一，针对区间灰数的研究意义。灰数作为灰色系统的基本单元，灰数与灰数直接进行计算会增大结果的灰度，因此为了避免这一问题，在建立模型前应该通过一定的技术手段将灰数转化为实数。为了不破坏区间灰数的完整性和独立性，从核和认知程度这两个维度挖掘灰数蕴含的信息，将白化后的信息建立预测模型，并反推区间灰数的上下界，完成区间灰数的建模预测。该方法拓展了传统预测模型的建模对象，以区间灰数的形式表示预测结果，更切合实际情况中对系统发展态势的真实认知。在区间灰数建模过程中若分析灰数的取值分布情况，那么可以得到更多有用信息。对区间灰数标准化，得到“白部”和“灰部”，同时从几何图形的角度出发，通过白化权函数在二维坐标平面的映射，提取图形的面积和重心，建立了考虑白化权函数的区间灰数预测模型。此方法分别讨论了三角白化权函数和典型白化权函数的情形，建模方法与原理通俗易懂，建模精度较高。对无偏区间灰数预测模型进行研究，消除模型求解时存在的误差。在采用克莱姆法则求解模型参数估计值的基础上，根据新信息优先原理，选取 $x^{(1)}(n)$ 作为初值条件，运用递推迭代法计算时间响应式，进而得到新信息优先的无偏区间灰数预测模型。该方法能够充分利用新信息，在新信息对事物发展影响较大的问题中能够取得较好的精度。此外，现有的单变量区间灰数预测模型是在区间灰数白化的基础上建模，这并没有从根本上改变灰色预测模型只适用实数预测的本质。因此，如何构建从本质上适用于区间灰数序列预测的模型是灰色系统预测的一个重要研究内容。本研究从模型结构的改进出发，从本质上将灰色预测模型的建模范围由实数拓展至区间灰数。

第二，针对三参数区间灰数的研究意义。由于区间灰数在形式上只给出了灰数可能取值的最大值和最小值，而通常情况下为了覆盖可能的取值区间，该最大值（或最小值）往往设定的较大（或较小），这必然将增大灰数的取值范围。同时，区间灰数的这种表征形式难以在直观上获得较多信息。因此，基于已有的研究成果，进一步研究三参数区间灰数的预测建模问题。以三参数区间灰数“重心”点为分界点，定义上、下信息域，构建基于核和双信息域的三参数区间灰数预测模型。该方法能够体现“重心”点与上、下界点的偏离程度，充分利用已有信息，拓展了模型的应用范围。此外，考虑灰数在取值区间的取值可能性大小，获取更多的取值分布信息，在建立模型的过程中分析三参数区间灰数的可能度函数。根据“数形结合”思想，实现三参数区间灰数到实数的转化，构建基于可能度函数的三参数区间灰数预测模型。此方法不仅计算量小，而且分析了可能度函数的影响，模型具有较好的模拟预测效果。

第三，针对单变量灰色预测模型的研究意义。由于建模对象日益复杂，传统灰色模型难以完全适应其发展变化。传统的灰色 GM（1，1）模型为固定线性结构，直接利用其预测具有复杂非线性的实际数据序列并不能达到理想的预测效果。为此，需针对不同特征的时间序列，构造一系列新的非线性灰色模型与之匹配，最终实现准确预测。本研究针对不同特征的数据序列，对三种基本的非线性灰色预测模型，即分数阶灰色模型（FGM（1，1））、灰色伯努利模型（NGBM（1，1））和含时间幂次项的灰色模型（GM（1，1，t^{α}））进行结构的改进和优化，构造了一系列新的灰色预测模型，并将其应用于能源预测进行验证。研究结果不仅丰富了灰色系统理论体系，而且拓展了灰色系统的实际应用范围。

第四，针对多变量灰色预测模型的研究意义。以 GM（1，N）模型为代表的多变量灰色预测模型能够较好地刻画受多因素影响的主系统行为序列的变化趋势，实用性较强。然而，传统 GM（1，N）模型在建模中存在一定的局限，造成模型预测效果不理想的问题。为此，本研究以 GM（1，N）、DGM（1，N）和 NGBM（1，N）模型为基础模型，针对模型局限进行不断改进和优化，有效完善了多变量灰色预测模型的结构，改善了建模精度。多变量 MGM（1，m）灰色预测模型能够刻画系统变量之间相互影响、相互制约、共同发展的关系，并且可以实现多个系统变量的同时预测。然而，现有的 MGM（1，m）模型在求解过程中存在跳跃性误差问题。另外，在实际应用过程中，存在一类含有时间变化趋势以及相互影响、相互制约、具有共同发展特征的多变量系统（如基坑变形系统）预测，针对此类预测问题，在多变量 DMGM（1，m）直接预测模型的基础上，通过引入时间多项式项的方式，构建了考虑时间因素作用的多变量一阶常微分方程组直接预测模型，增强理论模型构建与实际应用的联系。

1.3 国内外研究现状

1.3.1 区间灰数预测模型研究现状

1.3.1.1 区间灰数

灰色预测模型由于其自身特点已成功解决诸多领域的预测问题。传统的灰色预测模型只能应用于实数序列的建模，无法解决关于灰数序列的预测问题。然而在我们遇到的问题中，系统的复杂性、动态性以及人们认知水平的局限性导致在描述问题时很难用确切的实数，通常选取灰数。为了对问题更加准确地描述和分析，将模型的应用范围扩展到灰数序列是有必要的。

针对扩大模型建模范围的问题，已有不少学者进行了大量的研究。Liu 等[9]定义了区间灰数的核，并给出其运算规则。杨德岭等[10]提出“信息域不减”的推论，在提取区间灰数核的基础上，将最大的信息域值设置为区间灰数的信息域，从而求解出区间灰数的上下界。虽然曾波[11]同样地提取了核信息，但是与之不同的是在区间灰数上下界求解时，从最大灰度和核这两个角度入手。但是该方法并未考虑到区间灰数的“灰度不减”问题，因此叶璟等[12]分情况研究灰度序列的不同增减趋势，选取不同的技术手段建立模型。在核和灰度的基础上，刘解放等[13]则定义了灰半径，根据核序列和灰半径序列建立预测模型。此外，为了提高模型精度，也有学者分别从区间灰数核和灰数带的面积[14]、核和测度[15]等维度完成数据序列的转化。为了避免灰数运算的问题，同时更好地提取区间灰数所蕴含的信息，袁潮清等[16]从发展趋势和认知程度这两个方面着手实现灰数的白化。考虑到在对区间灰数序列进行转化时要保证信息等价和数据完整，文献［17］～［19］将区间灰数序列在二维坐标平面上映射，结合图形几何特征实现数据序列的转化[20]。方志耕[21]等定义了标准区间灰数和第一、第二区间灰数的概念，在此基础上，文献［22］～［23］将区间灰数标准化，利用“白部”和“灰部”实现区间灰数的预测。当时间序列的数据类型不同时，即既含有区间灰数，又包含实数时，Zeng 等[24]通过讨论实数在时间序列中的位置，采用灰序列生成的方法将实数拓展为区间灰数，从而构建了带有实数的区间灰数预测模型。文献［25］～［26］则研究了区间灰数预测模型误差检验的方法。

邓聚龙教授最先给出了白化权函数的相关概念及定义[27]，用来刻画灰数在给定区间内的取值可能性大小。随后不少学者以白化权函数为切入点展开了不同的研究。袁潮清和刘思峰[28]通过分析现有的关于灰数灰度的定义后提出一种新的基于灰数白化权函数的灰度。束慧等[29]给出了白化权函数已知的区间灰数的核与灰度的表达式，并提出了区间灰数的核与灰度。当数据序列中区间灰数白化权函数具有不同特征时，Zhao 和 Zeng[30]根据“灰度不减公理”，提出了含有不同类型白化权函数的区间灰数预测模型。曾波等[31]通过将区间灰数序列及其白化权函数映射在二维坐标平面中，从几何的角度实现数据序列的转化。Wu 等[32]通过引入参数，用变权代替平均权，并使用遗传算法来筛选适合构建 DGM（1，1）模型的参数。由于文献［31］中的方法在白化权函数起（止）点和次起（止）点表达式的推导过程中较为烦琐，因此罗党等[33]作了进一步的改进，提取标准化区间灰数的白部和灰部并建模得到区间灰数的上下界。同时将白化权函数经过映射 T 转化为[0，1]区间上的函数，并根据转化后函数的面积和重心平均值估计预测值的白化权函数。

1.3.1.2　三参数区间灰数

在以区间灰数刻画问题时，为了避免漏掉某些可能取到的值，区间灰数的取值区间需要适当设置的大些，且其取值可能性均等，而这种均值化的方法会弱化区间内某些取值可能性较大的点。因此，卜广志和张宇文[34]引入三参数区间灰数对其进行改进。在此基础上，罗党[35]给出了三参数区间灰数的定义，在不改变原有取值区间的同时可以体现取值可能性最大的点。由于三参数区间灰数自身的良好特性，已有不少学者对其展开研究。

在理论上，王洁方和刘思峰[36]定义了三参数区间灰数的相对优势度，并给出其排序准则。张东兴等[37]根据三参数区间灰数核和精度这两个可以描述其大小的正向指标，通过在坐标平面上的投影定义了相对核的概念。Guo 等[38]提出了三参数区间灰数的上界和下界灰度，从而得到新的距离测度公式，并在此基础上得到灰靶决策模型。同时，学者们也分别从三参数区间灰数的距离熵[39]、余弦相似度[40]等角度构建模型解决生活中的评价决策问题。而关于预测问题，王娜[41]运用集值统计模型得到三参数区间灰数的估计值，通过一定的数学变换实现三参数区间灰数到实数的转化，构建三参数区间灰数预测模型。李晔等[42]通过计算三参数区间灰数的核、“重心”点和精确度来提取其蕴含的灰信息，对灰数进行预测建模。在应用方面，考虑到以实数刻画评价对象的困难性，陈可嘉和陈萍[43]以三参数区间灰数的形式进行度量，并提出灰数序列下的物流供应商评价方法。

1.3.1.3 研究现状述评

纵观以上文献，学者们对区间灰数预测模型的研究主要以如何从已有数据中挖掘有效信息，得到实数序列为切入点，而如何实现由“灰到白”的过程则是构建预测模型的难点。通过对文献的梳理能够发现，可以通过信息分解法、灰色属性法和几何坐标转化法这三种方法实现灰数序列到实数的转化。鉴于在区间灰数序列转化时不能破坏其完整性和独立性，而“核”刻画了区间灰数的变化态势，“认知程度”则能够反映对区间灰数的掌握情况。所以，选取“灰色属性法”，构建了基于核和认知程度的区间灰数 Verhulst 预测模型。同时，考虑灰数在取值区间内对不同数值的“偏爱程度”，在现下相关研究成果的基础上，进一步建立了考虑白化权函数的区间灰数预测模型。为了避免在求解预测模型时由差分方程向微分方程跳跃导致的误差，根据新信息优先原理，提出了新信息优先的无偏区间灰数预测模型。

现有关于三参数区间灰数的研究大多集中在灰决策方面，相关预测问题的研究不是很多，因此，可以尝试根据已有研究成果，建立三参数区间灰数预测模型。为了体现“重心”点与上、下界点的偏离程度，定义上、下信息域，进而构建了基于核和双信息域的三参数区间灰数预测模型。同时，考虑三参数区间灰数的可能度函数，根据“数形结合”思想，将可能度函数映射到二维坐标平面上，计算可能度函数与坐标轴所围图形的面积和几何中心，建立基于可能度函数的三参数区间灰数预测模型。

1.3.2 单变量灰色预测模型研究现状

1.3.2.1 GM（1，1）模型研究现状

GM（1，1）模型是灰色预测模型的基础和核心，它适用于呈现低增长、纯指数变化规律的序列预测，对于高增长，非齐次指数变化规律的数据预测往往存在较大偏差。为此，国内外学者对 GM（1，1）模型的优化展开研究，主要包括以下几个方面：

（1）背景值优化。通过观察 GM（1，1）模型的构建及求解发现，数据的原始值和背景值是影响建模精度的根本因素。因此，提升 GM（1，1）模型的建模精度需从改进背景值的求解方式入手。Wang 等[44]通过构造非齐次指数形式的一阶累加序列表达式，来实现背景值的优化。Liu 等[45]利用复合积分中值定理构建分数阶 GM（1，1）模型的背景值，并结合粒子群算法求解分数阶和背景值系数的最优值。李凯等[46]利用组合插值法对背景值进行优化，并且发现优化后的模型能够适用于纯指数型、稳定型和缺失型数据序列预测。Chang 等[47]对背景值计算公式进行整理，发现背景值与原始值有着密切联系，因此，结合箱线图和隶属度两个概念优化背景值。Ma 等[48]结合 Simpson 公式重构背景值，并证明背景值优化后的模型能够实现齐次指数序列的无偏预测。

（2）初始条件优化。传统的 GM（1，1）预测模型令初始值 $\hat{x}^{(1)}(1)=x^{(0)}(1)$ 来求解模型的初始条件，这种做法相当于默认拟合序列一定经过原始数据序列的第一个点，缺乏确切的理论依据。为此，学者们展开了 GM（1，1）模型的初始条件优化研究。党耀国等[49]将一阶累加序列的末点值 $x^{(1)}(n)$ 作为模型的初始值来优化初始条件，体现新信息在刻画事物发展态势中的重要地位。吴文泽等[50]将 $\beta x^{(1)}(1)+(1-\beta)x^{(1)}(n)$ 设为初始值，从

而优化初始条件，该方法能避免单独设定 $x^{(1)}(1)$ 或 $x^{(1)}(n)$ 为初始值所存在的过分重视“旧信息”或过分重视“新信息”的缺陷。为充分考虑数据序列的所有信息，在结合新信息优先原理的前提下，熊萍萍等[51]选取一阶累加序列各分量的加权值作为初始值，优化初始条件。Madhi 等[52]建立还原序列与原始数据 $x^{(0)}(k)$ 之间误差平方和最小的目标函数来优化初始条件。郑坚等[53]结合新信息优先原理，建立拟合序列和原始序列之间考虑时间权重的相对误差平方和最小的目标函数，从而实现初始条件的优化。此外，还有部分学者提出了 GM（1，1）模型的组合优化方法，如：何承香等[54]同时优化了 GM（1，1）模型的背景值系数、累加阶数和初始条件；卢捷等[55]根据动态寻优原则实现了背景值和初始条件的组合优化；郑雪平等[56]利用积分中值定理优化背景值，并通过均方误差和最小准则优化初始条件。

（3）模型拓展。GM（1，1）模型存在参数求解和参数应用不一致的跳跃性误差，因此，2005 年，谢乃明等[57]提出了离散灰色预测模型（Discrete Grey Prediction Model，记为 DGM（1，1）模型），该模型能够避免 GM（1，1）模型存在的跳跃性误差。在此基础上，张可等[58]、邬丽云等[59]、蒋诗泉等[60]分别对线性时变参数、二次时变参数、三次时变参数下的离散灰色预测模型的构建展开研究。由于实际生活中存在大量的非齐次指数特征的数据序列，崔杰等[61]提出了适用于此类数据预测的非齐次指数灰色预测模型，即 NGM（1，1）模型。NGM（1，1）模型更具有一般性，既能适用于齐次指数序列预测，也能适用于非齐次指数序列预测。然而，针对实际生活中存在的季节性振荡序列，如风力发电量、电力消耗量、石油消耗量等，不论是采用 GM（1，1）模型、DGM（1，1）模型或是 NGM（1，1）模型进行预测，均会产生由于模型结构特征与数据序列特征不匹配而造成较大误差。为此，Zhou 等[62]在 DGM（1，1）模型的基础上引入线性时间项和周期性虚拟变量，构建了适用于季节性振荡序列的灰色预测模型。其次，还有部分学者对 GM（1，1）模型的累加算子进行拓展。2014 年，吴利丰等[63]最先提出了分数阶累加算子，构建了基于分数阶累加的 GM（1，1）模型，发现该模型符合灰色系统建模的新信息优先原理，强调了新信息在事物发展预测中的重要性。Liu 等[64]结合分数阶累加的思想，提出了分数阶累加的灰色伯努利预测模型。然而，现有的分数阶灰色预测模型的白化微分方程依然是采用整数一阶求导，该求导方式将会导致模型建模精度不理想。为此，Zhang 等[65]结合 Hausdorff 导数对模型的求导方式进行优化，建立了分型导数灰色预测模型。文献［57］～［65］均是以实数形式输入、实数形式输出来进行模型构建，这违背了灰色系统建模“解的非唯一性”的特征，为此，Li 等[66]和 Zeng 等[67]通过引入区间灰色作用量，建立梯形可能度函数或三角可能度函数的形式，构建了含有“非唯一解”的灰色预测模型。此外，学者们对建模对象的拓展也进行了研究。由于人们认知程度的局限性及系统结构的复杂性，系统内部越来越多的数据不能以实数的形式表达，而是以区间灰数的形式呈现。为此，学者们研究了区间灰数预测模型的构建方法。学者们主要利用“几何坐标转换法[68]、信息分解法[69]、灰色属性法[70]”实现区间灰数的白化以及灰色预测模型的建立，进而逆推还原得到区间灰数的模拟值，进一步拓宽了 GM（1，1）模型的研究对象。

1.3.2.2 DGM（1，1）模型研究现状

灰色 GM（1，1）模型是灰色系统预测中经典的模型，自其提出后经过不断的研究和发展，已经在诸多领域得以较好地应用。实际应用表明，该模型在大多数小样本序列模拟中能够取得较好的精度，但针对纯指数序列时，结果却不是十分理想。因此，谢乃明和刘思峰[71]对该问题进行了研究，发现是由于在对原始 GM（1，1）模型求解时直接由差分方程向连续微分方程的跳跃导致的，并提出了离散灰色预测模型，即 DGM（1，1）模型。谢乃明和刘思峰[72]在此基础上给出了优化后的新的模型形式，并得到相应的参数表达式。为了解决灰色离散模型只适用于齐次指数序列的问题，谢乃明和刘思峰[73]研究了灰色离散模型不同迭代初值点对结果的影响，并建立改进的离散灰色模型，使其可以面向具有非齐次指数增长特征的数据。而姚天祥和刘思峰[74]则以增长率为切入点，发现 DGM（1，1）模型的模拟数据增长率都是定值，并在此基础上对模型进行改进与优化。为了剖析增长率不变的原因，张可和刘思峰[75]研究 DGM（1，1）模型的参数特性，引入线性时间项，构造时变参数离散模型。Madhi 和 Mohamed[76]根据最小平方误差法对模型的初始条件进行改进，从而达到提高模型性能的目的。

1.3.2.3 NGM（1，1）模型研究现状

由于经典 GM（1，1）模型对非齐次指数序列的模拟预测效果不佳，因

此，学者们对非齐次指数序列预测模型（记为 NGM（1，1）模型）的构建展开研究。主要包括以下几个方面：

（1）背景值优化。刘震等[77]通过构建与 NGM（1，1）模型白化方程匹配的灰色方程，提出了前置背景值和后置背景值的概念。童明余等[78]通过构建非齐次指数形式的原始数据序列的表达式，提出了符合几何意义优化的背景值。丁松等[79]针对近似非齐次指数递减序列预测模型提出了背景值优化方法，并给出了可以覆盖整个取值范围的优化的背景值。党耀国等[80]以相邻两项一阶累加序列的加权值作为优化的背景值，并利用优化算法求解权重，该方法能够避免背景值权重系数的主观均衡赋权。Zhang 等[81]将背景值优化与分数阶累加算子结合起来，利用粒子群优化算法求得最优参数值，实现模型的改进和优化。

（2）初始条件优化。NGM（1，1）模型初始条件的优化方法以构建目标函数为主，主要表现为：战立青等[82]构建拟合序列与原始序列之间误差平方和最小的目标函数，求解 NGM（1，1）模型最优的初始条件；姜爱平等[83]通过构建拟合值一阶累加序列与原始值一阶累加序列之间误差平方和最小的目标函数，求解 NGM（1，1）模型最优的初始条件。文献［82］和文献［83］均选用误差平方和最小作为目标函数构建准则，但在模型精度检验中却选取相对误差来进行建模效果判定。目标函数构建准则与模型精度检验准则不一致会导致模型优化效果不理想。为确保二者之间的一致性，丁松等[79]建立累减还原序列与原始值之间相对误差平方和最小的目标函数来优化初始条件。

（3）灰导数优化。陈芳等[84]利用一阶累加序列中向前差商和向后差商的加权值作为优化后的灰导数，并将其代入白化方程后得到相应的灰色微分方程，进而实现模型的优化。崔兴凯等[85]运用原始序列的加权值 $px^{(0)}(k)+(1-p)x^{(0)}(k-1)$ 作为 NGM（1，1）模型的灰导数，利用非线性搜索法确定 p 值，并将优化模型用于农产品的产量预测。王健[86]运用梯形公式优化模型的灰导数，并得到了 NGM（1，1）模型的新形式，有效提升模型的预测效果。

（4）模型拓展。针对线性结构的 NGM（1，1）模型在预测非线性数据序列时，存在建模精度不高的问题，Ma 等[87]构建了一种新的核正则化非齐次灰色模型。一般情况下，NGM（1，1）模型均采用累加算子来弱化原始序列的随机性，对于衰减序列来说，累加生成会破坏原始数据的序列衰减特征，为此，丁松等[36]提出了反向累减生成的定义，构建了近似非齐次指数递减序列灰色预测模型（Non－Homogeneous Exponential Grey Prediction Model with the Method of Accumulated Generating Operation in Opposite－Direction，记为NGOM（1，1）模型），实现了非齐次指数递减序列的高精度预测。针对工程领域常见的非等间距非齐次指数序列预测问题，Liu等[88]提出了基于分数阶累加的非等间距非齐次灰色预测模型。文献［79］、文献［87］和文献［88］在NGM（1，1）模型的基础上，结合实际预测系统中的数据特征，拓展了模型结构，有效提升了建模精度。

1.3.2.4 灰色Verhulst模型研究现状

灰色Verhulst模型作为重要的灰色预测模型之一，对于具有S形特征的数据序列能够表现出很好的模拟效果，得到了广泛应用和吸引了众多学者参与研究。崔立志等[89]指出，尽管灰色Verhulst模型模拟呈S形增长的数据能产生不错的结果，但仍然存在拟合和预测效果不如人意的情况，因此根据离散化思想，对一次累加序列进行倒数生成，得到灰色离散Verhulst模型。病态性对预测结果的真实性具有较大影响，因此崔立志等[90]对该特性展开研究，分析模型系数矩阵谱条件数取不同值的情况，得出灰色Verhulst模型不存在病态性的结论。与文献［90］不同的是，崔杰和刘思峰[91]对模型灰导数的背景值进行分类证明，发现灰色Verhulst拓展模型的解不会因为原始数据的微小扰动产生显著漂移的现象，即不存在病态性。为提高灰色Verhulst拓展模型的建模精度，马红燕和崔杰[92]研究其参数特性，并指出数乘变换不会改变模型参数的量化关系，因此能够依靠数乘变换降低数据量级，从而使建模简单，同时不影响模型精度。在模型背景值优化方面，文献［93］通过研究导致模型存在误差的原因，并有针对性地提出改进的背景值，使模型精度更高。熊萍萍等[94]同样以模型误差来源为切入点，将一次累加生成序列近似为Logistic函数，并根据该函数的性质推导出模型背景值的优化公式。然而当序列含有噪声扰动时，文献［94］提出的方法容易产生预测误差，因此丁松等[95]在此基础上对背景值进行了修正，使模型精度得到提高。

1.3.2.5 研究现状述评

梳理以上文献可以发现，众多学者从背景值、初始条件及模型结构等不同角度对 GM（1，1）模型展开深入研究，并取得丰硕的成果。然而，这些成果虽然提高了传统 GM（1，1）模型的预测精度，但通常仅适用于固定线性结构的预测问题，缺乏灵活性和适应性。而现有的单变量区间灰数预测模型的建立主要借助“几何坐标转换法”、“信息分解法”和“灰色属性法”实现区间灰数的白化及灰色预测模型的构建。然而，这依然是在实数序列基础上建模，没有改变灰色预测模型只适用于实数序列预测的本质。因此，尝试从拓展模型建模对象这一角度出发，研究如何建立可以适用于区间灰数和三参数区间灰数序列的预测模型，旨在扩大模型的应用范围。

对于 DGM（1，1）模型，学者们分别从初值选取、参数优化等角度进行了研究，旨在使模型可以用于非齐次指数序列，但是均是以实数为基础的。考虑到用灰数序列描述对客观问题的认识更加符合实际，因此可以尝试对灰色离散模型的建模对象进行拓展，研究基于灰数序列的离散模型。

对于 NGM（1，1）模型，部分学者采用一阶累加序列中的始点数据 $x^{(1)}(1)$ 或末点数据 $x^{(1)}(n)$ 或二者的加权值作为初始值，进而求解优化的初始条件；也有部分学者在不使用原始数据序列的基础上，通过构建目标函数的形式求解最优的初始条件。这些方法存在过分重视新信息或过分重视旧信息或没有利用数据信息的缺陷。总的来说，现有的初始条件优化方法中数据信息利用率较低，造成了信息浪费。

对于灰色 Verhulst 模型，以上研究分别从模型拓展、病态性、数乘特性和背景值优化等角度对如何提高模型精度进行研究，然而建模数据也会影响到建模效果，选择对问题描述更加客观的数据建模得到的结果越能符合未来的发展趋势。因此，本书对灰色 Verhulst 模型的建模对象进行扩展，提出基于区间灰数序列的灰色 Verhulst 模型。

1.3.3 非线性灰色预测模型研究现状

1.3.3.1 FGM（1，1）模型研究现状

吴利丰等[96]基于新信息优先原理，首次提出 FGM（1，1）模型，它通过扩大灰色预测模型累积阶次的范围来提高模型的适应性，从而有效降低模

型的误差。鉴于分数阶灰色模型具有更高的准确性，该模型引起了众多学者的关注。周伟杰等[97]将分数阶引入含时间幂次项的灰色预测模型，构造了分数阶灰色时间幂函数模型（记为 FGM（1，1，t^{α}）模型），并利用文化算法对非线性参数动态寻优，以水电消费量预测为例，验证了新模型的有效性和精确性。夏杰等[98]提出一种基于 Simpson 公式改进的分数阶灰色预测模型（记为 FAGM（1，1）模型），对“十三五”时期的人均 GDP 进行预测。结果表明，SFAGM（1，1）模型提高了 FGM（1，1）模型的预测精度。Wu 等[99]提出基于分数阶累积的灰色伯努利模型（记为 FANGBM（1，1）模型），并用于中国可再生能源的短期消费量预测，结果表现出良好的预测性能。Huang 等[100]提出一种基于分数阶累积和背景值优化的多变量区间灰色预测模型，并将其应用于中国清洁能源预测，验证了模型的有效性。Zheng 等[101]提出一种新的分数阶非齐次灰色伯努利模型，并用于天然气生产和消费预测。结果表明，该模型的预测性能优于对比模型。然而，以上这些模型从微分方程跳跃到差分方程会导致精度损失。为此，吴利丰等[102]将离散思想和分数阶累加一并引入灰色模型，提出了分数阶离散灰色模型，有效提升了建模精度。Duan 等[103]提出一种基于迭代优化算法的分数阶离散灰色模型，并对中国的原油消费量进行了准确预测。Ma 等[104]提出一种基于分数阶累加的多元离散灰色模型。案例结果表明，离散模型具有无偏性，可以更准确地拟合和预测时间数据序列。

1.3.3.2 NGBM（1，1）模型研究现状

Chen 等[105]首次提出 NGBM（1，1）模型，并成功应用于我国台湾主要贸易伙伴的汇率[105]和 10 个国家的年度失业率[106]的预测。结果表明，NGBM（1，1）模型能显著提高 GM（1，1）模型的精度，对于处理非线性问题是可行和有效的。王正新等[107]根据灰信息覆盖原理，给出了模型中非线性参数 α 的估计方法，并讨论了 α 不同取值对最终解的影响。Guo 等[108]和 Wu 等[109]分别使用自记忆算法和粒子群算法获得了 NGBM（1，1）模型的最优非线性参数，提高了模型精度。丁松等[110]提出一种协同优化灰色模型初始条件和幂指数的方法，并将优化后的模型应用于中国网络购物用户规模的预测。结果表明，新模型具有更好的建模预测效果。罗友洪等[111]提出一种线性时变参数非等间距 GM（1，1）幂模型，并分析了模型最优参数和

初始条件的求解方法，通过案例研究验证了模型的有效性。Ma 等[112]结合多元灰色模型和伯努利方程，提出多元灰色伯努利模型（记为 NGBMC（1，n）模型）。Wu 等[113]将分数阶累积纳入到灰色伯努利模型中，提出一种新的分数阶灰色伯努利模型（记为 FNGBM（1，1）模型），并预测了中国的可再生能源消费量。结果表明，该模型对解决非线性序列的预测问题具有良好的性能。随后，Sahin U 和 Sahin T[114]利用 FNGBM（1，1）预测了意大利、英国和美国的 COVID-19 确诊病例数。Xie 等[115]在现有的分数阶灰色伯努利模型的基础上，引入了变阶微分导数，使其结构更加灵活，从而提高了模型的预测性能。Yang 和 Xie[116]利用积分公式和基于数值离散化的最小二乘法的积分匹配方法，将 NGBM（1，1）模型重构为广义形式，即 ING-BM 模型，并将其应用于中国煤炭消费量的预测研究，进一步说明了该模型的有效性和优越性。Wu 等[117]结合分数阶累积和离散灰色模型的概念，提出了一种新的分数阶离散 NGBM（1，1）模型，该模型减小了离散化误差从而达到更高的精度。

1.3.3.3 GM（1，1，t^{α}）模型研究现状

钱吴永等[118]首次提出含时间幂次的灰色 GM（1，1，t^{α}）模型，有效地揭示了原始数据序列中蕴含的非线性趋势，不同的 α 值使得灰色模型能够模拟和预测不同类别的非线性数据序列。吴紫恒等[119]在钱吴永等[118]的研究基础上提出一种改进的灰色 NGM（1，1，t^{α}）模型，进一步改善了灰色 GM（1，1，t^{α}）模型的预测性能。然而，由于幂指数 α 取非整数时，该模型的微分方程求解困难，他们均只讨论了 α 特定赋值（0、1 和 2）时模型的性质和求解，极大限制了其应用范围。为了解决上述问题，学者们给出两种途径。第一种途径是白化法，主要原理是根据灰导数的信息覆盖原理，将离散灰色模型转化为连续白化微分方程，然后通过求解白化微分方程得到模型的预测时间响应式。在此途径下，Yu 等[120]考虑了时间延迟效应对系统产生的影响，建立了一种新的延迟时间幂次灰色模型（记为 GMTDPD 模型）；Ding 等[121]提出一种时间幂次项可调的结构自适应灰色 SAGM（1，1，t^{α}）模型，并推导出其广义的时间响应函数；Liu 等[122]将时间幂次项和分数累加相结合，对灰色多项式模型进行改进，提出含时间幂次项的分数阶灰色模型（记为 FPGM（1，1，t^{α}）模型）；Xia 等[123]考虑信息优先原理，提出信

息优先级累积的灰色 NIPGM（1，1，t^α）模型。第二种途径是内涵法，即直接求解原始离散模型而不进行任何变换，如 Liu 等[124]建立了广义的含时间幂项灰色预测模型（记为 PTGM（1，1，α）模型），并采用线性插值的方法改进模型的背景值；Liu 等[125]提出了含时间幂次项的分数阶离散灰色模型，并应用于中国天然气消费量的预测，验证模型的有效性。

1.3.3.4 研究现状述评

虽然现有的改进的非线性灰色预测模型具有很大的灵活性，但仍无法适用于所有的非线性数据序列，如含突变数据的不规则变动序列。此时，需要先对原始数据进行预处理。缓冲算子[182]是数据预处理中最广泛使用的技术，利用缓冲算子可以平滑趋势突变，进一步突出其潜在的发展趋势。然而，当数据序列受政策不断演变的影响而发生多次突变时，缓冲算子并不适用。原因在于如果多次使用缓冲算子处理数据，可能会破坏原始数据所包含的内在规律，导致预测结果与实际不符。目前还没有文献针对含有多次突变的非线性数据序列预测问题提出有效的解决办法。

1.3.4 季节灰色模型的研究现状

1.3.4.1 季节灰色模型研究综述

上述研究虽然提高了灰色预测模型对非线性数据序列的适应性，但仍无法准确描述季节变化。为了解决这一问题，学者们从以下三个角度展开研究，以有效捕捉时间序列的季节波动性特征。

（1）数据预处理，即通过处理原始数据，将季度数据序列转化为平稳序列，以更好地适应模型。何凌阳和王正新[126]构造了两类新的季节性弱化缓冲算子，通过结合灰色模型预测中国第二产业的季度增加值，验证了模型的适用性和稳定性。杨鑫波等[127]利用二次移动平均法消除时间序列的季节影响，提出基于移动平均的 GM（1，1）模型，并预测了中国第一产业的季度用电量。结果表明，该模型的模拟预测性能良好。Wang 等[128]设计了季节调整因子，构造了基于季节因子累加生成算子的季节灰色模型（记为 SGM（1，1）模型），并用于预测中国第一产业的季度用电量。结果表明，SGM（1，1）模型具有更高的预测精度。随后，Wang 等[129]基于指数平滑法构建了动态季节调整因子，提高了模型对季度数据序列的适应性。考虑到数据序列的非线性特征，Zhou 等[130]将季节因子扩展到非线性灰色伯努利模型中，构建了一种季节灰色伯努利模型（记为 SNGBM（1，1）模型），并对中国长三角地区的空气质量进行了准确的预测。Jiang 等[131]进一步将分数阶累加引入季节灰色伯努利模型中，建立新的季节灰色模型来预测水力发电量，预测结果验证了模型的有效性和优越性。

（2）模型改进，即通过改变模型的建模机制提高灰色预测模型对季度数据序列的适应性。Wang 等[132]提出一种基于数据分组法的灰色模型（记为 DGGM（1，1）模型）来预测中国季度水电产量，但是季节波动的分离会导致样本量减少，造成模拟精度高而预测精度低的问题。王正新和赵宇峰[133]将季节影响因素当作虚拟变量引入 GM（1，1）模型，构造了一种含季节性虚拟变量的 GMSD（1，1）模型，并通过中国季度水电产量预测的实例，验证了模型的可靠性。曾波等[134]通过季节波动数据的特征提取及驱动项的构造，建立了分数阶多变量灰色 FMGM（1，N）模型，将该模型应用于中国 GDP 月度数据的模拟与预测，结果显示其模拟和预测性能良好。Qian 和 Wang[135]利用 Hodrick - Prescott 滤波器处理序列的季节效应，提出基于 HP 滤波的改进季节 GM（1，1）模型来预测中国季度风电产量。结果表明，该模型能较好地捕捉时间序列的季节波动。此外，鉴于三角函数可以有效地描述季度时间序列的周期波动性，Ding 等[136]在时变灰色模型中引入三角函数，建立了一种新的自适应时变参数离散灰色预测模型，该模型能够准确描述时间序列的季度周期性。

（3）残差修正，即对灰色模型的预测结果进行修正。孙永军等[137]提出一种基于加权马尔可夫链的灰色预测模型，即通过利用动态加权马尔可夫链获得的季节指数，对 GM（1，1）模型的预测结果进行修正，从而实现对水力发电量的高精度预测。张国政和罗党[138]建立了基于季节因子的灰色预测模型，并利用傅里叶级数拟合残差序列的周期波动特征，实证研究结果验证了模型的可行性和有效性。Zhu 等[139]构建了一种新的自适应季节调整因子，对 GM（1，1）模型的初始预测值进行修正，利用该模型预测中国各省的空气质量。结果表明，自适应季节调整因子显著提高了传统灰色模型的精度。

1.3.4.2 研究现状述评

对于季节灰色预测模型，数据预处理和残差修正的方法都仅是对建模数据或预测结果进行季节性调整，并没有改变灰色预测模型的建模机制，无法从根本上提高模型对季度数据序列预测的适用性。现有的模型改进的方法虽然改变了灰色预测模型的结构，提高了模型对季度数据序列的适应性，但没有考虑季节时间序列在去除季节性后，还可能表现出复杂的非线性特征，因此建立一种同时考虑序列复杂非线性和季度周期性的灰色模型进行预测研究十分必要。

1.3.5 多变量灰色预测模型研究现状

1.3.5.1 GM（1，N）模型研究现状

经典 GM（1，1）模型及其拓展模型非齐次指数序列 NGM（1，1）模型均是单变量灰色预测模型，它们在建模过程中未能考虑系统影响因素对主系统行为序列发展趋势的作用。然而，在实际的经济社会系统中，主系统行为变量的变化受到多个影响因素的作用。为此，邓聚龙教授在 GM（1，1）模型的基础上提出了多变量 GM（1，N）模型[140]。由于 GM（1，N）模型的灰色微分方程无现实意义上的精确解，存在系统误差，长期以来，学者们对 GM（1，N）模型展开优化研究，主要集中在以下几个方面：

（1）参数优化。传统 GM（1，N）模型的参数一般采用最小二乘法估计计算。通过观察最小二乘法的表达式可知，参数值的计算结果与 GM（1，N）模型的背景值、原始数据以及原始数据的累加方式有关。若要提升 GM（1，N）模型的建模精度，则可从提升模型参数估计值的精确度入手。进一步地，若要提升参数估计值的精确度，则要优化模型的背景值以及原始数据序列的累加方式。鉴于传统 GM（1，N）模型中背景值的近似替代对模型精度的影响，Lao 等[141]提出了背景值的动态优化方法，并利用鲸鱼算法求解最优参数值，该模型可通过调整不同的参数取值实现多种类型的数据序列拟合，实用性强。Pei 等[142]利用变权均值生成代替非偏生成对背景值进行优化，并结合遗传算法求解最优权值。Luo 等[143]在非等间距多变量灰色预测模型中引入了分数阶累加算子，重构了背景值，并结合实例分析表明背景值和累加算子组合优化后的模型具有更高的预测精度。考虑到分数阶累加可能会干扰到数据序列的指数变化规律，Huang 等[144]引入内涵预测来平衡干扰，并利用粒子群算法优化背景值系数。

（2）时间响应式优化。传统的 GM（1，N）模型在时间响应式求解过程中基于驱动因素变化范围很小的理想状态，将驱动项视为“灰常量”，然后仿照 GM（1，1）模型的求解过程解得时间响应式。Tien[145]通过分析驱动项在实际应用中变化幅度较大，难以达到理想状态，构建了含有卷积积分的灰色预测模型（Grey Model with Convolution Integral，记为 GMC（1，N）模型），由于该模型在求解过程中融入了卷积积分技术，因此可以得到精确的时间响应式。在此基础上，Tien 提出了一系列改进模型[146-147]。何满喜等[148]结合 Simpson 公式重构模型的时间响应式，有效降低模型误差。

（3）GM（1，N）离散灰色预测模型。传统 GM（1，N）模型存在参数求解与应用不一致的跳跃性误差，该误差导致模型的预测效果不稳定。为了避免跳跃性误差，Ma 等[149]提出了 GM（1，N）离散灰色预测模型（Multi - Variable Discrete Grey Prediction Model，记为 DGM（1，N）模型）。在 DGM（1，N）模型的基础上，针对驱动因素序列作用机制的问题，张可等[150]从现实系统输入与输出的时滞关系入手，引入时滞项控制驱动因素，根据灰色扩维识别法计算各驱动因素的时滞周期，进而建立时滞多变量离散灰色预测模型，该模型虽有效反映了驱动因素的时滞特征，但忽略了时滞效应的长期性。丁松等[151]则从考虑时滞效应的长期性入手，指出驱动因素的作用强度随时间的累积逐渐增大，并构建了基于时滞效应的多变量灰色预测模型。考虑到主系统行为序列自身固有的时间发展趋势，罗党等[152]在丁松等[151]的基础上引入时间趋势项，建立含时间趋势项的时滞累积多变量灰色预测模型（Time - Delayed Accumulative Multivariable Grey Model with Time Trend，记为 TDAGM（1，N，t）模型）。前述模型的构建虽有效刻画了驱动因素的时滞累积特征，但它们在建模中默认了驱动因素自始至终对系统变量产生作用，未能区分驱动因素的作用时长。为此，张可[153]引入矩形函数控制驱动项，进一步明确驱动因素作用时长。党耀国等[154]整合了多变量预测系统中驱动因素的时滞周期和驱动因素的作用强度，以引入驱动信息控制项调整系数和作用系数的形式刻画驱动因素的时滞周期和作用强度变化特征。

（4）模型拓展。传统的 GM（1，N）模型是线性结构模型，适用于拟合具有线性特征的数据序列。然而，现实系统中的数据大多具有非线性特征，若仍采用传统的 GM（1，N）模型进行模拟，则会产生较大误差。因此，为刻画主系统行为序列和影响因素序列之间的非线性关系，王正新[155]构建了一个 GM（1，N）幂模型，并给出了 GM（1，N）幂模型的派生形式，有效提升建模精度。Xiong 等[156]构建了非线性 GM（1，N）模型，并选用区间灰数作为建模对象进行预测，有效拓展了灰色多变量预测模型的研究对象。同样地，丁松等[157]给出了多变量离散灰色幂模型的基本形式，在此基础上，利用驱动因素控制函数识别起主导作用的驱动因素。为了使多变量 GM（1，N）模型更具有一般性，Zhang 等[158]构建了具有灵活结构的多变量灰色预测模型（A Novel Flexible Grey Multivariable Model，记为 FGM（1，N）模型）。该模型在 GM（1，N）模型的基础上将影响因素的线性作用项改进为非线性作用项，刻画主系统行为序列与影响因素序列间的非线性作用关系，引入线性修正项刻画主系统行为序列与影响因素序列的线性关系，并引入随机误差项来描述未知影响因素的观测误差。完善的模型结构使得 FGM（1，N）模型可以实现与八种基础灰色预测模型的相互转化，有效提升建模效率。传统 GM（1，N）模型在建模过程中考虑了可量化的驱动因素变量对主系统行为序列的影响，而忽略了不可量化的变量（如：政策型变量）对主系统行为序列的影响，为此，丁松等[159]将此类不可量化的变量定义为虚拟变量。进一步地，考虑到影响因素变量之间可能存在相互作用的特点，丁松等[160]将此类特点定义为“交互作用”，进而在 GM（1，N）模型中引入线性交互项来描述影响因素变量之间的关系。文献［155］～［160］是基于影响因素序列的作用特征，对 GM（1，N）模型的结构进行优化改进，且优化模型本质上均是基于实数序列进行建模。针对现实生活中存在的三元区间数序列，Zeng 等[161]构建了基于三元区间数的多变量灰色预测模型，该模型在建模过程中无需将区间数转化为实数，建模过程简单，预测精度较高。此外，由于系统中还存在一类变量，它们之间具有相互关联、相互制约、共同发展的关系，翟军等[162]提出了多变量 MGM（1，m）模型，该模型能够实现多个变量的同时预测。

1.3.5.2 DGM（1，N）模型研究现状

为了避免传统 GM（1，N）模型的跳跃性误差，Ma 等[163]提出了 DGM（1，N）离散灰色预测模型。DGM（1，N）模型由于具有适用于少量数据、

建模过程简单、易于学习等优点，已广泛应用于解决相关的预测问题。随着学者们的研究越来越深入和广泛，关于 DGM（1，N）的研究主要包括以下两个方面：一方面是关于 DGM（1，N）模型的优化及拓展研究。在 DGM（1，N）模型的基础上，针对驱动因素作用的问题，Zhang 等[164]研究了虚拟驱动变量对系统行为的影响，并建立了基于虚拟驱动变量的多离散模型。张可等[165]从实际系统的输入和输出的时滞关系出发，引入时滞项控制驱动因素，利用灰色扩维识别法计算各驱动因素的时滞周期，进而建立时滞多变量离散灰色预测模型。丁松等[166]则从驱动项时滞效应入手，指出驱动因素的作用强度随时间的累积逐渐增大，并构建了基于时滞效应的多变量灰色预测模型。考虑到系统自身的发展趋势，罗党等[167]通过分析驱动因素对系统主行为的时滞累积作用效果以及系统行为线性发展趋势，提出一种含时间趋势项的时滞累积多变量 TDAGM（1，N，t）模型。上述模型的构建虽有效地考虑了驱动因素的时滞累积特征，但它们在建模中默认了驱动因素自始至终对系统变量产生作用，未能区分驱动因素的作用时长。因此，张可[168]引入矩形函数控制驱动项，进一步明确驱动因素作用时长。党耀国等[169]整合了多变量预测系统中驱动因素的时滞周期和驱动因素的作用强度，以引入驱动信息控制项调整系数和作用系数的形式刻画驱动因素的时滞周期和作用强度变化特征。针对多变量小样本的非线性系统建模问题，丁松等[170]用具有非线性结构的模型解决非线性预测问题的思路，并通过在传统多变量灰色离散模型中引入幂指数项，从而提出了 DGPM（1，N）模型。另一方面是关于 DGM（1，N）模型及其改进模型的应用方面的研究。考虑到研发投入对产值增长的时滞效应，Ding[171]指出在高新技术产业中任意年份的投入都会随着时间的推移对产出具有滞后的时间效应，因此构建了一种离散多变量灰色 CDGM（1，N）预测模型，采用该模型对我国东部高技术产业未来产值进行预测。Ding 等[172]结合驱动变量的变化趋势，构建了一个具有背景值优化的灰色多变量 TDVGM（1，N）预测模型，并运用新模型对中国燃料燃烧产生的二氧化碳排放量进行预测。

1.3.5.3 MGM（1，m）模型研究现状

多变量 MGM（1，m）模型能够刻画系统变量之间相互关联、相互制约、共同发展的关系，可以实现多个变量的同时预测。但传统多变量 MGM

（1，m）预测模型在实际应用中可能存在建模数据失真的问题，因此，学者们对 MGM（1，m）模型的优化展开研究，主要集中在以下两个方面：

（1）参数优化。MGM（1，m）模型的参数估计值受背景值及累加算子影响，为提升参数估计的精确度，需要对 MGM（1，m）模型的背景值或累加算子进行优化。基于一阶累加序列所呈现的非齐次指数变化特征，Dai 等[173]选取非齐次指数函数拟合一阶累加序列，进而实现背景值的优化。赵领娣等[174]提出了一种初始值末点优化的非等间距 MGM（1，m）预测模型。张红敏等[175]利用$\frac{3}{8}$Simpson 公式来优化背景值，并选取使得模型平均相对误差达到最小的向量 $X^{(1)}(i)$ 作为初始值，从而实现 MGM（1，m）模型的组合优化。从理论上看，组合优化的建模精度应优于单一优化。Wu 等[176]结合灰色系统建模的新信息优先原理，在 MGM（1，m）模型中用分数阶累加代替传统的一阶累加，并采用粒子群算法计算最优阶数。除了采用优化背景值、初始值及累加算子的方法实现 MGM（1，m）模型的参数优化外，周伟杰等[177]以系统中关联变量具有趋同性为基础，提出了以 MGM（1，m）模型为基础的向量灰色预测模型，该模型参数较少，有利于模型参数的估计。

（2）模型拓展。在建模对象拓展方面，由于系统的不确定性以及人类认知程度的局限性，系统中的变量难以用精确的实数来描述，在此背景下，可以选用区间灰数来表征系统数据。为此，Xiong 等[178-179]构建了基于区间灰数序列的 MGM（1，m）预测模型，并将其应用于空气污染预测。根据 MGM（1，m）模型的时间响应式可知，MGM（1，m）模型能够实现齐次指数序列的无偏预测，而在非齐次指数序列的拟合中会出现偏差。为此，Wang 等[180]提出了非齐次多变量 MGM（1，m）预测模型，提升了建模数据与模型结构的匹配性。此外，在模型结构拓展方面，熊萍萍等[181]整合了 MGM（1，m）模型和 GM（1，N）模型各自的特点，构建了灰色 MGM（1，m，N）模型，该模型能够反映多个系统行为变量在多个影响因素变量影响下的变化趋势。

1.3.5.4 研究现状述评

在现有的文献中，学者们从不同角度入手对灰色预测模型进行了多种优化，丰富了灰色预测模型研究的理论体系，提升了灰色预测模型的建模精度。但结合灰色预测模型在实际生活中的应用发现，现有的灰色预测模型还存在以下问题有待改进：

（1）GM（1，N）模型及其优化模型在建模中仍存在理想化的建模条件，即在建模过程中默认驱动因素变量的变化范围很小，将驱动因素变量视为灰常量，但这与驱动因素变量的实际变化情况不一致；其次，GM（1，N）模型及其优化模型在建模中仅考虑了能够量化的影响因素对主系统行为序列的作用，而忽略了系统中不可量化的未知干扰项的影响；最后，GM（1，N）模型及其优化模型还存在差分方程求参数和微分方程求时间响应式之间的跳跃性误差。

（2）DGM（1，N）模型及其优化模型在建模中认为主系统行为序列的变化只与自身滞后项及影响因素有关，忽略了主系统行为序列自身固有的时间发展趋势特征；其次，DGM（1，N）模型及其优化模型在建模中默认模型参数固定不变以及各驱动因素自始至终对主系统行为序列产生影响，忽略了参数随时间变化的动态特征以及驱动因素作用机制的差异性问题。

（3）MGM（1，m）模型的求解及模型结构问题：在求解方面，MGM（1，m）模型及其优化模型均是采用灰色方程求参数，白化方程求时间响应式，参数求解和应用之间存在跳跃性误差，从而导致模型预测精度不高。在模型结构方面，系统变量之间除了相互作用、相互制约、共同发展之外，各系统变量自身还存在固有的时间发展趋势特征，而现有的MGM（1，m）模型及其优化模型均未能刻画此类特征对系统变量发展趋势的影响，模型结构不完善。

1.4　研究内容和技术路线

1.4.1　主要研究内容

通过大量的阅读文献，对区间灰数预测模型、单变量灰色预测模型、非线性灰色预测模型、季节灰色预测模型和多变量灰色预测模型等方面的研究现状进行分析和总结，具体包括对一些经典模型的主要研究内容的梳理，并归纳现有模型改进的方法。本研究主要分为12章，具体内容如下。

第 1 章　绪论

本章主要介绍了研究背景、目的和意义、相关的国内外研究现状以及主要研究方法和研究框架，同时总结了本研究的主要创新点。

第 2 章　基础理论知识

本章介绍了区间灰数及其核、认知程度和白化权函数的相关概念。同时根据三参数区间灰数的相关概念，给出上、下信息域的定义。为了体现三参数区间灰数在取值区间不同位置的取值可能性大小，根据人们一般的心理特征，定义了具有简单线性分布的三参数区间灰数可能度函数。此外，本章简单介绍了遗传算法的原理及操作流程。

第 3 章　灰色预测模型经典方法

本章详细介绍了经典灰色预测模型的构造及求解，包括五种单变量灰色预测模型，分别是 GM（1，1）、DGM（1，1）、NGM（1，1）、NGM（1，1，k）和灰色 Verhulst 模型；三种非线性灰色预测模型，分别是 FGM（1，1）、NGBM（1，1）和 GM（1，1，t^{α}）；四种多变量灰色预测模型，分别是 GM（1，N）、DGM（1，N）、NGBM（1，N）和 MGM（1，m），并给出了模型评估标准。

第 4 章　区间灰数预测模型的优化研究

本章研究了面向区间灰数序列的预测模型构建问题，主要包括五个模型，即基于核和认知程度的区间灰数 Verhulst 预测模型（模型一）、考虑白化权函数的区间灰数预测模型（模型二）、初始条件优化的正态分布区间灰数 NGM（1，1）预测模型（模型三）、基于区间灰数序列的 NGM（1，1）直接预测模型（模型四）和新信息优先的无偏区间灰数预测模型（模型五）。

在模型一中，考虑到在区间灰数白化的过程中不能破坏灰数的完整性和独立性，而核能够体现灰数的发展态势，认知程度代表着对灰数的掌握情况，因此通过这两个指标完成数据的转化，并对白化后的序列建立预测模型，最后根据核和认知程度的表达式反推区间灰数的上下界。

在模型二中，首先，标准化区间灰数得到白部序列和灰部序列。然后，计算白化权函数与坐标横轴所围图形的面积，以及白化权函数已知的区间灰数核的表达式，从而得到面积序列和核序列。最后，在不破坏区间灰数完整性和考虑白化权函数对预测模型影响的前提下，对白部序列、灰部序列、面积序列和核序列建立预测模型，并根据其表达式反推预测值白化权函数的起（止）点和次起（止）点。

在模型三中，以提升数据信息利用率为目标，结合数据信息充分利用原则，计算各点对应的初始条件，并结合新信息优先原理，对各点初始条件进行由小到大的赋权，最终以各点初始条件的加权平均值作为优化的初始条件；然后，根据不确定信息广泛存在正态分布的特征，对区间灰数序列进行白化并建立初始条件优化的正态分布区间灰数 NGM（1，1）模型。

在模型四中，首先定义了区间灰数 NGM（1，1）直接预测模型的基本形式；然后结合遗传算法设置模型的参数，进而构建了区间灰数 NGM（1，1）直接预测模型；此外，本节利用灰色马尔可夫模型对区间灰数 NGM（1，1）直接预测模型拟合结果的残差序列进行修正，进一步提升模型的预测精度。

在模型五中，将区间灰数标准化得到白部序列和灰部序列，并分别建立白部无偏 NGM（1，1，k）和灰部无偏 NGM（1，1，k）模型。以一次累加序列与其模拟值的误差平方和最小为准则，采用 Cramer 法则求解模型参数。根据新信息优先原理，选择 $x^{(1)}(n)$ 为初值条件，计算模型时间响应式，进而构造了新信息优先的无偏区间灰数预测模型。

在以上五个模型中，分别通过实例进行测算分析，并将结果与已有模型进行对比，旨在说明模型的有效性和实用性。

第 5 章　三参数区间灰数预测模型的优化研究

本章继续深入研究如何构建基于三参数区间灰数的预测模型，并提出了两类预测模型，分别是基于核和双信息域的三参数区间灰数预测模型（模型一）和基于可能度函数的三参数区间灰数预测模型（模型二）。

在模型一中，定义三参数区间灰数的上、下信息域，即以“重心”点为分界点，将三参数区间灰数取值区间分解为上、下两个小区间，并计算其区间长度得到上、下信息域。同时，提取三参数区间灰数的核信息，从而建立基于核和双信息域的三参数区间灰数预测模型。将模型与已有方法进行对比，结果表明该方法精度较高，且能实现数据形式的初始还原。

在模型二中，考虑三参数区间灰数的取值可能性大小，即可能度函数。首先，根据“数形结合”思想，将可能度函数映射到二维坐标平面上，提取其几何特征，对面积和几何中心序列进行数据模拟和预测。同时，三参数区间灰数的核反映了灰数的发展趋势，因此进一步对核序列建模。最后，将面积和几何中心以及核序列预测模型进行结合，推导得到三参数区间灰数三个参数点的表达式。

第 6 章　FGM（1，1）模型的优化研究

本章研究了分数阶灰色预测模型，即 FGM（1，1）模型的改进和优化，针对含有时滞性和随机波动性的非线性数据序列预测问题，提出一种新的含时滞多项式的分数阶离散灰色模型（FTDP - DGM（1，1），并详细介绍模型的定义和性质。利用数学归纳法推导该模型的时间响应式，采用遗传算法估计模型中非线性参数的最优值。最后，将该模型应用于中国水力、风力和核能发电量的模拟和预测，证明模型的有效性和实用性。

第 7 章　NGBM（1，1）模型的优化研究

本章研究了灰色伯努利模型，即 NGBM（1，1）模型的改进和优化，提出两种新的改进灰色伯努利模型，分别是含虚拟变量的时滞灰色伯努利模型（模型一）和含三角函数的灰色伯努利模型（模型二）。

在模型一中，针对含有多次突变的非线性数据序列预测问题，将政策影响作为虚拟变量引入灰色伯努利模型（NGBM（1，1））中，同时考虑系统时滞效应，构建含虚拟变量的时滞灰色伯努利模型（DTD - NGBM（1，1）），并讨论其参数估计及时间响应式的求解方法。以平均绝对百分比误差（MAPE）作为优化目标函数，利用遗传算法求解模型的最优非线性参数。最后，以中国和美国的太阳能发电量预测为例，验证模型的有效性和适用性。

在模型二中，针对含有时间趋势性和振荡性的小样本序列的建模预测问题，提出了同时包含时间延迟参数、时间作用参数及多项式的含三角函数的灰色伯努利模型，采用遗传算法寻找模型中的最优非线性参数，提高了模型的预测精度。将该模型应用于我国季度风电产量的预测，为含有时间趋势性的小样本振荡序列预测提供了一种有效的建模方法和预测手段。

第 8 章　GM（1，1，t^{α}）模型的优化研究

本章研究了含时间幂次项的灰色预测模型，即 GM（1，1，t^{α}）模型的改进和优化，提出两种新的改进灰色伯努利模型，分别是含虚拟变量的时滞灰色伯努利模型（模型一）和含三角函数的灰色伯努利模型（模型二）。

在模型一中，针对含有长期趋势性、季度波动性和随机非线性等复杂特征的小样本序列预测问题，将三角函数作为发展系数和灰色作用量的一部分引入含时间幂次项的灰色模型（GM（1，1，t^{α}））中，提出一种新的季节灰色预测模型，即含三角函数的时间幂次灰色模型（SGM（1，1，t^{α} | sin））。采用调试法和遗传算法分别对时间延迟参数和非线性参数动态寻优。最后，将模型应用于中国全社会季度用电量的预测研究，证明了模型具有良好的预测性能。

在模型二中，针对非线性和复杂性小样本时间序列的建模预测问题，提出一种含延迟时间幂次项的离散灰色预测模型。首先，利用数学归纳法推导出该模型的时间响应式；然后，采用遗传算法确定时间幂次项的最优值；最后，将该模型应用于我国太阳能发电量预测中，验证模型的有效性和优越性。

第9章　GM（1，N）模型的优化研究

本章研究了多变量灰色预测模型，即GM（1，N）模型的改进和优化，构建了考虑未知因素作用的多变量GMU（1，N）模型（模型一）和优化的多变量灰色伯努利ONGBM（1，N）模型（模型二）。

在模型一中，针对传统GM（1，N）模型存在理想化的建模条件、跳跃性误差以及忽略未知因素（干扰项）对主系统行为序列的作用问题，通过舍去理想化的建模条件，引入指数型灰色作用量的方式对模型进行优化，并且定义了GMU（1，N）模型的派生形式，进一步实现了模型时间响应式求解的优化，避免了传统GM（1，N）模型存在的跳跃性误差。

在模型二中，针对传统多变量灰色预测模型未考虑驱动因素非线性变化的问题，在多变量灰色伯努利模型中引入修正项，通过参数α的取值，反映影响因素的变化强度，分别利用遗传算法搜索和最小二乘法求解模型的最优非线性参数值和结构参数。最后，将模型应用于我国能源消耗量的预测研究。

第10章　DGM（1，N）模型的优化研究

本章研究了多变量离散灰色预测模型，即DGM（1，N）模型的改进和优化，提出三种新的改进离散灰色预测模型，分别是基于交互作用的非线性

INDGM（1，N）模型（模型一）、含有时间多项式的多变量 DGMTP（1，N，α）预测模型（模型二）和考虑驱动因素作用机制的线性时变参数 DLDGM（1，N）模型（模型三）。

在模型一中，针对传统多变量灰色预测模型未考虑交互项的非线性作用问题，提出基于交互作用的非线性 INDGM（1，N）模型。首先在 DGM（1，N）模型中引入非线性交互关系的作用项，并讨论其时间响应式的求解方法；然后通过智能优化算法搜寻交互项的最优非线性参数，进一步提高模型精度；最后以我国二氧化碳预测为例，验证 INDGM（1，N）模型的有效性和适用性。

在模型二中，针对现实系统中主系统行为序列自身存在固有的时间发展趋势特征，而传统 GM（1，N）模型及优化模型均未能刻画此类特征的问题，通过引入时间多项式项的方式，构建了含有时间多项式的多变量 DGMTP（1，N，α）预测模型，并对该模型的性质进行了研究。

在模型三中，针对已有的 GM（1，N）模型及其优化模型在建模过程中默认参数固定不变，且驱动因素作用机制不明确的问题，通过引入线性时变参数以及驱动因素作用机制控制函数，构建了考虑驱动因素作用机制的线性时变参数 DLDGM（1，N）模型，该模型有效刻画了参数的时变特征以及驱动因素的分时段作用机制。

第 11 章　MGM（1，m）模型的优化研究

本章研究了多变量 MGM（1，m）模型的改进和优化，提出两种新的改进 MGM（1，m）模型，分别是多变量 DMGM（1，m）直接预测模型（模型一）和考虑时间因素作用的 TPDMGM（1，m，γ）直接预测模型（模型二）。

在模型一中，针对已有的 MGM（1，m）模型及其优化模型存在参数求解与应用的跳跃性误差问题，本节运用背景值与原始序列之间的转换关系对 MGM（1，m）模型进行优化，定义了多变量 DMGM（1，m）直接预测模型。

在模型二中，针对 MGM（1，m）模型未能考虑到各系统变量自身固有的时间发展趋势特征，在 DMGM（1，m）模型的基础上，通过引入时间多项式项的方式，构建了考虑时间因素作用的 TPDMGM（1，m，γ）直接预测模型。

第 12 章 研究结论与展望

总结本书的研究方法和主要研究内容，并在现有研究的基础上，进一步探讨灰信息下预测模型的拟研究方向。

1.4.2 研究框架

根据 1.4.1 节所介绍的研究内容，构建本节的基本研究框架，如图 1-1 所示。

1.5 创新点

本研究的创新之处主要有以下几点：

（1）考虑区间灰数的白化权函数对建模精度的影响，将白化权函数投影在二维坐标平面中，计算与坐标轴所围图形的面积和重心，并分别对面积序列和重心序列建立模型。与现有的直接根据面积和重心平均值估计白化权函数的方法相比，不存在当区间灰数序列中灰数取值可能性具有大幅度变化时，导致预测值在计算得到的取值区间内取值可能性误差较大的情况发生。此外，构建了无偏区间灰数预测模型，采用克莱姆法则求解模型参数估计值，并根据新信息优先原理，选取 $x^{(1)}(n)$ 为初值条件，得到模型时间响应式。该模型充分体现新信息在刻画事物发展态势中的地位，模型精度较高。针对单变量区间灰数 NGM（1，1）预测模型，一是提出了一种新型的初始条件优化方法，该方法既能实现数据序列信息的充分利用，又能体现新信息在灰色系统建模中的重要地位；二是构建了一种基于区间灰数序列的 NGM（1，1）直接预测模型，该模型使得区间灰数序列不需要进行白化即可预测，不仅建模过程简便，同时还将灰色预测模型的建模对象从本质上由实数拓展至区间灰数。

（2）将模型的建模对象拓展到三参数区间灰数，定义了上、下信息域，可以体现“重心”点与上、下界点的偏离程度，得到基于核和双信息域的三参数区间灰数预测模型。为了分析灰数在取值区间内不同位置的取值可能性对模型的影响，给出了具有简单线性分布特征的三参数区间灰数可能度函数

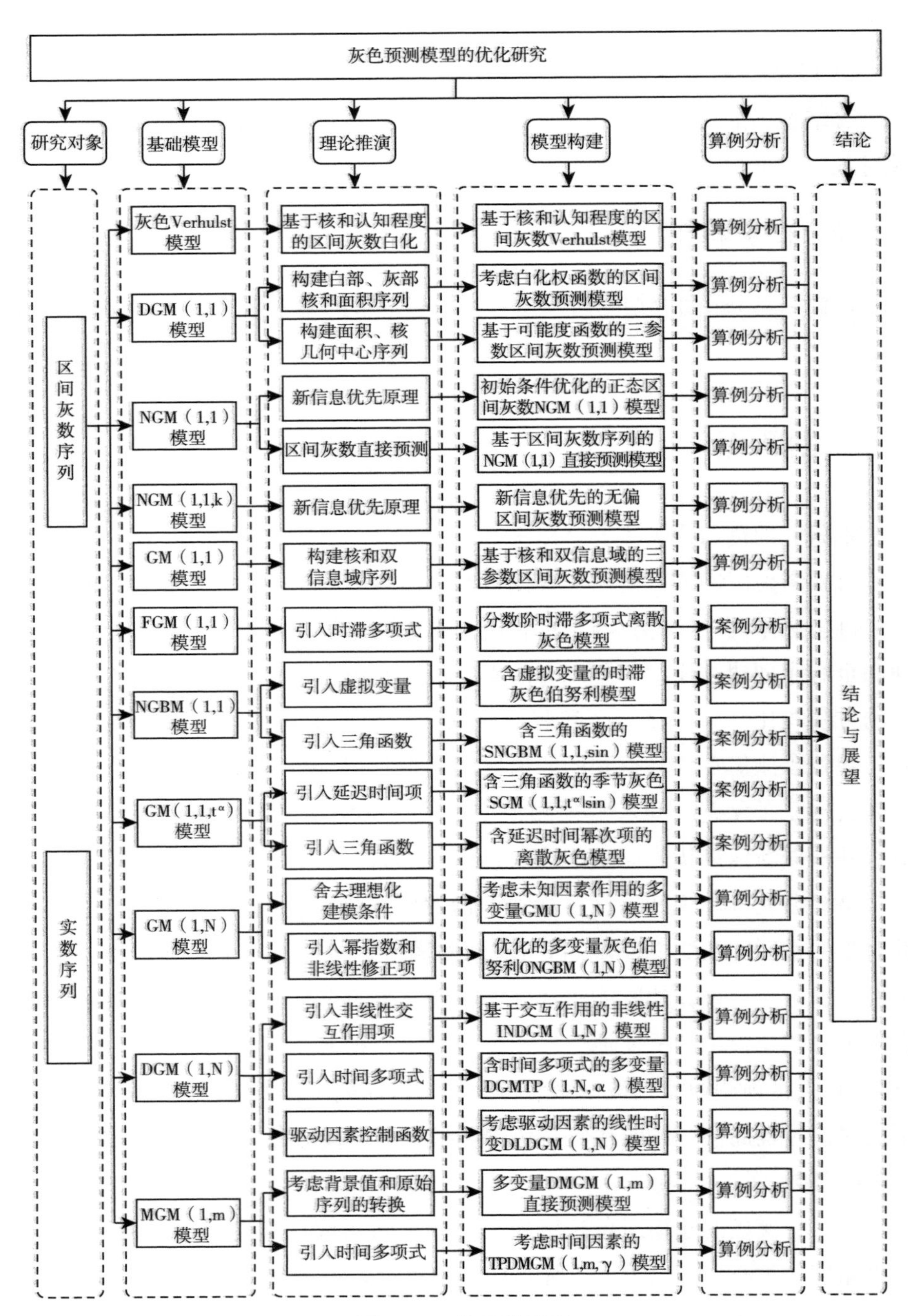

灰色预测模型的优化研究
研究对象
基础模型
理论推演
模型构建
算例分析
结论
区间灰数序列
实数序列
灰色Verhulst模型
DGM（1,1）模型
NGM（1,1）模型
NGM（1,1,k）模型
GM（1,1）模型
FGM（1,1）模型
NGBM（1,1）模型
GM（1,1,tᵅ）模型
GM（1,N）模型
DGM（1,N）模型
MGM（1,m）模型
基于核和认知程度的区间灰数白化
构建白部、灰部核和面积序列
构建面积、核几何中心序列
新信息优先原理
区间灰数直接预测
新信息优先原理
构建核和双信息域序列
引入时滞多项式
引入虚拟变量
引入三角函数
引入延迟时间项
引入三角函数
舍去理想化建模条件
引入幂指数和非线性修正项
引入非线性交互作用项
引入时间多项式
驱动因素控制函数
考虑背景值和原始序列的转换
引入时间多项式
基于核和认知程度的区间灰数Verhulst模型
考虑白化权函数的区间灰数预测模型
基于可能度函数的三参数区间灰数预测模型
初始条件优化的正态区间灰数NGM（1,1）模型
基于区间灰数序列的NGM（1,1）直接预测模型
新信息优先的无偏区间灰数预测模型
基于核和双信息域的三参数区间灰数预测模型
分数阶时滞多项式离散灰色模型
含虚拟变量的时滞灰色伯努利模型
含三角函数的SNGBM（1,1,sin）模型
含三角函数的季节灰色SGM（1,1,tᵅ|sin）模型
含延迟时间幂次项的离散灰色模型
考虑未知因素作用的多变量GMU（1,N）模型
优化的多变量灰色伯努利ONGBM（1,N）模型
基于交互作用的非线性INDGM（1,N）模型
含时间多项式的多变量DGMTP（1,N,α）模型
考虑驱动因素的线性时变DLDGM（1,N）模型
多变量DMGM（1,m）直接预测模型
考虑时间因素的TPDMGM（1,m,γ）模型
算例分析
算例分析
算例分析
算例分析
算例分析
算例分析
算例分析
案例分析
案例分析
案例分析
案例分析
案例分析
算例分析
算例分析
算例分析
算例分析
算例分析
算例分析
算例分析
结论与展望

图 1-1　技术路线图

的定义，建立了基于可能度函数的三参数区间灰数预测模型。

(3) 设计了一种新的含时滞多项式的分数阶离散灰色模型（FTDP-DGM（1，1））。该模型能够解决含有时滞性、非线性和随机波动性的数据序列预测问题，其时间响应函数是通过数学归纳法得出的，有效消除了传统灰色预测模型存在的跳跃性误差。采用遗传算法搜索模型的最优非线性参数，进一步提高了模型精度。通过对中国水力、风力、核能发电量预测的三个实际案例研究，验证了该模型的可行性和优越性。

(4) 建立了一种新的含虚拟变量的时滞灰色伯努利模型（DTD-NGBM（1，1））和含三角函数的灰色伯努利模型（SNGBM（1，1，sin））。DTD-NGBM（1，1）模型适用于含有多次突变的非线性小样本时间序列的建模预测问题，能在一定程度上识别数据序列的突变性、非线性和复杂随机性的特征。其结构参数和时间响应式均由基本的灰色微分方程求解，避免了从离散性跳到连续性所带来的固有误差。以中美两国的太阳能发电量的模拟和预测为例，证明了该模型具有良好的预测性能。SNGBM（1，1，sin）模型能够解决含有时间趋势性的小样本振荡序列的建模预测问题，利用遗传算法对模型中的非线性参数进行动态寻优，进一步提高了模型的预测效果。

(5) 提出了一种新的含三角函数的时间幂次灰色模型（SGM（1，1，t^{α} | sin））和含延迟时间幂次项的离散灰色模型（TDDGM（1，1，t^{α}））。SGM（1，1，t^{α} | sin）模型综合非线性、季度周期性和时间趋势性，并同时考虑延时效应对系统的影响，能够准确描述时间序列的复杂非线性和季度周期性特征，为小样本季度时间序列提供了一种高效的预测方法。为进一步提高模型精度，利用调试法和遗传算法分别对模型中的延迟时间项和非线性参数动态寻优。将该模型应用于中国全社会季度用电量的模拟和预测，验证了模型的有效性和适用性。TDDGM（1，1，t^{α}）模型能够解决同时含有时滞性、非线性和复杂性小样本时间序列的建模预测问题。为得到最优的模拟预测效果，利用遗传算法对模型参数进行求解。最后，通过两个实际案例验证模型的有效性和实用性，并将该模型应用于我国太阳能发电量的预测。

(6) 构建了考虑未知因素作用的多变量 GMU（1，N）预测模型和优化的多变量灰色伯努利 ONGBM（1，N）模型。GMU（1，N）模型舍去了传统 GM（1，N）模型在建模过程中存在的理想化建模条件，且能够有效地刻画未知因素或系统干扰项对主系统行为序列的作用。ONGBM（1，N）模型通过在多变量灰色伯努利模型的基础上引入修正项，以反映影响因素的变化趋势对能源消耗的影响，同时考虑驱动因素非线性变化的问题，最后，将模型应用于我国能源消耗量的预测研究，并与其他模型比较分析。结果表明，ONGBM（1，N）模型能更好地描述系统行为序列的变化趋势。

（7）构造了基于交互作用的非线性 INDGM（1，N）模型、含有时间多项式的多变量 DGMTP（1，N，α）预测模型和考虑驱动因素作用机制的线性时变参数 DLDGM（1，N）模型。INDGM（1，N）模型通过引入相关因素间的交叉项的幂指数 α，考虑了交叉项与系统行为序列间的非线性特征关系，以我国二氧化碳预测为例，验证 INDGM（1，N）模型的有效性和适用性。通过在多变量离散灰色预测模型的结构中引入时间多项式项，构建了能够反映主系统行为序列自身时间发展趋势特征的 DGMTP（1，N，α）模型；针对多变量灰色预测模型中参数可能存在的时变特征以及驱动因素可能存在的分时段作用机制问题，通过在多变量离散灰色模型中引入线性时变参数和驱动因素作用机制控制函数，构建了考虑驱动因素作用机制的线性时变参数 DLDGM（1，N）模型。

（8）构建了考虑时间因素作用的 TPDMGM（1，m，γ）直接预测模型。充分利用 MGM（1，m）模型中数据序列的背景值、一阶累加序列和原始序列之间的转换关系对 MGM（1，m）模型进行优化，有效消除传统 MGM（1，m）模型存在的跳跃性误差，定义了 DMGM（1，m）直接预测模型的基本形式。在此基础上，通过引入时间多项式项，构建了考虑时间因素作用的 TPDMGM（1，m，γ）直接预测模型，该模型除了能够描述各系统变量之间相互制约、相互影响、共同发展的关系之外，还能有效刻画各系统变量自身的时间发展趋势特征，增强模型结构与实际系统中数据变化特征的契合度。

2 基础理论知识

2.1 区间灰数相关知识

2.1.1 区间灰数

定义 2.1[15] 在某信息覆盖集合（区间）上不知道确切取值，只知道大概取值范围的实数为区间灰数。设$\otimes \in [\underline{a}, \overline{a}]$为区间灰数，则$\underline{a}$为区间灰数$\otimes$的下界，$\overline{a}$为区间灰数$\otimes$的上界，且$\underline{a} \leqslant \overline{a}$。当且仅当等号成立时，$\otimes$退化为实数$\underline{a}$。若$\underline{a} \geqslant 0$，称该区间灰数为非负区间灰数。

定义 2.2[15] 区间灰数上界和下界的差值为区间灰数的长度，记作$l(\otimes) = \overline{a} - \underline{a}$。

定义 2.3[10] 设区间灰数$\otimes \in [\underline{a}, \overline{a}]$，在取值分布信息不确定时，称：

$$\tilde{\otimes} = \frac{\underline{a} + \overline{a}}{2} \tag{2.1}$$

为区间灰数的核。

定义 2.4[15] 对于非负区间灰数$\otimes \in [\underline{a}, \overline{a}]$，称：

$$p(\otimes) = 1 - \frac{l(\otimes)}{\tilde{\otimes}} = 1 - \frac{\overline{a} - \underline{a}}{\tilde{\otimes}} \tag{2.2}$$

为区间灰数的认知程度。

因此，当$\otimes$退化为实数$\underline{a}$，即$\underline{a} = \overline{a}$时，$l(\otimes) = 0$，$p(\otimes) = 1$，即对实数的认知程度为1，对于其取值情况已经完全掌握。

命题 2.1[33] 设区间灰数$\otimes(k) \in [a_k, b_k]$，$a_k \leqslant b_k$，$k = 1, 2, \cdots, n$，

可将⊗(k) 等价表示为以下形式：

$$\otimes(k) = a_k + c_k\mu \tag{2.3}$$

其中，$c_k = b_k - a_k$，$\mu \in [0, 1]$。

定义 2.5[22] 进行标准化后的区间灰数称为标准区间灰数，如式（2.3）所示，其中 a_k 称为标准区间灰数的“白部”，c_k 称为“灰部”。

2.1.2 白化权函数

定义 2.6[183] 描述区间灰数⊗(k) 在取值范围内对不同数值的“偏爱”程度的函数称为区间灰数的白化权函数。若连续函数为起点、终点确定且呈现为左升、右降的形式，则称其为典型白化权函数，如图 2－1 所示。当 $p=q$时，称为三角白化权函数，如图 2－2 所示。

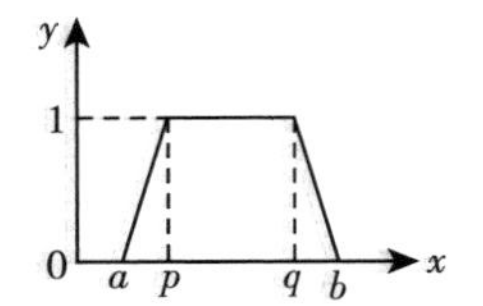

图 2－1　典型白化权函数

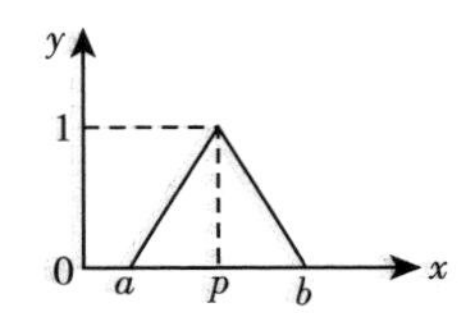

图 2－2　三角白化权函数

定义 2.7[29] 设区间灰数 $\otimes(k) \in [a_k, b_k], a_k \leqslant b_k$，$k = 1,2,\cdots,n$。$f_{\otimes(k)}(x)$ 为 $\otimes(k)$ 的白化权函数，其中 $0 \leqslant f_{\otimes(k)}(x) \leqslant 1$，则区间灰数 $\otimes(k)$ 的核为：

$$\tilde{\otimes}(k) = \frac{\int_{a_k}^{b_k} f_{\otimes(k)}(x)x\mathrm{d}x}{\int_{a_k}^{b_k} f_{\otimes(k)}(x)\mathrm{d}x} \tag{2.4}$$

定义 2.8 设区间灰数 $\otimes(k) \in [a_k, b_k]$，$a_k \leqslant b_k$，$k = 1,2,\cdots,n$，$f_{\otimes(k)}(x)$ 为 $\otimes(k)$ 的白化权函数，$f_{\otimes(k)}(x)$ 与 x 轴所围图形面积记为 s_k。

当 $f_{\otimes(k)}(x)$ 为典型白化权函数时，

$$s_k = \frac{(b-a)+(q-p)}{2} \tag{2.5}$$

当 $f_{\otimes(k)}(x)$ 为三角白化权函数时，

$$s_k = \frac{(b-a)}{2} \tag{2.6}$$

2.1.3 三参数区间灰数

定义 2.9[184] 既有下界 $\underline{a}$ 又有上界 $\overline{a}$ 的灰数是区间灰数，记为 $\otimes=[\underline{a},\overline{a}](\underline{a}<\overline{a})$。当区间灰数⊗的取值可能性最大的数 $\tilde{a}$ 已知时，称 $\otimes=[\underline{a},\ \tilde{a},\ \overline{a}]$（$\underline{a}<\tilde{a}<\overline{a}$）是三参数区间灰数，$\tilde{a}$ 称为三参数区间灰数的“重心”点。

显然，当“重心”点 $\tilde{a}$ 和下界 $\underline{a}$ 或上界 $\overline{a}$ 其中一个端点值相等时，三参数区间灰数退化为区间灰数。特殊地，当三个参数值均相等时，三参数区间灰数为一个实数。

定义 2.10[142] 设 $\otimes=[\underline{a},\ \tilde{a},\ \overline{a}]$（$\underline{a}<\tilde{a}<\overline{a}$）是三参数区间灰数，称：

$$\tilde{\otimes}=\frac{1}{2}\left(\tilde{a}+\frac{\overline{a}+\underline{a}}{2}\right) \tag{2.7}$$

是三参数区间灰数的核。

尽管“重心”点 $\tilde{a}$ 是取值可能性最大的点，但其不一定位于整个取值区间的中心位置，即有可能偏向下界 $\underline{a}$，也有可能偏向上界 $\overline{a}$。为了进一步体现人们对取值可能性的掌握情况，类比区间灰数信息域的定义[10]，给出三参数区间灰数上、下信息域的定义。

定义 2.11 以“重心”点为分界点，将取值区间分解为两个小区间，其中“重心”点左侧的部分称为下区间，即 $\underline{\otimes}=[\underline{a},\ \tilde{a}]$；右侧的部分称为上区间，即 $\overline{\otimes}=[\tilde{a},\ \overline{a}]$。那么称下区间两个端点的距离为下信息域，即：

$$\underline{d}(\underline{\otimes})=\tilde{a}-\underline{a} \tag{2.8}$$

上区间两个端点的距离为上信息域，即：

$$\overline{d}(\overline{\otimes})=\overline{a}-\tilde{a} \tag{2.9}$$

2.1.4 可能度函数

对于三参数区间灰数，“重心”点是取值可能性最大的点，且从下界到“重心”点灰数的取值可能性是逐渐增大的，由“重心”点到上界是逐渐减小的，这在通常情况下是符合人们的心理特征的[36]。因此，本节采用简单线性函数来刻画三参数区间灰数的可能度函数，如图 2－3 所示。

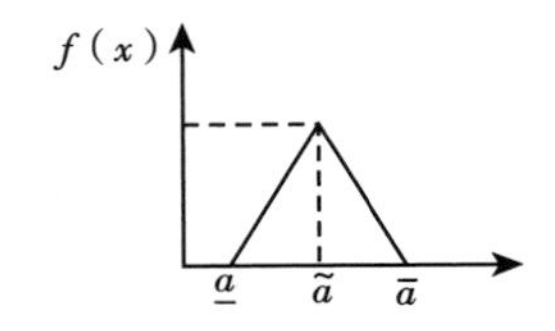

图 2-3　三参数区间灰数可能度函数

定义 2.12　设$\otimes\in[\underline{a},\tilde{a},\bar{a}]$，$\underline{a}<\tilde{a}<\bar{a}$ 为三参数区间灰数，$f_{\otimes}(x)$ 为其可能度函数，$f_{\otimes}(x)$ 与坐标轴所围图形的面积记为 s，重心记为 o。那么具有简单线性分布的可能度函数的面积为：

$$s=\frac{\bar{a}-\underline{a}}{2} \tag{2.10}$$

并称：

$$o=\frac{\underline{a}+\tilde{a}+\bar{a}}{3} \tag{2.11}$$

为相应的几何中心（为了区分三参数区间灰数中的“重心”点，本节称三角形的重心为几何中心）。

2.2　遗传算法

2.2.1　遗传算法原理

遗传算法是在自然界生物遗传学（孟德尔）和生物进化论（达尔文）的基础上提出的一种随机寻优技术，符合适者生存、优胜劣汰的遗传机制。

遗传算法的主要特点是直接作用于结构对象，具有较好的全局优化能力[185]。每个问题组的解决方案被编码在染色体中以形成初始种群。以适应度为准则，对原种群中的各组染色体进行优化，将适应度高的个体保留在种群中，淘汰适应度低的个体，从而产生新的种群。通过这种不断的优胜劣汰，每一代种群不仅包含了上一代的信息，还拥有了更优的染色体。如果种群迭代使适应度最大化，找到原种群中适应度最高的个体，则完成了生物进化过程的模拟。通过不断优胜劣汰的过程，最终将适应度最高的染色体作为问题的最优解。

2.2.2　遗传算法操作

生物进化的过程中，种群的生物特征通过遗传来继承，这一过程包括选择、交叉、变异：优选强势个体、个体间交换基因、个体基因突变产生新个体。遗传算法寻优的过程模仿着生物的进化过程，通过种群迭代使每个种群继承到上一代的信息，同时优化自身的染色体。遗传算法需要相应的遗传算子来实现，即选择算子、交叉算子、变异算子。

（1）选择算子。根据个体的适应度，按照适应度进行父代个体的选择，选择优良的个体遗传到下一代，为了选择交叉个体，需要进行多轮选择。

（2）交叉算子。交叉是将群体选中的各个个体随机搭配，根据某一概率交换每一对个体之间的部分染色体，从而形成一对新的个体。

（3）变异算子。变异过程针对群体的个体，通过某一概率将个体中的某些或者某个基因，随机改变为其他个体的等位基因。

2.2.3　遗传算法流程

遗传算法流程步骤如下：

步骤1：种群初始化。将问题中需要的变量进行编码，用随机数对种群进行初始化。

步骤2：个体评价。为了了解种群中个体适应能力，根据适应度函数对个体进行评估。

步骤3：选择操作。结合适应度函数，运用选择算子把适应度高的个体遗传给下一代。

步骤4：交叉操作。使用交叉算子，将选中的成对个体，以某一概率进行基因交换，以生成新的个体。

步骤5：变异操作。使用变异算子，将选中的个体以某一概率与其他个体进行等位基因的交换。

步骤6：结束判断。在该过程中得到具有最大适应度的个体，将其作为最优解并输出，停止计算。

2.3 本章小结

本章首先介绍了区间灰数的定义，并给出其标准形式。然后介绍了能够揭示其相关灰色属性的表达式，如区间灰数的核、认知程度等。同时，进一步研究了区间灰数在取值区间的取值可能性大小，即区间灰数的白化权函数，介绍了白化权函数已知的区间灰数核和面积的计算公式。另外，介绍了三参数区间灰数的定义及其核的表达式。通过定义三参数区间灰数的上、下信息域以体现“重心”点在取值区间的位置从而说明其与上下界的偏离程度。进一步考虑灰数在整个取值区间的取值可能性大小，介绍了具有简单线性分布特征的三参数区间灰数的可能度函数，以及可能度函数的面积和几何中心计算方法。此外，本章还介绍了遗传算法的原理、操作及流程。以上相关基础知识能够为下文模型的建立提供理论支撑。

3 灰色预测模型经典方法

3.1 单变量灰色预测模型

3.1.1 GM（1，1）模型

定义 3.1[1] 设序列 $X^{(0)}=(x^{(0)}(1),x^{(0)}(2),\cdots,x^{(0)}(n))$，其中 $x^{(0)}(k)\geqslant 0,k=1,2,\cdots,n$，则称 $X^{(1)}=(x^{(1)}(1),x^{(1)}(2),\cdots,x^{(1)}(n))$ 为序列 $X^{(0)}$ 的一次累加生成序列（1-AGO），其中：

$$x^{(1)}(k)=\sum_{i=1}^{k}x^{(0)}(k),k=1,2,\cdots,n \tag{3.1}$$

则称：

$$x^{(0)}(k)+az^{(1)}(k)=b \tag{3.2}$$

为离散灰色预测模型 DGM（1，1）模型，或称为 GM（1，1）模型的离散形式。

定理 3.1[1] 设序列 $X^{(0)}$、$X^{(1)}$ 及 $Z^{(1)}$ 如定义 3.1 所示，$\hat{a}=[a,b]^{\mathrm{T}}$ 为参数列，且：

$$Y=\begin{bmatrix}x^{(0)}(2)\\x^{(0)}(3)\\\vdots\\x^{(0)}(n)\end{bmatrix},\quad B=\begin{bmatrix}-z^{(1)}(2)&1\\-z^{(1)}(3)&1\\\vdots&\vdots\\-z^{(1)}(n)&1\end{bmatrix} \tag{3.3}$$

则 GM（1，1）模型 $x^{(0)}(k)+az^{(1)}(k)=b$ 的最小二乘参数列满足：

$$\hat{a}=(B^{\mathrm{T}}B)^{-1}B^{\mathrm{T}}Y \tag{3.4}$$

定义 3.2[1] 设序列 $X^{(0)}$、$X^{(1)}$、$Z^{(1)}$ 及 $\hat{a}=[a, b]^{\mathrm{T}}$ 分别如定义 3.1 及定理 3.1 所述，则称：

$$\frac{\mathrm{d}x^{(1)}}{\mathrm{d}t}+ax^{(1)}=b \tag{3.5}$$

为 GM（1，1）模型的白化方程，也叫影子方程。

定理 3.2[1] 设 B、Y、$\hat{a}$ 如定理 3.1 所述，则 GM（1，1）模型的时间响应式为：

$$\hat{x}^{(1)}(k)=\left(x^{(0)}(1)-\frac{b}{a}\right)\mathrm{e}^{-a(k-1)}+\frac{b}{a}, k=1,2,\cdots,n \tag{3.6}$$

进一步求出式（3.6）的累减还原式：

$$\hat{x}^{(1)}(k+1)=\alpha^{(1)}\hat{x}^{(1)}(k+1)=\hat{x}^{(1)}(k+1)-\hat{x}^{(1)}(k), k=1,2,\cdots,n \tag{3.7}$$

可得到对应 $X^{(0)}$ 的时间响应式：

$$\hat{x}^{(0)}(k)=(1-\mathrm{e}^{a})\left(x^{(0)}(1)-\frac{b}{a}\right)\mathrm{e}^{-a(k-1)}, k=1,2,\cdots,n \tag{3.8}$$

3.1.2 DGM（1，1）模型

定义 3.3[1] 设序列 $X^{(0)}=(x^{(0)}(1), x^{(0)}(2), \cdots, x^{(0)}(n))$，其中 $x^{(0)}(k)\geqslant 0$，$k=1,2, \cdots, n$，则称 $X^{(1)}=(x^{(1)}(1), x^{(1)}(2), \cdots, x^{(1)}(n))$ 为序列 $X^{(0)}$ 的一次累加生成序列（1－AGO），其中：

$$x^{(1)}(k)=\sum_{i=1}^{k}x^{(0)}(k), k=1,2,\cdots,n \tag{3.9}$$

称 $Z^{(1)}$ 为 $X^{(1)}$ 的紧邻均值生成序列，其中：

$$z(k)=0.5\times(x^{(1)}(k)+x^{(1)}(k-1)), k=2,3,\cdots,n$$

则称：

$$x^{(1)}(k+1)=\beta_1 x^{(1)}(k)+\beta_2 \tag{3.10}$$

定理 3.3[1] 设 $X^{(0)}$ 和 $X^{(1)}$ 如定义 3.3 所述，若 $\hat{\beta}=(\beta_1, \beta_2)^{\mathrm{T}}$ 为参数列，且：

$$Y=\begin{bmatrix}x^{(1)}(2)\\x^{(1)}(3)\\\vdots\\x^{(1)}(n)\end{bmatrix},\quad B=\begin{bmatrix}x^{(1)}(1) & 1\\x^{(1)}(2) & 1\\\vdots & \vdots\\x^{(1)}(n-1) & 1\end{bmatrix} \tag{3.11}$$

则离散灰色预测模型 $x^{(1)}(k+1)=\beta_1 x^{(1)}(k)+\beta_2$ 的最小二乘估计参数列满足：

$$\hat{\beta}=(\beta_1,\beta_2)^{\mathrm{T}}=(B^{\mathrm{T}}B)^{-1}B^{\mathrm{T}}Y \tag{3.12}$$

定理 3.4 设 B，Y，$\hat{a}$ 如定理 3.3 所述，$\hat{\beta}=(\beta_1,\beta_2)^{\mathrm{T}}=(B^{\mathrm{T}}B)^{-1}B^{\mathrm{T}}Y$，则：

(1) 取 $x^{(1)}(1)=x^{(0)}(1)$，则递推函数为：

$$\hat{x}^{(1)}(k+1)=\beta_1^k x^{(0)}(1)+\frac{1-\beta_1^k}{1-\beta_1}\beta_2,k=1,2,\cdots,n-1 \tag{3.13}$$

或：

$$\hat{x}^{(1)}(k+1)=\beta_1^k\left(x^{(0)}(1)-\frac{\beta_2}{1-\beta_1}\right)+\frac{\beta_2}{1-\beta_1},k=1,2,\cdots,n-1 \tag{3.14}$$

(2) 还原值：

$$\hat{x}^{(1)}(k+1)=\alpha^{(1)}\hat{x}^{(1)}(k+1)=\hat{x}^{(1)}(k+1)-\hat{x}^{(1)}(k),k=1,2,\cdots,n-1 \tag{3.15}$$

3.1.3 NGM（1，1）模型

定义 3.4[186] 设非负原始数据序列 $X^{(0)}=(x^{(0)}(1),x^{(0)}(2),\cdots,x^{(0)}(n))$，$X^{(1)}$ 为 $X^{(0)}$ 的一阶累加序列（First - Order Accumulated Generation Operator，记为 1 - AGO)，$Z^{(1)}$ 为 $X^{(1)}$ 的紧邻均值生成序列，则称：

$$x^{(0)}(k)+az^{(1)}(k)=\left(k-\frac{1}{2}\right)b+c,k=2,3,\cdots,n \tag{3.16}$$

为非齐次指数灰色预测模型，简称 NGM（1，1）模型。称：

$$\frac{\mathrm{d}x^{(1)}(t)}{\mathrm{d}t}+ax^{(1)}(t)=tb+c \tag{3.17}$$

为 NGM（1，1）模型的白化方程。其中，参数 a、b 和 c 的值可利用最小二乘法求得。

定理 3.5[186] 设 $X^{(0)}$、$X^{(1)}$、$Z^{(1)}$ 如定义 3.4 所示，若 $[a,b,c]^{\mathrm{T}}$ 为参数列，且：

$$Y=\begin{bmatrix} x^{(0)}(2) \\ x^{(0)}(3) \\ \vdots \\ x^{(0)}(n) \end{bmatrix}, \quad B=\begin{bmatrix} -z^{(1)}(2) & \frac{3}{2} & 1 \\ -z^{(1)}(3) & \frac{5}{2} & 1 \\ \vdots & \vdots & \vdots \\ -z^{(1)}(n) & \frac{2n-1}{2} & 1 \end{bmatrix} \tag{3.18}$$

则 NGM（1，1）模型参数列的最小二乘估计值满足 $[a, b, c]^{\mathrm{T}} = (B^{\mathrm{T}}B)^{-1}B^{\mathrm{T}}Y$ 。

定义 3.5[187]　设 B、Y 如定理 3.5 所述，则 NGM（1，1）模型的白化方程式（3.17）的解为：

$$\hat{x}^{(1)}(t)=De^{-at}+\frac{b}{a}t+\frac{c}{a}-\frac{b}{a^2} \tag{3.19}$$

3.1.4　NGM（1，1，k）模型

定义 3.6[61]　设 $X^{(0)}=(x^{(0)}(1), x^{(0)}(2),\cdots,x^{(0)}(n))$ 为非负序列，$X^{(1)}$ 为 $X^{(0)}$ 的一阶累加序列，$X^{(1)}=(x^{(1)}(1), x^{(1)}(2), \cdots, x^{(1)}(n))$，$x^{(1)}(k)=\sum_{i=1}^{k}x^{(0)}(k), k=1,2,\cdots,n$。则称：

$$x^{(0)}(k)+az^{(1)}(k)=bk \tag{3.20}$$

为非齐次指数形式的离散函数的灰色预测模型，简称 NGM（1，1，k）模型。

称：

$$\frac{dx^{(1)}(t)}{dt}+ax^{(1)}(t)=tb \tag{3.21}$$

为 NGM（1，1）模型的白化方程。其中，参数 a 和 c 的值可利用最小二乘法求得。

定理 3.6[61]　设 $X^{(0)}$、$X^{(1)}$、$Z^{(1)}$ 如定义 3.6 所示，若 $\hat{a}=[a, b]^{\mathrm{T}}$ 为参数列，且：

$$B=\begin{bmatrix} -x^{(1)}(2) & 1 \\ -x^{(1)}(3) & 1 \\ \vdots & \vdots \\ -x^{(1)}(n) & 1 \end{bmatrix}, \quad Y=\begin{bmatrix} x^{(0)}(2) \\ x^{(0)}(3) \\ \vdots \\ x^{(0)}(n) \end{bmatrix} \tag{3.22}$$

则 NGM（1，1）模型参数列的最小二乘估计值满足 $[a, b, c]^{\mathrm{T}} = (B^{\mathrm{T}}B)^{-1}B^{\mathrm{T}}Y$。

定理 3.7　设 B、Y，$\hat{a}$ 如定理 3.6 所述，其中 $\hat{a} = (B^{\mathrm{T}}B)^{-1}B^{\mathrm{T}}Y$，若取 $\hat{x}^{(1)}(1) = x^{(1)}(1) = x^{(0)}(1)$，则 NGM（1，1，k）模型的白化方程式的解为：

$$\hat{x}^{(1)}(k) = \left(x^{(0)}(1) - \frac{b}{a} + \frac{b}{a^2}\right)\mathrm{e}^{-a(k-1)} + \frac{b}{a}k - \frac{b}{a^2}, k = 2,3,\cdots,n \tag{3.23}$$

3.1.5　灰色 Verhulst 模型

定义 3.7[1]　设 $X^{(0)}$ 为原始数据序列，$X^{(1)}$ 为 $X^{(0)}$ 的 1－AGO 序列，$Z^{(1)}$ 为 $X^{(1)}$ 的紧邻均值序列，则称：

$$x^{(0)}(k) + az^{(1)}(k) = b\left(z^{(1)}(k)\right)^{\alpha} \tag{3.24}$$

为 GM（1，1）幂模型。

定义 3.8　设序列 $X^{(0)}$、$X^{(1)}$、$Z^{(1)}$ 及 $\hat{a} = [a, b]^{\mathrm{T}}$ 分别如定义 3.7 所述，则称：

$$\frac{\mathrm{d}x^{(1)}}{\mathrm{d}t} + ax^{(1)} = b\left(x^{(1)}\right)^{\alpha} \tag{3.25}$$

为 GM（1，1）幂模型的白化方程。

定理 3.8　设序列 $X^{(0)}$、$X^{(1)}$ 及 $Z^{(1)}$ 如定义 3.8 所示，$\hat{a} = [a, b]^{\mathrm{T}}$ 为参数列，且：

$$B = \begin{bmatrix} -z^{(1)}(2) & \left(z^{(1)}(2)\right)^{\alpha} \\ -z^{(1)}(3) & \left(z^{(1)}(3)\right)^{\alpha} \\ \vdots & \vdots \\ -z^{(1)}(n) & \left(z^{(1)}(n)\right)^{\alpha} \end{bmatrix}, \quad Y = \begin{bmatrix} x^{(0)}(2) \\ x^{(0)}(3) \\ \vdots \\ x^{(0)}(n) \end{bmatrix} \tag{3.26}$$

则 GM（1，1）幂模型参数列的最小二乘估计为：

$$\hat{a} = (B^{\mathrm{T}}B)^{-1}B^{\mathrm{T}}Y \tag{3.27}$$

定理 3.9　设 B、Y、$\hat{a}$ 如定理 3.8 所述，则 GM（1，1）幂模型的白化方程的解为：

$$x^{(1)}(t) = \left\{\mathrm{e}^{-(1-\alpha)at}\left[(1-\alpha)\int b\mathrm{e}^{(1-\alpha)at}\,\mathrm{d}t + c\right]\right\}^{\frac{1}{1-\alpha}} \tag{3.28}$$

定义 3.9 当$\alpha=2$时，则称：

$$x^{(0)}(k)+az^{(1)}(k)=b\left(z^{(1)}(k)\right)^2 \tag{3.29}$$

为灰色 Verhulst 模型。

定义 3.10 称：

$$\frac{\mathrm{d}x^{(1)}}{\mathrm{d}t}+ax^{(1)}=b\left(x^{(1)}\right)^2 \tag{3.30}$$

为灰色 Verhulst 模型的白化方程。

定理 3.10 （1）Verhulst 白化方程的解为：

$$\begin{aligned}x^{(1)}(t)&=\frac{1}{\mathrm{e}^{at}\left[\frac{1}{x^{(1)}(0)}-\frac{b}{a}(1-\mathrm{e}^{-at})\right]}\\&=\frac{ax^{(1)}(0)}{\mathrm{e}^{at}\left[a-bx^{(1)}(0)(1-\mathrm{e}^{-at})\right]}\\&=\frac{ax^{(1)}(0)}{bx^{(1)}(0)+(a-bx^{(1)}(0))\mathrm{e}^{at}}\end{aligned} \tag{3.31}$$

（2）灰色 Verhulst 模型的时间响应式为：

$$\hat{x}^{(1)}(k+1)=\frac{ax^{(1)}(0)}{bx^{(1)}(0)+(a-bx^{(1)}(0))\mathrm{e}^{ak}} \tag{3.32}$$

3.2 非线性灰色预测模型

3.2.1 FGM（1，1）模型

传统的分数阶灰色模型（FGM（1，1））由吴利丰等[63]首次提出。在详细介绍新模型之前，首先简单回顾分数阶累加和分数阶灰色模型的定义。

定义 3.11[63] 假设原始非负序列 $X^{(0)}=(x^{(0)}(1),x^{(0)}(2),\cdots,x^{(0)}(n))$，对 $X^{(0)}$ 作 r 阶分数阶累加生成（FOA），得 $X^{(r)}=(x^{(r)}(1),x^{(r)}(2),\cdots,x^{(r)}(n))$，则：

$$x^{(r)}(k)=\sum_{i=1}^{k}\binom{k-i+r-1}{k-i}x^{(0)}(i),k=1,2,\cdots,n \tag{3.33}$$

其中，$\binom{k-i+r-1}{k-i}=\frac{(k-i+r-1)(k-i+r-2)\cdots(r+1)r}{(k-i)!}$为一般的

牛顿二项式系数，r 为 FOA 的阶数，通常为非负实数。规定 $\begin{pmatrix} r-1 \\ 0 \end{pmatrix}=1$，$\begin{pmatrix} k-1 \\ k \end{pmatrix}=0$，$k=1, 2, \cdots, n$。

当 $r=1$ 时，FOA 退化为一阶累积生成运算（1 - AGO），即 $x^{(1)}(k)=\sum_{i=1}^{k} x^{(0)}(i)$。

定义 3.12[63] 假设原始非负序列 $X^{(0)}=(x^{(0)}(1), x^{(0)}(2), \cdots, x^{(0)}(n))$，对应的 r 阶分数阶逆累积（IFOA）为 $X^{(-r)}=(x^{(-r)}(1), x^{(-r)}(2), \cdots, x^{(-r)}(n))$，则：

$$x^{(-r)}(k)=\sum_{i=1}^{k}\begin{pmatrix} k-i-r-1 \\ k-i \end{pmatrix} x^{(0)}(i), k=1,2, \cdots, n \tag{3.34}$$

其中，$\begin{pmatrix} k-i-r-1 \\ k-i \end{pmatrix}=\frac{(k-i-r-1)(k-i-r-2) \cdots(-r+1)(-r)}{(k-i)!}$。

当 $r=-1$ 时，IFAO 退化为一阶逆累加生成运算（1 - IAGO），即 $x^{(-1)}(k)=x^{(0)}(k)-x^{(0)}(k-1)$。

定义 3.13[63] 设 $X^{(0)}$ 为非负的原始数据序列，$X^{(r)}$ 为 $X^{(0)}$ 的 r 阶累加生成序列，则称微分方程：

$$\frac{\mathrm{d} x^{(r)}(t)}{\mathrm{d} t}+\alpha x^{(r)}(t)=\beta \tag{3.35}$$

为分数阶灰色模型（简称为 FGM（1，1）模型）的白化方程。其中，α 和 β 分别为发展系数和灰色作用量。r 为累加阶数，可取任意正实数。FGM（1，1）模型的离散形式为：

$$x^{(r)}(k)-x^{(r)}(k-1)+\alpha z^{(r)}(k)=\beta \tag{3.36}$$

其中，背景值序列 $z^{(r)}(k)=0.5(x^{(r)}(k)+x^{(r)}(k-1))$，$k=2, 3, \cdots, n$。

一旦给定分数阶 r，FGM（1，1）模型的线性参数 α 和 β 便可利用最小二乘法（最小二乘法准则）求解，即：

$$(\alpha, \beta)^{\mathrm{T}}=(B^{\mathrm{T}} B)^{-1} B^{\mathrm{T}} Y \tag{3.37}$$

其中：

$$B=\begin{pmatrix}-z^{(r)}(2) & 1\\ -z^{(r)}(3) & 1\\ \vdots & \vdots\\ -z^{(r)}(n) & 1\end{pmatrix},\quad Y=\begin{pmatrix}x^{(r)}(2)-x^{(r)}(1)\\ x^{(r)}(3)-x^{(r)}(2)\\ \vdots\\ x^{(r)}(n)-x^{(r)}(n-1)\end{pmatrix}$$

取初始条件 $x^{(r)}(1)=x^{(0)}(1)$，求解式（3.35）可得时间响应式：

$$\hat{x}^{(r)}(k)=\left(x^{(0)}(1)-\frac{\beta}{\alpha}\right)e^{-\alpha k}+\frac{\beta}{\alpha},k=1,2,\cdots,n \quad (3.38)$$

对 $\hat{x}^{(r)}$（k）作 r 阶累减还原得：

$$\hat{x}^{(0)}(k)=\sum_{i=1}^{k}\begin{pmatrix}k-i-r-1\\ k-i\end{pmatrix}\hat{x}^{(r)}(i),k=1,2,\cdots,n \quad (3.39)$$

3.2.2 NGBM（1，1）模型

传统的灰色伯努利模型（NGBM（1，1））由 Chen 等[106]首次提出，本节首先简单回顾 NGBM（1，1）模型的定义和求解。

设非负原始序列为 $X^{(0)}=(x^{(0)}(1),\ x^{(0)}(2),\ \cdots,\ x^{(0)}(n))$，对 $X^{(0)}$ 作一阶累加生成（1－AGO）得 $X^{(1)}=(x^{(1)}(1),\ x^{(1)}(2),\ \cdots,\ x^{(1)}(n))$，其中 $x^{(1)}(k)=\sum_{i=1}^{k}x^{(0)}(i)$。$Z^{(1)}=(z^{(1)}(1),\ z^{(1)}(2),\ \cdots,\ z^{(1)}(n))$ 为 $X^{(1)}$ 序列的紧邻生成序列，其中，$z^{(1)}(k)=0.5\ (x^{(1)}(k)+x^{(1)}(k-1))\ ,k=2,3,\cdots,n$。

定义 3.14[106] 设 $X^{(0)}$ 为非负的原始数据序列，$X^{(1)}$ 为 $X^{(0)}$ 的 1－AGO 序列，$Z^{(1)}$ 为 $X^{(1)}$ 的紧邻均值生成序列，则称：

$$x^{(0)}(k)+az^{(1)}(k)=b\,(z^{(1)}(k))^{\gamma},\gamma\neq 1 \quad (3.40)$$

为灰色伯努利模型（简称为 NGBM（1，1）模型）的基本方程。NGBM（1，1）模型中幂指数的不同取值可以使模型具有更好的灵活性，以适应不同特征的非线性数据序列。

根据式（3.40）对参数列 $(a,\ b)^{\mathrm{T}}$ 作最小二乘法估计：

$$(a,b)^{\mathrm{T}}=(B^{\mathrm{T}}B)^{-1}B^{\mathrm{T}}Y \quad (3.41)$$

其中：

$$B=\begin{pmatrix}-z^{(1)}(2) & (z^{(1)}(2))^{\gamma}\\ -z^{(1)}(3) & (z^{(1)}(3))^{\gamma}\\ \vdots & \vdots\\ -z^{(1)}(n) & (z^{(1)}(n))^{\gamma}\end{pmatrix},\quad Y=\begin{pmatrix}x^{(0)}(2)\\ x^{(0)}(2)\\ \vdots\\ x^{(0)}(n)\end{pmatrix}$$

定义 3.15[106] 设参数 a，b 如上所述，称：

$$\frac{\mathrm{d}x^{(1)}}{\mathrm{d}t}+ax^{(1)}=b\left(x^{(1)}\right)^{\gamma} \tag{3.42}$$

为灰色伯努利模型的白化微分方程。

取初始条件 $x^{(1)}(0)=x^{(1)}(1)$，求解式（3.42）可得时间响应式：

$$\hat{x}^{(1)}(k+1)=\left(\frac{b}{a}+\left(x^{(0)}(1)^{1-\gamma}-\frac{b}{a}\right)\mathrm{e}^{-(1-\gamma)ak}\right)^{\frac{1}{1-\gamma}} \tag{3.43}$$

其中，$k=1$，2，…，$n-1$。

对 $\hat{x}^{(1)}(k+1)$ 作一阶累减还原得：

$$\hat{x}^{(0)}(k+1)=\hat{x}^{(1)}(k+1)-\hat{x}^{(1)}(k) \tag{3.44}$$

3.2.3 GM（1，1，t^{α}）模型

传统的含时间幂次项的灰色预测模型（GM（1，1，t^{α}））由钱吴永等[118]首次提出，本节介绍了传统 GM（1，1，t^{α}）模型的构建及参数估计，并分析了该模型的局限性。

3.2.3.1 传统 GM（1，1，t^{α}）模型的构建

定义 3.16[118] 设 $X^{(0)}$ 为非负的原始数据序列，$X^{(1)}$ 为 $X^{(0)}$ 的 1－AGO 序列，$Z^{(1)}$ 为 $X^{(1)}$ 的紧邻均值生成序列，则称灰色微分方程：

$$x^{(0)}(k)+az^{(1)}(k)=bk^{\alpha}+c,\alpha\neq 1 \tag{3.45}$$

为含时间幂次项的灰色预测模型（简称为 GM（1，1，t^{α}）模型）。

根据式（3.45）对参数列 $P=(a,b,c)^{\mathrm{T}}$ 作最小二乘法估计：

$$P=(a,b,c)^{\mathrm{T}}=(B^{\mathrm{T}}B)^{-1}B^{\mathrm{T}}Y \tag{3.46}$$

其中：

$$B=\begin{pmatrix}-z^{(1)}(2) & 2^{\alpha} & 1\\ -z^{(1)}(3) & 3^{\alpha} & 1\\ \vdots & \vdots & \vdots\\ -z^{(1)}(n) & n^{\alpha} & 1\end{pmatrix},\quad Y=\begin{pmatrix}x^{(0)}(2)\\ x^{(0)}(2)\\ \vdots\\ x^{(0)}(n)\end{pmatrix}$$

定义 3.17[118]　设参数 a，b，c 如上所述，称：

$$\frac{\mathrm{d}x^{(1)}}{\mathrm{d}t}+ax^{(1)}=bt^{\alpha}+c \tag{3.47}$$

为 GM（1，1，t^{α}）模型的白化微分方程。

取初始条件 $x^{(1)}(0)=x^{(1)}(1)$，求解式（3.47）可得时间响应函数：

$$\hat{x}^{(1)}(t)=b\mathrm{e}^{-at}\int\mathrm{e}^{at}t^{\alpha}\mathrm{d}t+\frac{c}{a} \tag{3.48}$$

GM（1，1，t^{α}）模型的时间响应式可由式（3.48）离散化得到，即：

$$\hat{x}^{(1)}(k)=\left(x^{(0)}(1)-\frac{c}{a}\right)\mathrm{e}^{-a(k-1)}+\frac{c}{a}+\frac{b}{2}\mathrm{e}^{-a(k-1)}\sum_{i=1}^{k}(i^{\alpha}\mathrm{e}^{a(i-1)}+(i+1)^{\alpha}\mathrm{e}^{ai}),$$

$$k=2,3,\cdots,n \tag{3.49}$$

与传统 GM（1，1）模型相比，GM（1，1，t^{α}）模型中的幂指数 α 为未知参数，这就使得该模型具有更好的灵活性以适应不同的非线性时间序列，弥补了 GM（1，1）模型仅适用于齐次指数序列建模的缺陷，拓展了灰色预测模型体系。

3.2.3.2　幂指数 α 的取值

当 $\alpha=0$ 时，GM（1，1，t^{α}）模型变为 $x^{(0)}(k)+az^{(1)}(k)=bk^{0}+c=b_{0}$，即 GM（1，1）模型[1]；当 $\alpha=1$ 时，GM（1，1，t^{α}）模型变为 $x^{(0)}(k)+az^{(1)}(k)=bk+c$，即 NGM（1，1，$k$，$c$）模型[188]；当 $\alpha=2$ 时，GM（1，1，t^{α}）模型变为 $x^{(0)}(k)+az^{(1)}(k)=bk^{2}+c$，即 GM（1，1，$t^{2}$）模型[118]。

由此可见，传统 GM（1，1，t^{α}）模型中的幂指数通常被赋予特定值（0、1 和 2），从而方便求解白化微分方程得出其时间响应式。在实际应用中，根据已知数据序列选择含时间幂次项的灰色 GM（1，1，t^{α}）模型时，可以利用灰导数信息覆盖原理或智能算法求解非线性参数 α。然而，当 α 为非整数时，微分方程求解困难，无法得到时间响应式的准确表达式，这限制了 GM（1，1，t^{α}）模型的推广和应用。

3.3　多变量灰色预测模型

3.3.1　GM（1，N）模型

定义 3.18[1]　设系统特征行为序列为 $X_{1}^{(0)}=(x_{1}^{(0)}(1),x_{1}^{(0)}(2),\cdots,$

$x_1^{(0)}(n))$，相关因素序列为 $X_i^{(0)}=(x_i^{(0)}(1), x_i^{(0)}(2), \cdots, x_i^{(0)}(n))$, $i=2$，3，…，n。$X_i^{(1)}$ 为 $X_i^{(0)}$ 的 1－AGO 序列，$Z_i^{(1)}$ 为 $X_i^{(1)}$ 的背景值序列，称：

$$x_1^{(0)}(k)+az_1^{(1)}(k)=\sum_{i=2}^{N} b_i x_i^{(1)}(k) \tag{3.50}$$

为 GM（1，N）模型。其中，a 为发展系数，$\sum_{i=2}^{N} b_i x_i^{(1)}(k)$ 为驱动项，b_i 为驱动系数。

定义 3.19[1] 设 $\hat{\varphi}=[a, b_2, \cdots, b_N]^{\mathrm{T}}$ 为模型的参数列，则 GM（1，N）模型的白化方程为：

$$\frac{\mathrm{d}x_1^{(1)}(t)}{\mathrm{d}t}+ax_1^{(1)}(t)=\sum_{i=2}^{N} b_i x_i^{(1)}(t) \tag{3.51}$$

定理 3.11[60] 设 $X_i^{(0)}$、$X_i^{(1)}$ 如定义 3.18 所示，$\hat{\varphi}=[a, b_2, \cdots, b_N]^{\mathrm{T}}$ 为参数列，且：

$$B=\begin{bmatrix} -z_1^{(1)}(2) & x_2^{(1)}(2) & \cdots & x_N^{(1)}(2) \\ -z_1^{(1)}(3) & x_2^{(1)}(3) & \cdots & x_N^{(1)}(3) \\ \vdots & \vdots & \ddots & \vdots \\ -z_1^{(1)}(n) & x_2^{(1)}(n) & \cdots & x_N^{(1)}(n) \end{bmatrix}, \quad Y=\begin{bmatrix} x_1^{(0)}(2) \\ x_1^{(0)}(3) \\ \vdots \\ x_1^{(0)}(n) \end{bmatrix} \tag{3.52}$$

则参数列的最小二乘法估计满足：$\hat{\varphi}=[a, b_2, \cdots, b_N]^{\mathrm{T}}=(B^{\mathrm{T}}B)^{-1}B^{\mathrm{T}}Y$。

定理 3.12[156] 设 $X_i^{(0)}$、$X_i^{(1)}$ 如定义 3.18 所示，B、Y、$\hat{\varphi}$ 如定理 3.11 所示，则 GM（1，N）模型白化方程式（3.51）的解如下：

$$\hat{x}_1^{(1)}(t)=\mathrm{e}^{-at}\left[\hat{x}_1^{(1)}(1)-t\sum_{i=2}^{N} b_i x_i^{(1)}(1)+\sum_{i=2}^{N}\int b_i x_i^{(1)}(t)\mathrm{e}^{at}\,\mathrm{d}t\right] \tag{3.53}$$

其中，当驱动因素 $x_i^{(1)}(k)(i=1, 2, \cdots, N)$ 的变化范围很小时，驱动项 $\sum_{i=2}^{N} b_i x_i^{(1)}(k)$ 可被视为灰常量，此时 GM（1，N）模型的时间响应式为：

$$\hat{x}_1^{(1)}(k)=\left[\hat{x}_1^{(1)}(1)-\frac{1}{a}\sum_{i=2}^{N} b_i x_i^{(1)}(k)\right]\mathrm{e}^{-a(k-1)}+\frac{1}{a}\sum_{i=2}^{N} b_i x_i^{(1)}(k), k=2,3,\cdots,n \tag{3.54}$$

进而，GM（1，N）模型的累减还原式为：

$$\hat{x}_1^{(0)}(k) = \hat{x}_1^{(1)}(k) - \hat{x}_1^{(1)}(k-1), k = 2,3,\cdots,n \quad (3.55)$$

3.3.2 DGM（1，N）模型

定义 3.20[171] 设系统特征数据序列为 $X_1^{(0)} = (x_1^{(0)}(1), x_1^{(0)}(2), \cdots, x_1^{(0)}(n))$，相关因素序列为 $X_i^{(0)} = (x_i^{(0)}(1), x_i^{(0)}(2), \cdots, x_i^{(0)}(n))$，$i=2$，3，…，N。$X_i^{(1)}$ 为 $X_i^{(0)}$ 的 1 - AGO 序列，称：

$$x_1^{(1)}(k) + \beta_1 x_1^{(1)}(k-1) = \sum_{i=1}^{N-1} \beta_{i+1} x_{i+1}^{(1)}(k) + \beta_{N+1} \quad (3.56)$$

为多变量离散灰色预测模型，记为 DGM（1，N）。

定理 3.13[171] 设 $X_i^{(0)}$、$X_i^{(1)}$ 如定义 3.7 所示，$\hat{\beta} = [\beta_1, \beta_2, \cdots, \beta_{N+1}]^{\mathrm{T}}$ 为参数列，且：

$$B = \begin{bmatrix} -x_1^{(1)}(1) & x_2^{(1)}(2) & \cdots & x_N^{(1)}(2) & 1 \\ -x_1^{(1)}(2) & x_2^{(1)}(3) & \cdots & x_N^{(1)}(3) & 1 \\ \vdots & \vdots & \ddots & \vdots & 1 \\ -x_1^{(1)}(n-1) & x_2^{(1)}(n) & \cdots & x_N^{(1)}(n) & 1 \end{bmatrix}, \quad Y = \begin{bmatrix} x_1^{(1)}(2) \\ x_1^{(1)}(3) \\ \vdots \\ x_1^{(1)}(n) \end{bmatrix}$$

$$(3.57)$$

则参数列的最小二乘法估计满足：$\hat{\beta} = [\beta_1, \beta_2, \cdots, \beta_{N+1}]^{\mathrm{T}} = (B^{\mathrm{T}}B)^{-1}B^{\mathrm{T}}Y$。

定理 3.14[171] 设 $X_i^{(0)}$、$X_i^{(1)}$ 如定义 3.20 所示，$\hat{\beta} = [\beta_1, \beta_2, \cdots, \beta_{N+1}]^{\mathrm{T}}$ 如定理 3.13 所示，令 $\hat{x}_1^{(1)}(1) = x_1^{(0)}(1)$ 作为初始值，则 DGM（1，N）模型的时间响应式为：

$$\hat{x}_1^{(1)}(k) = -\beta_1 \hat{x}_1^{(1)}(k-1) + \sum_{i=1}^{N-1} \beta_{i+1} x_{i+1}^{(1)}(k) + \beta_{N+1} \quad (3.58)$$

进而，DGM（1，N）模型的累减还原式为：

$$\hat{x}_1^{(0)}(k) = \hat{x}_1^{(1)}(k) - \hat{x}_1^{(1)}(k-1), k = 2,3,\cdots,n \quad (3.59)$$

3.3.3 MGM（1，m）模型

定义 3.21[178] 设原始数据序列矩阵为 $X^{(0)} = (X_1^{(0)}, X_2^{(0)}, \cdots, X_m^{(0)})$，$X_i^{(0)}$ 为第 i 个变量在时刻 $k=1, 2, \cdots, n$ 的观测序列，即 $X_i^{(0)} = (x_i^{(0)}(1), x_i^{(0)}(2), \cdots, x_i^{(0)}(n))$，$i=1, 2, \cdots, m$；$X^{(1)} = (X_1^{(1)}, X_2^{(1)}, \cdots, X_m^{(1)})$ 为原始数据序列矩阵 $X^{(0)}$ 的一阶累加生成矩阵，$X_i^{(1)}$ 为原始数据序列 $X_i^{(0)}$

的一阶累加生成序列，$Z_i^{(1)}=(z_i^{(1)}(2),\ z_i^{(1)}(3),\ \cdots,\ z_i^{(1)}(n))$，$i=1$，2，…，$m$ 为 $X_i^{(1)}$ 的紧邻均值生成序列，则多变量 MGM（1，m）模型的基本形式为：

$$\begin{cases}\dfrac{dx_1^{(1)}(t)}{dt}=a_{11}x_1^{(1)}(t)+a_{12}x_2^{(1)}(t)+\cdots+a_{1m}x_m^{(1)}(t)+b_1\\ \dfrac{dx_2^{(1)}(t)}{dt}=a_{21}x_1^{(1)}(t)+a_{22}x_2^{(1)}(t)+\cdots+a_{2m}x_m^{(1)}(t)+b_2\\ \vdots\\ \dfrac{dx_m^{(1)}(t)}{dt}=a_{m1}x_1^{(1)}(t)+a_{m2}x_2^{(1)}(t)+\cdots+a_{mm}x_m^{(1)}(t)+b_m\end{cases} \tag{3.60}$$

整理得，其矩阵形式为：

$$\frac{dX^{(1)}(t)}{dt}=AX^{(1)}(t)+B \tag{3.61}$$

其中，$A=(a_{ij})_{m\times m}$，$B=(b_1,\ b_2,\ \cdots,\ b_m)^T$，$X^{(1)}(t)=(X_1^{(1)}(t),\ X_2^{(1)}(t),\cdots,\ X_m^{(1)}(t))^T$。

进一步，将式（3.60）离散化，可得到多变量 MGM（1，m）预测模型的离散形式为：

$$\begin{cases}x_1^{(0)}(k)=a_{11}z_1^{(1)}(k)+a_{12}z_2^{(1)}(k)+\cdots+a_{1m}z_m^{(1)}(k)+b_1\\ x_2^{(0)}(k)=a_{21}z_1^{(1)}(k)+a_{22}z_2^{(1)}(k)+\cdots+a_{2m}z_m^{(1)}(k)+b_2\\ \vdots\\ x_m^{(0)}(k)=a_{m1}z_1^{(1)}(k)+a_{m2}z_2^{(1)}(k)+\cdots+a_{mm}z_m^{(1)}(k)+b_m\end{cases} \tag{3.62}$$

整理得，其矩阵形式为：

$$X^{(0)}(k)=AZ^{(1)}(k)+B \tag{3.63}$$

其中，$A=(a_{ij})_{m\times m}$，$B=(b_1,\ b_2,\ \cdots,\ b_m)^T$，$X^{(0)}(k)=(X_1^{(0)}(k),\ X_2^{(0)}(k),\ \cdots,\ X_m^{(0)}(k))^T$。

定理 3.15[175] 令 $\hat{P}_i=[a_{i1},\ a_{i2},\ \cdots,\ a_{im},\ b_i]^T$，$i=1,\ 2,\ \cdots,\ m$，则根据最小二乘法可求得参数向量的辨识值，即：

$$\hat{P}_i=[a_{i1},a_{i2},\cdots,a_{im},b_i]^T=(D^TD)^{-1}D^TL,i=1,2,\cdots,m \tag{3.64}$$

其中：

$$D=\begin{bmatrix} z_1^{(1)}(2) & z_2^{(1)}(2) & \cdots & z_m^{(1)}(2) & 1 \\ z_1^{(1)}(3) & z_2^{(1)}(3) & \cdots & z_m^{(1)}(3) & 1 \\ \vdots & \vdots & \ddots & \vdots & \vdots \\ z_1^{(1)}(n) & z_2^{(1)}(n) & \cdots & z_m^{(1)}(n) & 1 \end{bmatrix},$$

$$L_i=[x_i^{(0)}(2),x_i^{(0)}(3),\cdots,x_i^{(0)}(n)]^{\mathrm{T}},i=1,2,\cdots,m$$

定理 3.16[175]　令 $\hat{X}^{(1)}(1)=X^{(0)}(1),\hat{P}_i=[a_{i1},a_{i2},\cdots,a_{im},b_i]^{\mathrm{T}}=(D^{\mathrm{T}}D)^{-1}D^{\mathrm{T}}L$，则多变量 MGM（1，m）预测模型的时间响应式为：

$$\hat{X}^{(1)}(k)=\mathrm{e}^{A(k-1)}(\hat{X}^{(1)}(1)+A^{-1}B)-A^{-1}B \tag{3.65}$$

证明　根据式（3.61）可得：

$$\frac{\mathrm{d}X^{(1)}(t)}{AX^{(1)}(t)+B}=\mathrm{d}t \tag{3.66}$$

两端积分，得：

$$\begin{gathered}\int\frac{1}{AX^{(1)}(t)+B}\mathrm{d}X^{(1)}(t)=\int\mathrm{d}t \\ \frac{1}{A}\ln C(AX^{(1)}(t)+B)=t \\ AX^{(1)}(t)+B=C\mathrm{e}^{At}\end{gathered} \tag{3.67}$$

令 $t=1$，可得 $C=\mathrm{e}^{-A}(AX^{(1)}(1)+B)$。

将 C 值代入式（3.67），得：

$$\hat{X}^{(1)}(t)=\mathrm{e}^{A(t-1)}(\hat{X}^{(1)}(1)+A^{-1}B)-A^{-1}B \tag{3.68}$$

进而，多变量 MGM（1，m）预测模型的时间响应式为：

$$\hat{X}^{(1)}(k)=\mathrm{e}^{A(k-1)}(\hat{X}^{(1)}(1)+A^{-1}B)-A^{-1}B \tag{3.69}$$

3.4 模型评估标准

为衡量模型的模拟和预测效果，本节以均方根误差（*RMSE*）、平均绝对误差（*MAE*）和平均绝对百分比误差（*MAPE*）这三个标准为基础，检验模型的有效性和优越性。计算公式如下：

$$RMSE=\sqrt{\frac{1}{n}\sum_{i=1}^{n}\mathrm{e}^{(2)}(i)} \tag{3.70}$$

$$MAE = \frac{1}{n}\sum_{i=1}^{n} | e(i) | \tag{3.71}$$

$$MAPE = \frac{1}{n}\sum_{i=1}^{n}\left|\frac{e(i)}{x^{(0)}(i)}\right| \times 100\% \tag{3.72}$$

上式中，$e(i) = x^{(0)}(i) - \hat{x}^{(0)}(i)$，$x^{(0)}(i)$ 和 $\hat{x}^{(0)}(i)$ 分别代表实际值和预测值。*MAPE* 的预测精度等级如表 3 - 1[189]所示。

表 3 - 1 *MAPE* 的预测精度等级

MAPE（%）	预测能力	*MAPE*（%）	预测能力
<10	高	20～50	合理
10～20	良好	>50	弱

3.5 本章小结

本章介绍了灰色预测模型经典方法，分别从模型的构造、参数的求解及时间响应式的推导进行介绍。经典灰色模型主要包括五种单变量灰色预测模型，分别是 GM（1，1）、DGM（1，1）、NGM（1，1）、NGM（1，1，k）和灰色 Verhulst 模型；三种非线性灰色预测模型，分别是 FGM（1，1）、NGBM（1，1）和 GM（1，1，t^{α}）；四种多变量灰色预测模型，分别是 GM（1，N）、DGM（1，N）、NGBM（1，N）和 MGM（1，m），并给出了模型评估标准。

4 区间灰数预测模型的优化研究

4.1 基于核和认知程度的区间灰数 Verhulst 模型

在现有区间灰数预测模型的研究中，文献［10］通过计算区间灰数的核和信息域提取灰信息，进而建立基于核和信息域的区间灰数预测模型。与之不同的是，本节考虑到信息域的计算只涉及区间灰数的上下界，并代表灰数取值区间的长度，而认知程度的计算同时包含灰数的区间长度和核信息，反映出人们对灰信息的掌握程度，因此本节通过计算区间灰数的核和认知程度，得到核序列和认知程度序列，实现灰数到实数序列的转换。在此基础上对得到的实数序列分别建立 Verhulst 模型，并根据核和认知程度的计算公式，采用逆推迭代的方法得到区间灰数上、下界的表达式，从而建立基于核和认知程度的区间灰数 Verhulst 预测模型。

定义 4.1 设 $X(\otimes)=(\otimes_1, \otimes_2, \cdots, \otimes_n)$ 为区间灰数序列，且 $\otimes_k \in [\underline{a}_k, \bar{a}_k]$，$k=1, 2, \cdots, n$。$X(\otimes)$ 中所有灰数的核构成核序列，记为 $X(\tilde{\otimes})=(\tilde{\otimes}_1, \tilde{\otimes}_2, \cdots, \tilde{\otimes}_n)$；$X(\otimes)$ 中所有灰数的认知程度构成认知程度序列，记为 $X(p)=(p_1, p_2, \cdots p_n)$。

4.1.1 核序列 Verhulst 模型

根据定义 2.3 分别计算区间灰数序列中每一个元素的核，进而得到核序列的原始序列，为 $X^{(0)}(\tilde{\otimes})=(\tilde{\otimes}_1^{(0)}, \tilde{\otimes}_2^{(0)}, \cdots, \tilde{\otimes}_n^{(0)})$。$X^{(1)}(\tilde{\otimes})=$

$(\tilde{\otimes}_1^{(1)}, \tilde{\otimes}_2^{(1)}, \cdots, \tilde{\otimes}_n^{(1)})$ 为 $X^{(0)}(\tilde{\otimes})$ 的一次累加序列，其中 $\tilde{\otimes}_k^{(1)} = \sum_{i=1}^{k} \tilde{\otimes}_i$，$k=1, 2, \cdots, n$。设 $Z^{(1)}=(z^{(1)}(2), z^{(1)}(3), \cdots, z^{(1)}(n))$ 为 $X^{(1)}(\tilde{\otimes})$ 的紧邻均值序列，其中 $z^{(1)}(k)=\frac{1}{2}(\tilde{\otimes}_k^{(1)}+\tilde{\otimes}_{k-1}^{(1)})$，$k=1, 2, \cdots, n$。则称：

$$\tilde{\otimes}_t^{(0)} + az^{(1)}(t) = b(z^{(1)}(t))^2 \tag{4.1}$$

为核序列 Verhulst 模型。

运用最小二乘法，估计模型中的参数列 $\hat{a}=[a, b]^{\mathrm{T}}=(B^{\mathrm{T}}B)^{-1}B^{\mathrm{T}}Y$，其中：

$$B=\begin{bmatrix} -z^{(1)}(2) & (z^{(1)}(2))^2 \\ -z^{(1)}(3) & (z^{(1)}(3))^2 \\ \vdots & \vdots \\ -z^{(1)}(n) & (z^{(1)}(n))^2 \end{bmatrix},\quad Y=\begin{bmatrix} \tilde{\otimes}_2^{(0)} \\ \tilde{\otimes}_3^{(0)} \\ \vdots \\ \tilde{\otimes}_n^{(0)} \end{bmatrix}$$

对式（4.1）求解，得：

$$\frac{\mathrm{d}\tilde{\otimes}^{(1)}}{\mathrm{d}t} + a\tilde{\otimes}^{(1)} = b(\tilde{\otimes}^{(1)})^2 \tag{4.2}$$

是 Verhulst 模型的白化微分方程。

为了得到 Verhulst 模型的时间响应式，将式（4.2）等号左右分别同乘 $(\tilde{\otimes}^{(1)})^{-2}$ 后得到：

$$(\tilde{\otimes}^{(1)})^{-2}\frac{\mathrm{d}\tilde{\otimes}^{(1)}}{\mathrm{d}t} + a(\tilde{\otimes}^{(1)})^{-1} = b \tag{4.3}$$

令 $y=(\tilde{\otimes}^{(1)})^{-1}$，则式（4.3）变形为：

$$-\frac{\mathrm{d}y}{\mathrm{d}t} + ay = b \tag{4.4}$$

显然，式（4.4）为伯努利方程，解得：

$$\tilde{\otimes}_t^{(1)} = \frac{1}{\mathrm{e}^{at}\left[\frac{1}{\tilde{\otimes}_0^{(1)}} - \frac{b}{a}(1-\mathrm{e}^{-at})\right]} = \frac{a\tilde{\otimes}_0^{(1)}}{b\tilde{\otimes}_0^{(1)} + (a-b\tilde{\otimes}_0^{(1)})\mathrm{e}^{at}} \tag{4.5}$$

是 Verhulst 模型的解。则对应的时间响应式为：

$$\hat{\tilde{\otimes}}_{t+1}^{(1)}=\frac{a\tilde{\otimes}_0^{(1)}}{b\tilde{\otimes}_0^{(1)}+(a-b\tilde{\otimes}_0^{(1)})\mathrm{e}^{at}} \tag{4.6}$$

式（4.6）的累减还原式为：

$$\hat{\tilde{\otimes}}_{t+1}^{(0)}=\hat{\tilde{\otimes}}_{t+1}^{(1)}-\hat{\tilde{\otimes}}_{t}^{(1)}=\frac{a\tilde{\otimes}_0^{(1)}}{b\tilde{\otimes}_0^{(1)}+(a-b\tilde{\otimes}_0^{(1)})\mathrm{e}^{at}}-\frac{a\tilde{\otimes}_0^{(1)}}{b\tilde{\otimes}_0^{(1)}+(a-b\tilde{\otimes}_0^{(1)})\mathrm{e}^{a(t-1)}} \tag{4.7}$$

4.1.2 认知程度序列 Verhulst 模型

按照核序列 Verhulst 模型的建模方法，依次计算出区间灰数序列中每一个区间灰数的认知程度，进而得到认知程度序列的原始序列，为 $X^{(0)}(p)=(p_1^{(0)},p_2^{(0)},\cdots,p_n^{(0)})$。$X^{(1)}(p)=(p_1^{(1)},p_2^{(1)},\cdots,p_n^{(1)})$ 为 $X^{(0)}(p)$ 的 1 次累加序列，其中 $p_k^{(1)}=\sum_{i=1}^{k}p_i^{(0)}$，$k=1,2,\cdots,n$。设 $Q^{(1)}=(q^{(1)}(2),q^{(1)}(3),\cdots,q^{(1)}(n))$ 为 $X^{(1)}(p)$ 的紧邻均值序列，其中 $q^{(1)}(k)=\frac{1}{2}(p_k^{(1)}+p_{k-1}^{(1)}),k=1,2,\cdots,n$。则称：

$$p_t^{(0)}+cq^{(1)}(t)=\mathrm{d}\,(q^{(1)}(t))^2 \tag{4.8}$$

为认知程度序列 Verhulst 模型。

根据模型的求解方法，可以得到认知程度序列 Verhulst 模型的时间响应式为：

$$\hat{p}_{t+1}^{(1)}=\frac{cp_0^{(1)}}{\mathrm{d}p_0^{(1)}+(c-\mathrm{d}p_0^{(1)})\mathrm{e}^{ct}} \tag{4.9}$$

其中$[c,\ d]^{\mathrm{T}}=(B_1^{\mathrm{T}}B_1)^{-1}B_1^{\mathrm{T}}Y_1$，且：

$$B=\begin{bmatrix}-q^{(1)}(2) & (q^{(1)}(2))^2\\ -q^{(1)}(3) & (q^{(1)}(3))^2\\ \vdots & \vdots\\ -q^{(1)}(n) & (q^{(1)}(n))^2\end{bmatrix},\quad Y=\begin{bmatrix}p_2^{(0)}\\ p_3^{(0)}\\ \vdots\\ p_n^{(0)}\end{bmatrix}$$

式（4.9）的累减还原式为：

$$\hat{p}_{t+1}^{(0)}=\hat{p}_{t+1}^{(1)}-\hat{p}_{t}^{(1)}=\frac{cp_0^{(1)}}{\mathrm{d}p_0^{(1)}+(c-\mathrm{d}p_0^{(1)})\mathrm{e}^{ct}}-\frac{cp_0^{(1)}}{\mathrm{d}p_0^{(1)}+(c-\mathrm{d}p_0^{(1)})\mathrm{e}^{c(t-1)}} \tag{4.10}$$

4.1.3　基于核和认知程度的区间灰数 Verhulst 模型的构建

根据式（4.1）和式（4.2）反推出区间灰数上下界的表达式，并将式（4.7）和式（4.10）代入得：

$$\begin{cases}\tilde{\otimes}=\dfrac{\underline{a}+\bar{a}}{2}\\ p(\otimes)=1-\dfrac{l(\otimes)}{\tilde{\otimes}}=1-\dfrac{\underline{a}+\bar{a}}{\tilde{\otimes}}\end{cases}\Rightarrow\begin{cases}\hat{\underline{a}}_{t+1}=\dfrac{\hat{\tilde{\otimes}}_{t+1}^{(0)}(1+\hat{p}_{t+1}^{(0)})}{2}\\ \hat{\bar{a}}_{t+1}=\dfrac{\hat{\tilde{\otimes}}_{t+1}^{(0)}(3-\hat{p}_{t+1}^{(0)})}{2}\end{cases} \tag{4.11}$$

因此，式（4.11）为基于核和认知程度的区间灰数 Verhulst 预测模型。

总结模型构建思路和求解方法，可得到如下建模步骤：

步骤 1：由式（4.1）计算区间灰数的核，建立核序列 Verhulst 模型。

步骤 2：由式（4.2）计算区间灰数的认知程度，建立认知程度序列 Verhulst 模型。

步骤 3：由式（4.7）和式（4.10）计算核序列和认知程度序列的模拟值。

步骤 4：由式（4.11）计算区间灰数序列的上、下界模拟值，得到基于核和认知程度的区间灰数 Verhulst 预测模型。

步骤 5：模型精度检验。

步骤 6：对区间灰数序列进行预测。

4.1.4　算例分析

本节选取文献［10］中的数据，旨在通过直接的对比以验证本章提出的模型的有效性和实用性，相应的数据如表 4－1 所示。

表 4－1　某高层住宅工程沉降量观测值

观测时间（天）	沉降量（毫米）	观测时（天）	沉降量（毫米）
45	[2.9，3.5]	270	[18.9，19.7]
90	[5.0，5.4]	315	[24.5，25.3]
135	[7.4，8.2]	360	[28.0，28.6]
180	[10.4，10.8]	405	[30.8，31.6]
225	[14.5，15.1]		

根据本节所提方法的思路和模型构建步骤，对表 4-1 中的数据建立相应的预测模型。

步骤 1：根据公式（4.1）计算区间灰数的核，并得到核序列为：

$$X^{(0)}(\tilde{\otimes}) = (3.2, 5.2, 7.8, 10.6, 14.8, 19.3, 24.9, 28.3, 31.2)$$

求其一次累加序列 $X^{(1)}(\tilde{\otimes})$ 及紧邻均值 $Z^{(1)}$，模型参数估计列为：

$$\hat{a} = [a, b]' = (B'B)^{-1}B'Y = \begin{bmatrix} -0.4988 \\ -0.0133 \end{bmatrix} \tag{4.12}$$

那么核序列 Verhulst 模型为：

$$\tilde{\otimes}_t^{(0)} - 0.4988 z^{(1)}(t) = -0.0133 (z^{(1)}(t))^2 \tag{4.13}$$

时间响应式为：

$$\hat{\tilde{\otimes}}_{t+1}^{(1)} = \frac{-0.4988 \tilde{\otimes}_0^{(1)}}{-0.0133 \tilde{\otimes}_0^{(1)} + (0.0133 \tilde{\otimes}_0^{(1)} - 0.4988)e^{-0.4988t}} \tag{4.14}$$

步骤 2：认知程度序列为：

$$X^{(0)}(p) = (0.8125, 0.9231, 0.8974, 0.9623, 0.9595, 0.9585, 0.9679, 0.9788, 0.9744)$$

求其一次累加序列 $X^{(1)}(p)$ 及紧邻均值 $Q^{(1)}$，相应的模型参数估计列为：

$$[c, d]^{\mathrm{T}} = (B_1^{\mathrm{T}} B_1)^{-1} B_1^{\mathrm{T}} Y_1 = \begin{bmatrix} -0.8661 \\ -0.8948 \end{bmatrix} \tag{4.15}$$

因此认知程度序列 Verhulst 模型为：

$$p_t^{(0)} - 0.8661 q^{(1)}(t) = -0.8948 (q^{(1)}(t))^2 \tag{4.16}$$

时间响应式为：

$$\hat{p}_{t+1}^{(1)} = \frac{-0.8661 p_0^{(1)}}{-0.8948 p_0^{(1)} + (0.8948 p_0^{(1)} - 0.8661)e^{ct}} \tag{4.17}$$

步骤 3：由式（4.7）和式（4.10）分别计算核序列和认知程度序列的模拟值。

步骤 4：按照式（4.11）得到区间灰数序列的上、下界的模拟值。

步骤 5：检验模型的精度。

根据表 4-2 和表 4-3 可以得到模型的误差分析情况和模拟结果，并通过计算发现，模型的平均相对模拟误差为 0.022 1，模拟精度为 97.79%。

步骤 6：步骤 5 的结果表明模型通过了检验，且精度为二级但接近一级，能够进行预测。具体结果见表 4－4。

为了从更深层次检验本节所提出的模型的有效性，选取本节方法和已有的几种优化后的区间灰数预测模型分别对表 4－1 中的数据建模，相应的对比结果如表 4－5 所示。从结果能够得出结论，即本节所提出的预测模型具有较高的模拟精度，实用性较强。

表 4－2　下界序列误差检验表

观测时间（天）	实际值 $\underline{a}_t$	模拟值 $\hat{\underline{a}}_t$	残差 $\underline{a}_t-\hat{\underline{a}}_t$	相对误差 $\Delta_{\underline{a}_t}$
45	2.9	2.900 0	0.000 0	0.000 0
90	5.0	4.733 5	−0.266 5	0.053 3
135	7.4	7.328 0	−0.072 0	0.009 7
180	10.4	10.771 1	0.371 1	0.035 7
225	14.5	14.959 4	0.459 4	0.031 7
270	18.9	19.530 0	0.630 0	0.033 3
315	24.5	23.956 9	−0.543 1	0.022 2
360	28.0	27.772 5	−0.227 5	0.008 1
405	30.8	30.742 3	−0.057 7	0.001 9

表 4－3　上界序列误差检验表

观测时间（天）	实际值 $\bar{a}_t$	模拟值 $\hat{\bar{a}}_t$	残差 $\bar{a}_t-\hat{\bar{a}}_t$	相对误差 $\Delta_{\bar{a}_t}$
45	3.5	3.500 0	0.000 0	0.000 0
90	5.4	5.253 3	−0.146 7	0.027 2
135	8.2	7.811 0	−0.389 0	0.047 4
180	10.8	11.274 9	0.474 9	0.044 0
225	15.1	15.535 8	0.435 8	0.028 9
270	19.7	20.215 6	0.515 6	0.026 2
315	25.3	24.763 3	−0.536 7	0.021 2
360	28.6	28.690 1	0.090 1	0.003 1
405	31.6	31.751 5	0.151 5	0.004 8

表 4-4　某高层住宅工程沉降量预测值

观测时间（天）	沉降量（毫米）	观测时间（天）	沉降量（毫米）
450	[34.323 8，35.443 6]	540	[35.863 2，37.033 2]
495	[35.265 7，36.416 1]	595	[36.236 1，37.418 3]

表 4-5　不同区间灰数 Verhulst 模型模拟误差对比表

模型	本文模型	基于核和灰半径的新信息 Verhulst 模型[77]	基于核和测度的连续区间灰数 Verhulst 模型[52]
平均模拟相对误差	$\bar{\Delta}_{\underline{a}}=0.021\ 8$	$\bar{\Delta}_{\underline{a}}=0.022\ 6$	$\bar{\Delta}_{\underline{a}}=0.096\ 6$
	$\bar{\Delta}_{\bar{a}}=0.022\ 5$	$\bar{\Delta}_{\bar{a}}=0.022\ 2$	$\bar{\Delta}_{\bar{a}}=0.096\ 9$
综合平均模拟相对误差	$\bar{\Delta}=0.022\ 1$	$\bar{\Delta}=0.024\ 4$	$\bar{\Delta}=0.098\ 3$

4.2　考虑白化权函数的区间灰数模型

在现有相关研究成果中，尽管文献［33］对白化权函数已知的区间灰数预测模型构建问题进行了分析和研究，但是作者在求解预测值的白化权函数时主要是根据已知的白化权函数与坐标轴所围图形面积的平均值和重心的平均值。如果采用该方法，当区间灰数序列中灰数取值可能性具有大幅度变化时，可能会导致预测值在计算得到的取值区间内取值可能性误差较大。因此与文献［33］的方法不同的是，本节考虑分别对白化权函数与 x 轴所围图形面积和重心构建 DGM（1，1）模型，根据现有事物发展趋势预测未来。

根据上述研究切入点，考虑到关于白化权函数已知的区间灰数预测模型的研究，主要是根据已经掌握的灰数信息，预测灰数未来的取值范围和取值分布信息等。因此，本节从标准化后的区间灰数序列中提取白部和灰部信息，得到相应的实数序列。白化权函数在形式上虽然表现为四个（或三个）实数点，但将这些点分为独立的个体建模预测显然是不合理的，因此通过对白化权函数在二维坐标平面上的映射，计算白化权函数与 x 轴所围图形面积。同时提取白化权函数已知的区间灰数的核，得到面积序列和核序列，完成数据序列的转化。最后，分别对得到的实数序列建立 DGM（1，1）模型，并推导还原得到白化权函数已知的区间灰数预测模型。

定义 4.2[33]　设区间灰数序列 $X(\otimes)=(\otimes(t_1), \otimes(t_2), \cdots, \otimes(t_n))$，其中 $\Delta t_k=t_k-t_{k-1}=1$，$\otimes(t_k)\in[a_k, b_k]$，$k=1, 2, \cdots, n$。将序列 $X(\otimes)$ 中所有的元素进行标准化，那么所有白部组成的序列称为 $X(\otimes)$ 的白部序列，所有的灰部组成的序列称为 $X(\otimes)$ 的灰部序列，即：

$$X(\otimes)=(\otimes(t_1),\otimes(t_2),\cdots,\otimes(t_n))\Leftrightarrow\begin{cases}A_{\otimes}=(a_1,a_2,\cdots,a_n)\\C_{\otimes}=(c_1,c_2,\cdots,c_n)\end{cases}\tag{4.18}$$

其中$\otimes(t_k)=a_k+c_k\mu$，$k=1, 2, \cdots, n$。

定义 4.3　设白化权函数已知的区间灰数序列为 $X(\otimes)=(\otimes(t_1), \otimes(t_2), \cdots, \otimes(t_n))$，其中 $\Delta t_k=t_k-t_{k-1}=1$，$\otimes(t_k)\in[a_k, b_k]$，$k=1, 2, \cdots, n$。$X(\otimes)$ 中所有的核构成的序列称为核序列，记为 $X(\tilde{\otimes})=(\tilde{\otimes}_1, \tilde{\otimes}_2, \cdots, \tilde{\otimes}_n)$。$X(\otimes)$ 中所有的白化权函数与 x 轴所围图形的面积构成的序列称为面积序列，记为 $s(k)=(s_1, s_2, \cdots, s_k)$。

定义 4.4[33]　设 M_1 和 M_2 分别是图形 1 和 2 的面积，且 M_0 为其重合部分的面积，那么图形 2 相对于图形 1 的重合率为：

$$\eta=\frac{M_0}{M_1}\times 100\%\tag{4.19}$$

4.2.1　基于白部和灰部的 DGM（1，1）模型的构建

根据定义 4.2，区间灰数序列 $X(\otimes)=(\otimes(t_1), \otimes(t_2), \cdots, \otimes(t_n))$ 经过标准化后，其白部和灰部序列为 $A_{\otimes}=(a_1, a_2, \cdots, a_n)$ 和 $C_{\otimes}=(c_1, c_2, \cdots, c_n)$。那么建立白部序列 DGM（1，1）模型为：

$$a^{(1)}(k+1)=\beta_1 a^{(1)}(k)+\beta_2\tag{4.20}$$

运用最小二乘法估计，其参数向量 $\hat{\beta}=[\beta_1, \beta_2]^{\mathrm{T}}=(B^{\mathrm{T}}B)^{-1}B^{\mathrm{T}}Y$，其中：

$$Y=\begin{bmatrix}a^{(1)}(2)\\a^{(1)}(3)\\\vdots\\a^{(1)}(n)\end{bmatrix},\quad B=\begin{bmatrix}a^{(1)}(1)&1\\a^{(1)}(2)&1\\\vdots&\vdots\\a^{(1)}(n-1)&1\end{bmatrix}\tag{4.21}$$

时间响应式为：

$$\hat{a}^{(1)}(k+1)=[a^{(0)}(1)-\frac{\beta_2}{1-\beta_1}]\beta_1^k+\frac{\beta_2}{1-\beta_1} \tag{4.22}$$

则式（4.22）的累减还原式为：

$$\hat{a}^{(0)}(k+1)=\hat{a}^{(1)}(k+1)-\hat{a}^{(1)}(k)=(\beta_1-1)[a^{(0)}(1)-\frac{\beta_2}{1-\beta_1}]\beta_1^{k-1} \tag{4.23}$$

其中，$k=1$，2，…，n。

与以上步骤类似，我们能够建立灰部序列的 DGM（1，1）模型，相应的时间响应式为：

$$\hat{c}^{(1)}(k+1)=\left[c^{(0)}(1)-\frac{\alpha_2}{1-\alpha_1}\right]\alpha_1^k+\frac{\alpha_2}{1-\alpha_1} \tag{4.24}$$

其累减还原式为：

$$\hat{c}^{(0)}(k+1)=(\alpha_1-1)\left[c^{(0)}(1)-\frac{\alpha_2}{1-\alpha_1}\right]\alpha_1^{k-1},k=1,2,\cdots,n \tag{4.25}$$

可以发现，如果仅通过上述过程我们只能得到区间灰数的上、下界，而其灰数取值分布情况是无法获得的，因此应该进一步提取白化权函数包含的灰数信息，得到白化权函数四个（或三个）转折点模拟值表达式，从而实现预测模型的构建。

4.2.2 基于核和面积的 DGM（1，1）模型的构建

本节主要研究典型白化权函数和三角白化权函数已知时模型的构建问题。

4.2.2.1 典型白化权函数已知的区间灰数

当为典型白化权函数时，即如图 2-1 所示，根据文献［29］中定义的白化权函数已知的区间灰数的核的计算公式，同时依据分段函数积分的性质，具有典型白化权函数的区间灰数的核为：

$$\tilde{\otimes}(k)=\frac{\int_{a_k}^{b_k}f_{\otimes(k)}(x)x\mathrm{d}x}{\int_{a_k}^{b_k}f_{\otimes(k)}(x)\mathrm{d}x}=\frac{\int_{a_k}^{p_k}\frac{x-a_k}{p_k-a_k}x\mathrm{d}x+\int_{p_k}^{q_k}x\mathrm{d}x+\int_{q_k}^{b_k}\frac{b_k-x}{b_k-q_k}x\mathrm{d}x}{\frac{(b_k-a_k)+(q_k-p_k)}{2}}$$

$$= \frac{b_k^2 + q_k^2 + b_k q_k - a_k^2 - p_k^2 - a_k p_k}{3(q_k - p_k + b_k - a_k)} \tag{4.26}$$

将区间灰数的核序列记为$\tilde{\otimes}=(\tilde{\otimes}_1, \tilde{\otimes}_2, \cdots, \tilde{\otimes}_n)$，并对该实数序列$\tilde{\otimes}$构建预测模型，从而其时间响应式是：

$$\hat{\tilde{\otimes}}^{(1)}(k+1) = \left[\tilde{\otimes}^{(0)}(1) - \frac{\delta_2}{1-\delta_1}\right]\delta_1^k + \frac{\delta_2}{1-\delta_1} \tag{4.27}$$

相应的累减还原式为：

$$\hat{\tilde{\otimes}}^{(0)}(k+1) = (\delta_1 - 1)\left[\tilde{\otimes}^{(0)}(1) - \frac{\delta_2}{1-\delta_1}\right]\delta_1^{k-1}, k = 1,2,\cdots,n \tag{4.28}$$

当为典型白化权函数时，由图2-1可知，其与x轴所围图形的面积为：

$$s_k = \frac{(b_k - a_k) + (q_k - p_k)}{2} \tag{4.29}$$

因此得到面积序列，并记为$s=(s_1, s_2, \cdots, s_n)$。对该实数序列建立DGM（1，1）模型，得到时间响应式为：

$$\hat{s}^{(1)}(k+1) = \left[s^{(0)}(1) - \frac{\varphi_2}{1-\varphi_1}\right]\varphi_1^k + \frac{\varphi_2}{1-\varphi_1} \tag{4.30}$$

还原值为：

$$\hat{s}^{(0)}(k+1) = (\varphi_1 - 1)\left[s^{(0)}(1) - \frac{\varphi_2}{1-\varphi_1}\right]\varphi_1^{k-1}, k = 1,2,\cdots,n \tag{4.31}$$

根据式（4.23）、式（4.25）、式（4.28）和式（4.31）分别得到白化权函数已知的区间灰数的白部、灰部、核和面积的模拟值，并根据其计算表达式，得到如下方程组：

$$\begin{cases} \hat{a}^{(0)}(k) = a_k \\ \hat{c}^{(0)}(k) = b_k - a_k \\ \hat{\tilde{\otimes}}^{(0)}(k) = \dfrac{b_k^2 + q_k^2 + b_k q_k - a_k^2 - p_k^2 - a_k p_k}{3(q_k - p_k + b_k - a_k)} \\ \hat{s}^{(0)}(k) = \dfrac{b_k - a_k + q_k - p_k}{2} \end{cases} \tag{4.32}$$

解之得：

$$
\begin{cases}
\hat{a}_k = \hat{a}^{(0)}(k) \\
\hat{b}_k = \hat{c}^{(0)}(k) + \hat{a}^{(0)}(k) \\
\hat{p}_k = \dfrac{\begin{array}{c} 6\hat{s}^{(0)}(k)\,\hat{\tilde{\otimes}}^{(0)}(k) - 4\left(\hat{s}^{(0)}(k)\right)^2 - \left(\hat{c}^{(0)}(k)\right)^2 + 2\hat{s}^{(0)}(k)\hat{c}^{(0)}(k) - \\ \hat{c}^{(0)}(k)\hat{a}^{(0)}(k) - 2\hat{s}^{(0)}(k)\hat{a}^{(0)}(k) \end{array}}{4\hat{s}^{(0)}(k) - \hat{c}^{(0)}(k)} \\
\hat{q}_k = 2\hat{s}^{(0)}(k) - \hat{c}^{(0)}(k) + p_k
\end{cases}
\tag{4.33}
$$

根据上述方程组的解，可以得到区间灰数$\otimes(t_k)$的起（止）点和次起（止）点的模拟值及预测值，并称该方程组的解为典型白化权函数已知条件下的区间灰数预测模型（以下简称典型白化权函数区间灰数预测模型）。

因此，可以将建模步骤总结为以下几点：

步骤 1：根据式（2.3）、式（4.26）和式（4.29）提取灰信息，得到实数序列。

步骤 2：对白部序列、灰部序列、核序列和面积序列分别建立 DGM（1，1）模型。

步骤 3：根据式（4.33）得到区间灰数预测值的上下界以及其对应的典型白化权函数的四个转折点。

步骤 4：模型精度分析。

4.2.2.2 三角白化权函数已知的区间灰数

当为三角白化权函数时，即如图 2-2 所示，相应的区间灰数的核为：

$$
\tilde{\otimes}(k) = \frac{\int_{a_k}^{b_k} f_{\otimes(k)}(x)x\mathrm{d}x}{\int_{a_k}^{b_k} f_{\otimes(k)}(x)\mathrm{d}x} = \frac{\int_{a_k}^{p_k}\dfrac{x-a_k}{p_k-a_k}x\mathrm{d}x + \int_{p_k}^{b_k}\dfrac{b_k-x}{b_k-p_k}x\mathrm{d}x}{\dfrac{(b_k-a_k)}{2}}
$$

$$
= \frac{a_k + p_k + b_k}{3} \tag{4.34}
$$

由图 2-2 可知，三角白化权函数与 x 轴所围图形为三角形，对应的面积为：

$$
s_k = \frac{(b_k - a_k)}{2} \tag{4.35}
$$

计算三角白化权函数已知的区间灰数的核 $\tilde{\otimes}(k)$ 和面积 $s(k)$，并得到相应的核序列$\tilde{\otimes}=(\tilde{\otimes}_1, \tilde{\otimes}_2, \cdots, \tilde{\otimes}_n)$ 和面积序列 $s=(s_1, s_2, \cdots, s_n)$。

联立三角白化权函数已知的区间灰数的白部序列、灰部序列、核序列和面积序列，从而构造方程组：

$$\begin{cases} \hat{a}^{(0)}(k) = a_k \\ \hat{c}^{(0)}(k) = b_k - a_k \\ \hat{\tilde{\otimes}}^{(0)}(k) = \dfrac{a_k + p_k + b_k}{3} \\ \hat{s}^{(0)}(k) = \dfrac{b_k - a_k}{2} \end{cases} \tag{4.36}$$

解之得：

$$\begin{cases} \hat{a}_k = \hat{a}^{(0)}(k) \\ \hat{b}_k = \hat{c}^{(0)}(k) + \hat{a}^{(0)}(k) \\ \hat{p}_k = 3\hat{\tilde{\otimes}}^{(0)}(k) - 2\hat{a}^{(0)}(k) - \hat{c}^{(0)}(k) \end{cases} \tag{4.37}$$

根据式（4.37），能够完成区间灰数$\otimes(t_k)$的起（止）点和次起（止）点的模拟和预测，因此称该方程组的解为三角白化权函数已知条件下的区间灰数预测模型（以下简称三角白化权函数区间灰数预测模型）。

因此，可以得到如下建模步骤：

步骤 1：根据式（2.3）、式（4.34）和式（4.35）将灰数序列转化为实数序列。

步骤 2：对白部序列、灰部序列、核序列和面积序列分别建立 DGM（1，1）模型。

步骤 3：根据式（4.37）得到区间灰数预测值的上下界并还原出其三角白化权函数的三个转折点。

步骤 4：模型精度分析。

4.2.3　算例分析

本节通过具体的数值算例以验证说明模型的精度，数据来源于文献[62]，数据如表 4-6 所示。

表 4-6　巴彦高勒站 2008—2013 年凌期日均流量

单位：立方米/秒

年份	最小值	最大值	均值
2008—2009	346	680	510
2009—2010	312	700	493
2010—2011	318	700	491
2011—2012	300	730	525
2012—2013	335	765	490

将表 4-6 中的数据转化为三角白化权函数已知的区间灰数。转化的基本方法是以最小值作为区间灰数的下界，最大值作为上界，均值作为三角白化权函数中取值可能性最大的点，如表 4-7 所示，并给出了相应的白化权函数，如图 4-1 所示。

表 4-7　巴彦高勒站 2008—2013 年凌期日均流量的区间灰数

单位：立方米/秒

项目	2008—2009 年	2009—2010 年	2010—2011 年	2011—2012 年	2012—2013 年
灰数	$\otimes(t_1)$	$\otimes(t_2)$	$\otimes(t_3)$	$\otimes(t_4)$	$\otimes(t_5)$
来水量	[346，680]	[312，700]	[318，700]	[300，730]	[335，765]

按照章节 4.2.2.2 中总结的建模方法，对巴彦高勒站 2008—2013 年凌期日均流量进行模拟。

步骤 1：通过式（2.3）、式（4.34）和式（4.35），得到相应的实数序列，其中：

白部序列为 $A_\otimes=(346, 312, 318, 300, 335)$

灰部序列为 $C_\otimes=(334, 388, 382, 430, 430)$

核序列为$\tilde{\otimes}=(512, 501.6667, 503, 519.3333, 530)$

面积序列为 $S=(167, 194, 191, 215, 215)$

步骤 2：对以上序列分别建立 DGM（1，1）模型，其参数分别如下：

白部序列 $A_\otimes$：$\beta_1=1.0160$，$\beta_2=303.1970$

灰部序列 $C_\otimes$：$\alpha_1=1.0434$，$\alpha_2=367.4232$

核序列$\tilde{\otimes}$：$\delta_1=1.0198$，$\delta_2=488.1116$

面积序列 s：$\varphi_1=1.0434$，$\varphi_2=183.7116$

步骤 3：根据式（4.37）得到区间灰数预测值的上下界以及对应的三角白化权函数的三个转折点。

步骤 4：模型误差分析。

对于建立的区间灰数预测模型，需要在预测之前对其进行误差分析。本节主要从以下两个方面检验模型，即计算模型平均相对模拟误差和白化权函数与 x 轴所围图形面积的重合率。

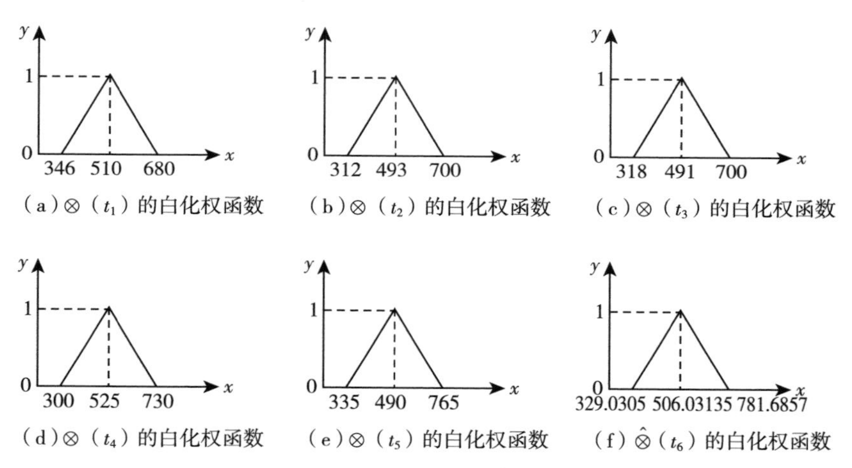

图 4-1 表 4-7 中的区间灰数及$\hat{\otimes}(t_6)$ 的白化权函数

由表 4-8 可知，本节所建模型的平均相对模拟误差为 $\bar{\Delta}=\frac{1}{15}\sum\Delta=1.73\%$ 。同时，对白化权函数的面积重合率进行检验，如图 4-2 所示。

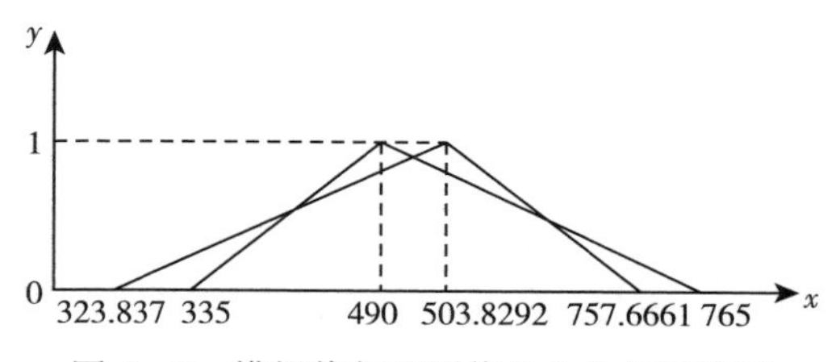

图 4-2 模拟值与观测值的白化权函数图

由式（4.19）可知，模拟值相对于观测值的白化权函数面积重合率为：

$$\eta=\frac{M_0}{M_1}\times100\%=\frac{210.1132}{215}\times100\%=97.73\%$$

由步骤 4 可知，模型的平均相对模拟误差为 1.73%，从这一角度看模型合格。从面积重合率这一方面来说，利用本节所提方法得到的模拟值白化权函数与 x 轴所围面积占观测值的 97.73%，而文献［33］中所提出的模型计算得到的面积重合率为 92.13%。根据以上两点，本节构建的模型能够通过误差检验，可以进行预测。取 $k=6$ 并代入模型，计算得：

$$a_6 = 329.0305, p_6 = 506.0135, b_6 = 781.6857$$

即$\hat{\otimes}(t_6)=[329.030\ 5,\ 781.685\ 7]$，其三角白化权函数如图 4－1(f) 所示。

表 4－8　区间灰数的模拟值及模拟误差

灰数	界点	原始值	模拟值	残差	相对误差
$\otimes(t_1)$	a_1	346	346	0	0.00%
	p_1	510	510	0	0.00%
	b_1	680	680	0	0.00%
$\otimes(t_2)$	a_2	312	308.745 3	−3.254 7	1.04%
	p_2	493	495.346 2	2.346 2	0.48%
	b_2	700	690.663 0	−9.337	1.33%
$\otimes(t_3)$	a_3	318	313.696 2	−4.303 8	1.35%
	p_3	491	498.473 0	7.473	1.52%
	b_3	700	712.187 8	12.187 8	1.74%
$\otimes(t_4)$	a_4	300	318.726 6	18.726 6	6.24%
	p_4	525	501.308 0	−23.692	4.51%
	b_4	730	734.511 4	4.511 4	0.62%
$\otimes(t_5)$	a_5	335	323.837 6	−11.162 4	3.33%
	p_5	490	503.829 2	13.829 2	2.82%
	b_5	765	757.666 1	−7.333 9	0.96%

4.3　初始条件优化的正态分布区间灰数 NGM（1，1）模型

4.3.1　NGM（1，1）模型初始条件的优化分析

NGM（1，1）模型是传统 GM（1，1）模型的拓展，它适用于具有非

齐次指数变化规律的数据预测，与实际预测系统中常见的数据特征相匹配。初始条件的取值是影响 NGM（1，1）模型预测精度的直接因素，因此，若要提升 NGM（1，1）模型的预测精度，则要优化 NGM（1，1）模型的初始条件。目前，NGM（1，1）模型的初始条件优化方法主要集中于两个方向：一是丁松等[79]以拟合值与原始值之间的相对误差平方和最小为准则构建目标函数，二是战立青等[82]以拟合值与原始值之间的误差平方和最小为准则构建目标函数。虽然这两类优化方法最终均能实现建模精度的提升，但仍然存在一定的局限性，主要分析如下所示。

定义 4.5[186] 设非负原始数据序列 $X^{(0)}=(x^{(0)}(1),x^{(0)}(2),\cdots,x^{(0)}(n))$，$X^{(1)}$ 为 $X^{(0)}$ 的一阶累加序列（First - Order Accumulated Generation Operator，记为 1 - AGO），$Z^{(1)}$ 为 $X^{(1)}$ 的紧邻均值生成序列，则称：

$$x^{(0)}(k)+az^{(1)}(k)=\left(k-\frac{1}{2}\right)b+c,k=2,3,\cdots,n \tag{4.38}$$

为非齐次指数灰色预测模型，简称 NGM（1，1）模型。称：

$$\frac{\mathrm{d}x^{(1)}(t)}{\mathrm{d}t}+ax^{(1)}(t)=tb+c \tag{4.39}$$

为 NGM（1，1）模型的白化方程。其中，参数 a、b 和 c 的值可利用最小二乘法求得。

定理 4.1[186] 设 $X^{(0)}$、$X^{(1)}$、$Z^{(1)}$ 如定义 4.1 所示，若$[a,\ b,\ c]^{\mathrm{T}}$ 为参数列，且：

$$B=\begin{bmatrix}-z^{(1)}(2) & \frac{3}{2} & 1\\ -z^{(1)}(3) & \frac{5}{2} & 1\\ \vdots & \vdots & \vdots\\ -z^{(1)}(n) & \frac{2n-1}{2} & 1\end{bmatrix},Y=\begin{bmatrix}x^{(0)}(2)\\ x^{(0)}(3)\\ \vdots\\ x^{(0)}(n)\end{bmatrix} \tag{4.40}$$

则 NGM（1，1）模型参数列的最小二乘法估计值满足$[a,\ b,\ c]^{\mathrm{T}}=(B^{\mathrm{T}}B)^{-1}B^{\mathrm{T}}Y$。

定义 4.6[187] 设 B、Y 如定理 4.1 所述，则 NGM（1，1）模型的白化方程式的解为：

$$\hat{x}^{(1)}(t)=D\mathrm{e}^{-at}+\frac{b}{a}t+\frac{c}{a}-\frac{b}{a^{2}} \tag{4.41}$$

NGM（1，1）模型因适用于具有非齐次指数特征的序列预测，被学者们应用到了众多领域。但在实际建模中，NGM（1，1）模型以始点 $x^{(1)}(1)$ 作为初始值求解初始条件 D，过分强调了旧信息在建模过程中的重要性，忽视了数据序列中其他信息对建模精度的影响，初始条件的求解方法有待进一步改进。基于此，丁松等[36]和战立青等[39]学者纷纷对 NGM（1，1）模型的初始条件展开优化，优化方法如下：

（1）构造以模型拟合值与原始值的相对误差平方和最小为优化标准的目标函数，记为 $F(D_1)$，以 $x^{(1)}(n)$ 作为待优化的初始条件，原始序列的预测值可以表示为：

$$\hat{x}^{(0)}(k)=\begin{cases}D_1\mathrm{e}^{-ak}(1-\mathrm{e}^{-a})-\dfrac{b}{a},k=1,2,\cdots,n-1\\ D_1\mathrm{e}^{-an}+\dfrac{b}{a}n+\dfrac{c}{a}-\dfrac{b}{a^{2}},k=n\end{cases} \tag{4.42}$$

初始条件为：

$$\hat{x}^{(0)}(n)=D_1\mathrm{e}^{-an}+\frac{b}{a}n+\frac{c}{a}-\frac{b}{a^{2}} \tag{4.43}$$

则模型的相对误差平方和目标函数 $F(D_1)$ 为：

$$F(D_1)=\sum_{k=1}^{n-1}\left[\frac{x^{(0)}(k)-D_1\mathrm{e}^{-ak}(1-\mathrm{e}^{-a})+\dfrac{b}{a}}{x^{(0)}(k)}\right]^{2}+\left[\frac{x^{(0)}(n)-(D_1\mathrm{e}^{-an}+\dfrac{b}{a}n+\dfrac{c}{a}-\dfrac{b}{a^{2}})}{x^{(0)}(n)}\right]^{2} \tag{4.44}$$

令 $\dfrac{\mathrm{d}F}{\mathrm{d}D_1}=0$，可得：

$$D_1=\frac{\left\{\sum\limits_{k=1}^{n-1}\dfrac{\mathrm{e}^{-ak}(1-\mathrm{e}^{-a})[x^{(0)}(k)+\dfrac{b}{a}]}{(x^{(0)}(k))^{2}}\right\}+\dfrac{\mathrm{e}^{-an}[x^{(0)}(n)-\dfrac{b}{a}n-\dfrac{c}{a}+\dfrac{b}{a^{2}}]}{(x^{(0)}(n))^{2}}}{[\sum\limits_{k=1}^{n-1}\dfrac{\mathrm{e}^{-2ak}(1-\mathrm{e}^{-a})^{2}}{(x^{(0)}(k))^{2}}+\dfrac{\mathrm{e}^{-2an}}{(x^{(0)}(n))^{2}}]} \tag{4.45}$$

进一步，将式（4.45）代入式（4.43），可得最优初始条件为：

$$\hat{x}^{(0)}(n)=\left[\frac{\left\{\sum_{k=1}^{n-1}\frac{e^{-ak}(1-e^{-a})\left[x^{(0)}(k)+\frac{b}{a}\right]}{(x^{(0)}(k))^2}\right\}+\frac{e^{-an}\left[x^{(0)}(n)-\frac{b}{a}n-\frac{c}{a}+\frac{b}{a^2}\right]}{(x^{(0)}(n))^2}}{\left[\sum_{k=1}^{n-1}\frac{e^{-2ak}(1-e^{-a})^2}{(x^{(0)}(k))^2}+\frac{e^{-2an}}{(x^{(0)}(n))^2}\right]}\right]e^{-an}+\frac{b}{a}n+\frac{c}{a}-\frac{b}{a^2} \tag{4.46}$$

（2）构造以模型拟合值与原始值的误差平方和最小为优化标准的目标函数，记为 S（D_2），以 $x^{(1)}(1)$ 作为待优化的初始条件，原始序列的预测值可以表示为：

$$\hat{x}^{(0)}(k)=\begin{cases}D_2e^{-ak}(1-e^{-a})+\frac{b}{a},k=2,3,\cdots,n\\ D_2e^{-a}+\frac{b}{a}+\frac{c}{a}-\frac{b}{a^2},k=1\end{cases} \tag{4.47}$$

初始条件为：

$$\hat{x}^{(0)}(1)=D_2e^{-a}+\frac{b}{a}+\frac{c}{a}-\frac{b}{a^2} \tag{4.48}$$

则模型的误差平方和目标函数 S（D_2）为：

$$S(D_2)=\left(x^{(0)}(1)-D_2e^{-a}-\frac{b}{a}-\frac{c}{a}+\frac{b}{a^2}\right)^2+\sum_{k=2}^{n}\left[x^{(0)}(k)-D_2e^{-ak}(1-e^{a})-\frac{b}{a}\right]^2 \tag{4.49}$$

令 $\frac{dS}{dD_2}=0$，可得：

$$D_2=\frac{e^{-a}(x^{(0)}(1)-\frac{b}{a}-\frac{c}{a}+\frac{b}{a^2})+\sum_{k=2}^{n}(x^{(0)}(k)-\frac{b}{a})(1-e^{a})e^{-ak}}{e^{-a}+\sum_{k=2}^{n}(1-e^{a})^2e^{-2ak}} \tag{4.50}$$

进一步，将式（4.50）代入式（4.48），可得最优初始条件为：

$$\hat{x}^{(0)}(1)=\left(\frac{e^{-a}(x^{(0)}(1)-\frac{b}{a}-\frac{c}{a}+\frac{b}{a^2})+\sum_{k=2}^{n}(x^{(0)}(k)-\frac{b}{a})(1-e^{a})e^{-ak}}{e^{-a}+\sum_{k=2}^{n}(1-e^{a})^2e^{-2ak}}\right)e^{-a}$$

$$+\frac{b}{a}+\frac{c}{a}-\frac{b}{a^2} \tag{4.51}$$

通过分析上述两类初始条件的优化方法发现：当选取末点 $x^{(1)}(n)$ 作为初始值，以拟合值与原始值的相对误差平方和最小为目标函数进行初始条件优化时，其存在过分重视新信息的局限性；而以第一个分量 $x^{(1)}(1)$ 作为初始值，以拟合值与原始值的误差平方和最小为目标函数进行初始条件优化时，其存在过分重视旧信息的局限性，并且目标函数的构建准则与模型的误差检验准则不一致，在理论上不能达到最优的优化结果。因此，为了进一步提升 NGM（1，1）模型的建模精度，本节将充分挖掘数据序列的信息，提升数据信息利用率，同时，考虑到新信息在描述事物发展态势中的重要地位，提出一种既能体现数据信息充分利用，又能体现新信息优先的初始条件优化方法。

4.3.2 初始条件优化的正态分布区间灰数 NGM（1，1）模型的构建

在此部分，首先讨论 NGM（1，1）模型的初始条件优化方法，然后选取区间灰数作为建模对象，并结合不确定性信息广泛存在的正态分布特征实现区间灰数信息的等效转化，进而提出初始条件优化的正态分布区间灰数 NGM（1，1）预测模型的基本形式，最后列出新模型的建模步骤，并利用算例验证优化模型的建模效果。

（1）NGM（1，1）模型的初始条件优化方法。为充分挖掘原始数据序列所蕴含的信息，体现数据信息的充分利用，本节基于 NGM（1，1）模型初始条件的表达式求解各拟合点对应的初始条件。同时，考虑到新信息在改善建模精度中的重要性，构建符合新信息优先原理的权重函数，并对各数据点的初始条件依次进行由小到大的赋权，最终以初始条件的加权平均值作为优化的初始条件，从优化建模条件的角度入手改善预测模型的建模效果。

设第 k 个初始条件对应的权重为 $\alpha(k)$，其中：

$$\alpha(k)=\frac{k}{\sum_{i=k}^{n} i},k=1,2,\cdots,n \tag{4.52}$$

可见，$\alpha(k)$ 的值随时刻 k 的增大而增大，符合新信息优先原则。

定理 4.2 在充分利用数据信息以及考虑新信息优先的前提下，可得优

化的初始条件为：

$$D_{opt}=\frac{\sum_{k=1}^{n}D_k\alpha(k)}{\sum_{k=1}^{n}\alpha(k)},k=1,2,\cdots,n \tag{4.53}$$

证明 根据式（4.41），可得初始条件的表达式为：

$$D_k=\left(x^{(1)}(k)-\frac{bk}{a}-\frac{c}{a}+\frac{b}{a^2}\right)e^{ak},k=1,2,\cdots,n \tag{4.54}$$

进而可得：

$$\begin{cases}D_1=(x^{(1)}(1)-\frac{b}{a}-\frac{c}{a}+\frac{b}{a^2})e^{a}\\D_2=(x^{(1)}(2)-\frac{2b}{a}-\frac{c}{a}+\frac{b}{a^2})e^{2a}\\\vdots\\D_n=(x^{(1)}(n)-\frac{nb}{a}-\frac{c}{a}+\frac{b}{a^2})e^{na}\end{cases} \tag{4.55}$$

根据式（4.52）的权重函数，可得优化的初始条件为：

$$D_{opt}=\frac{\sum_{k=1}^{n}D_k\alpha(k)}{\sum_{k=1}^{n}\alpha(k)},k=1,2,\cdots,n \tag{4.56}$$

定理 4.3 设 B、Y 如定理 4.1 所述，可得初始条件优化的 NGM（1，1）模型白化方程式的解为：

$$\hat{x}^{(1)}(t)=D_{opt}e^{-at}+\frac{b}{a}t+\frac{c}{a}-\frac{b}{a^2} \tag{4.57}$$

进而，可得初始条件优化的 NGM（1，1）模型的时间响应式为：

$$\hat{x}^{(1)}(k)=D_{opt}e^{-ak}+\frac{b}{a}k+\frac{c}{a}-\frac{b}{a^2},k=2,3,\cdots,n \tag{4.58}$$

累减还原式为：

$$\hat{x}^{(0)}(k)=\hat{x}^{(1)}(k)-\hat{x}^{(1)}(k)=D_{opt}e^{-ak}(1-e^{a})+\frac{b}{a},k=2,3,\cdots,n \tag{4.59}$$

（2）模型构建及建模步骤。

定义 4.7[190] 设连续型区间灰数$\otimes\in[x_L，x_U]$，若区间内各个点的取值概率服从正态分布，则称$\otimes \in [x_L, x_U]$为正态分布区间灰数。

定义 4.8[190] 设正态分布区间灰数$\otimes \in [x_L, x_U]$，结合正态分布的参数特征，称$\tilde{\otimes}=\frac{1}{2}(x_L+x_U)$为区间灰数的核，$\sigma=\frac{1}{6}(x_U-x_L)$为区间灰数的信息扩散度。

通过实现区间灰数序列到“核”序列和“信息扩散度”序列的等效转化，并针对两个实数序列分别建立初始条件优化的 NGM（1，1）预测模型，如式（4.60）所示：

$$\begin{cases} \tilde{\otimes}^{(0)}(k)+az^{(1)}(k)=\left(k-\frac{1}{2}\right)b+c \\ \sigma^{(0)}(k)+a'z^{(1)}(k)=\left(k-\frac{1}{2}\right)b'+c' \end{cases} \tag{4.60}$$

然后，根据式（4.59），可得其累减还原式分别为：

$$\begin{cases} \hat{\tilde{\otimes}}^{(0)}(k)=D_{opt}\mathrm{e}^{-ak}(1-\mathrm{e}^{a})+\frac{b}{a},k=2,3,\cdots,n \\ \hat{\sigma}^{(0)}(k)=D'_{opt}\mathrm{e}^{-a'k}(1-\mathrm{e}^{a'})+\frac{b'}{a'},k=2,3,\cdots,n \end{cases} \tag{4.61}$$

进一步，逆推还原可得区间灰数序列上下界的拟合值表达式，即：

$$\begin{cases} \hat{x}_L=D_{opt}\mathrm{e}^{-ak}(1-\mathrm{e}^{a})+\frac{b}{a}-3\left(D'_{opt}\mathrm{e}^{-a'k}(1-\mathrm{e}^{a'})+\frac{b'}{a'}\right),k=2,3,\cdots,n \\ \hat{x}_U=D_{opt}\mathrm{e}^{-ak}(1-\mathrm{e}^{a})+\frac{b}{a}+3\left(D'_{opt}\mathrm{e}^{-a'k}(1-\mathrm{e}^{a'})+\frac{b'}{a'}\right),k=2,3,\cdots,n \end{cases} \tag{4.62}$$

根据前述模型构建及参数求解的过程，总结本书模型的建模步骤如下：

步骤 1：区间灰数的白化。结合定义 4.8，将正态分布区间灰数序列白化为“核”序列和“信息扩散度”序列。

步骤 2：模型建立。结合式（4.38）及式（4.53），对步骤 1 中的两个实数序列分别建立初始条件优化的 NGM（1，1）模型。

步骤 3：模拟预测。结合式（4.61），求解“核”序列和“信息扩散度”序列的拟合值。

步骤 4：逆推还原。结合式（4.62），逆推还原得到区间灰数的拟合值。

步骤 5：模型精度检验。计算区间灰数上下界序列拟合值与真实值的平均相对误差。

4.3.3 算例分析

本节选取文献［191］的算例来验证所构建模型的建模效果，同时建立文献［192］中的模型进行对比分析，说明本节模型的优越性。原始数据如表4－9所示。

为同时说明模型的拟合和预测效果，选取前十年的数据进行模型建立，对最后一年的数据进行预测，具体步骤如下：

步骤1：计算正态分布区间灰数序列的“核”和“信息扩散度”，得到“核”序列和“信息扩散度”序列，即：

$$\begin{cases}\tilde{\otimes}=[196.712,171,202.1,219.042,276.7,306.7,349.4,401.8,403.015,476.514]\\ \sigma=[1.023,1.106,1.338,3.001,3.537,2.674,3.005,1.009,1.338,3.434]\end{cases}$$

表4－9 某航空公司2008—2018年航空货运量

单位：万吨

年份	航空载货量	年份	航空载货量
2008	［193.642，199.782］	2014	［340.386，358.414］
2009	［167.682，174.318］	2015	［398.774，404.826］
2010	［198.086，206.114］	2016	［399.002，407.028］
2011	［210.038，228.046］	2017	［466.213，486.815］
2012	［266.088，287.312］	2018	［500.119，524.757］
2013	［298.678，314.722］		

步骤2：对步骤1中的两个实数序列分别建模，可得二者的累减还原式及优化后的初始条件分别为：

$$\begin{cases}\hat{\otimes}^{(0)}(k)=D_{opt}\mathrm{e}^{0.0349k}(1-\mathrm{e}^{-0.0349})-771.3841,D_{opt}=25530.1235\\ \hat{\sigma}^{(0)}(k)=D'_{opt}\mathrm{e}^{-0.1601k}(1-\mathrm{e}^{0.1601})+2.9116,D'_{opt}=8.4862\end{cases}$$

步骤3：按照式（4.62），解得区间灰数上下界的模拟值，拟合结果见表4－10。

步骤4：模型精度检验。计算模拟值与实际值之间的相对误差，误差结果见表4－10。

表 4-10 航空货运量的模拟和预测结果

年份	下界				上界			
	本节模型		文献 [192]		本节模型		文献 [192]	
	模拟值	相对误差	模拟值	相对误差	模拟值	相对误差	模拟值	相对误差
2008	193.64	—	193.64	—	199.78	—	199.78	—
2009	161.34	3.78%	204.46	21.94%	172.39	1.11%	217.13	24.56%
2010	194.17	1.98%	220.76	11.45%	206.17	0.03%	233.66	13.37%
2011	228.24	8.67%	239.62	14.08%	241.05	5.70%	252.77	10.84%
2012	263.60	0.93%	260.62	2.06%	277.10	3.55%	274.01	4.63%
2013	300.28	0.54%	285.31	4.48%	314.37	0.11%	298.95	5.01%
2014	338.32	0.61%	314.01	7.75%	352.90	1.54%	327.90	8.51%
2015	377.75	5.27%	347.73	12.80%	392.76	2.98%	361.89	10.61%
2016	418.61	4.92%	387.90	2.78%	433.99	6.62%	402.32	1.16%
2017	460.97	1.13%	436.49	6.38%	476.65	2.09%	451.18	7.32%
模拟值平均相对误差	3.09%			9.30%		2.64%		9.56%
年份	预测值	相对误差	预测值	相对误差	预测值	相对误差	预测值	相对误差
2018	504.85	0.95%	486.40	2.74%	520.80	0.75%	511.37	2.55%
预测值平均相对误差	0.95%			2.74%		0.75%		2.55%

根据表 4-10 可以发现，本节模型的相对误差波动程度较小，且上下界预测值的平均相对误差均小于 1%，显著优于文献 [192] 中的模型。这说明基于数据信息充分利用的初始条件优化方法能够明显提升模型的预测精度，表明了数据信息充分挖掘的必要性。除了初始条件的优化能够显著提升建模精度外，通过对本节模型以及文献 [192] 中模型的建模机理分析可知，本节模型还具有以下两点优势，分别是：①在建模方法上，文献 [192] 在缺乏区间灰数取值分布信息的情况下将区间灰数白化为实数序列，而本节以“不确定信息广泛存在正态分布规律”作为区间灰数的取值信息补充，将区间灰数序列等效转化为实数序列，“正态分布”取值信息的补充降低了区间灰数的灰性，有利于模型精度的提升；②在模型选择上，文献 [192] 选用拟合齐次指数增长的 DGM（1，1）模型建模，本节选用既适用于齐次指数增长、也适用于非齐次指数增长的 NGM（1，1）模型建模，相比较而言，本节选用的模型具有普适性，有利于数据变化规律的挖掘和发展趋势的预测。

4.4 基于区间灰数序列的 NGM（1，1）直接预测模型（IGNGM（1，1））

4.3 节中选取区间灰数序列进行建模，但在建模过程中，它仅优化了区间灰数 NGM（1，1）模型的初始条件求解方法，对于区间灰数序列的建模，依然是在区间灰数白化的基础上进行。将区间灰数序列白化为实数序列进行预测，并没有改变灰色预测模型只适用于实数序列预测的本质。为此，本节将提出无需进行白化的区间灰数序列 NGM（1，1）预测模型构建方法，将灰色预测模型的建模对象从本质上由实数序列拓展至区间灰数序列。本节借助 MATLAB 中的遗传算法工具箱进行发展系数的权重参数寻优，并利用灰色马尔可夫模型修正预测值的残差序列，最后结合算例分析说明新模型的建模效果。

4.4.1 IGNGM（1，1）模型的构建及参数估计

定义 4.9[186] 只知道取值范围而不知道确切取值的数为灰数，既有下界 x_L 又有上界 x_U 的灰数称为区间灰数，记为 $x_{\otimes}\in[x_L, x_U]$，且 $x_L\leqslant x_U$。

定义 4.10 设区间灰数序列 $\tilde{X}^{(0)}=\{\tilde{x}^{(0)}(1), \tilde{x}^{(0)}(2), \cdots, \tilde{x}^{(0)}(n)\}$，其中，$\tilde{x}^{(0)}(k)=[x_L^{(0)}(k), x_U^{(0)}(k)]$，$k=1, 2, \cdots, n$。设 $\tilde{X}^{(1)}=\{\tilde{x}^{(1)}(1), \tilde{x}^{(1)}(2), \cdots, \tilde{x}^{(1)}(n)\}$ 为 $\tilde{X}^{(0)}$ 的 1 - AGO 序列，其中，$\tilde{x}^{(1)}(k)=\sum_{i=1}^{k}\tilde{x}^{(0)}(k)=\left[\sum_{i=1}^{k}x_L^{(0)}(i), \sum_{i=1}^{k}x_U^{(0)}(i)\right]=[x_L^{(1)}(k), x_U^{(1)}(k)]$，$k=1, 2, \cdots, n$。设 $\tilde{Z}^{(1)}=\{\tilde{z}^{(1)}(2), \tilde{z}^{(1)}(3), \cdots, \tilde{z}^{(1)}(n)\}$ 为 $\tilde{X}^{(1)}$ 的背景值序列，其中 $\tilde{z}^{(1)}(k)=\frac{\tilde{x}^{(1)}(k)+\tilde{x}^{(1)}(k-1)}{2}=\left[\frac{\sum_{i=1}^{k}x_L^{(0)}(i)+\sum_{i=1}^{k-1}x_L^{(0)}(i)}{2}, \frac{\sum_{i=1}^{k}x_U^{(0)}(i)+\sum_{i=1}^{k-1}x_U^{(0)}(i)}{2}\right]=[z_L^{(1)}(k), z_U^{(1)}(k)], k=2,3,\cdots,n$。

定义 4.11 设 $\tilde{X}^{(0)}$、$\tilde{X}^{(1)}$ 和 $\tilde{Z}^{(1)}$ 如定义 4.10 所述，则称：

$$\tilde{x}^{(0)}(k)+a\tilde{z}^{(1)}(k)=\left(k-\frac{1}{2}\right)\tilde{b}+\tilde{c}, k=2,3,\cdots,n \quad (4.63)$$

为基于区间灰数序列的 NGM（1，1）直接预测模型（A Direct NGM（1，1）

Prediction Model Based on Interval Grey Numbers，记为 IGNGM（1，1）模型）。

在 IGNGM（1，1）模型中，a 为整体发展系数，是区间灰数上下边界发展系数的加权值，可以代表区间灰数序列整体的发展趋势；b 为时间项，c 为灰色作用量，分别以区间灰数的形式表示，即 $\tilde{b}=[b_L, b_U]$，$\tilde{c}=[c_L, c_U]$。基于此，IGNGM（1，1）模型的基本形式也可以写为：

$$[x_L^{(0)}(k), x_U^{(0)}(k)]+a[z_L^{(1)}(k), z_U^{(1)}(k)]=\left(k-\frac{1}{2}\right)[b_L, b_U]+[c_L, c_U], k=2,3,\cdots,n \tag{4.64}$$

进一步地，式（4.64）可以展开为：

$$X_L \Rightarrow \begin{cases} x_L^{(0)}(2)+a_L z_L^{(1)}(2)=\left(2-\frac{1}{2}\right)b_L+c_L \\ x_L^{(0)}(3)+a_L z_L^{(1)}(3)=\left(3-\frac{1}{2}\right)b_L+c_L \\ \vdots \\ x_L^{(0)}(n)+a_L z_L^{(1)}(n)=\left(n-\frac{1}{2}\right)b_L+c_L \end{cases},$$

$$X_U \Rightarrow \begin{cases} x_U^{(0)}(2)+a_U z_U^{(1)}(2)=\left(2-\frac{1}{2}\right)b_U+c_U \\ x_U^{(0)}(3)+a_U z_U^{(1)}(3)=\left(3-\frac{1}{2}\right)b_U+c_U \\ \vdots \\ x_U^{(0)}(n)+a_U z_U^{(1)}(n)=\left(n-\frac{1}{2}\right)b_U+c_U \end{cases} \tag{4.65}$$

定理 4.4 设 $\widetilde{X}^{(0)}$、$\widetilde{X}^{(1)}$ 和 $\widetilde{Z}^{(1)}$ 如定义 4.10 所述，则 IGNGM（1，1）模型的参数列 $\hat{p}_L=[a_L, b_L, c_L]^{\mathrm{T}}$，$\hat{p}_U=[a_U, b_U, c_U]^{\mathrm{T}}$ 取值将满足：

$$\hat{p}_L=(B_L^{\mathrm{T}}B_L)^{-1}B_L^{\mathrm{T}}Y_L, \hat{p}_U=(B_U^{\mathrm{T}}B_U)^{-1}B_U^{\mathrm{T}}Y_U \tag{4.66}$$

其中，

$$B_L=\begin{bmatrix} -z_L^{(1)}(2) & 2-\frac{1}{2} & 1 \\ -z_L^{(1)}(3) & 3-\frac{1}{2} & 1 \\ \vdots & \vdots & \vdots \\ -z_L^{(1)}(n) & n-\frac{1}{2} & 1 \end{bmatrix}, Y_L=\begin{bmatrix} x_L^{(0)}(2) \\ x_L^{(0)}(3) \\ \vdots \\ x_L^{(0)}(n) \end{bmatrix},$$

$$B_U=\begin{bmatrix}-z_U^{(1)}(2) & 2-\frac{1}{2} & 1\\ -z_U^{(1)}(3) & 3-\frac{1}{2} & 1\\ \vdots & \vdots & \vdots\\ -z_U^{(1)}(n) & n-\frac{1}{2} & 1\end{bmatrix},Y_U=\begin{bmatrix}x_U^{(0)}(2)\\ x_U^{(0)}(3)\\ \vdots\\ x_U^{(0)}(n)\end{bmatrix}$$

在 IGNGM（1，1）模型中，区间灰数序列上界和下界发展系数的加权值为该模型的整体发展系数 a，可以表示为：

$$a=\delta a_L+(1-\delta)a_U \tag{4.67}$$

其中，$\delta\in[0,1]$。当 $\delta=0$ 时，可得 $a=a_U$；当 $\delta=1$ 时，可得 $a=a_L$。

定理 4.5 设 $\widetilde{X}^{(0)}$、$\widetilde{X}^{(1)}$ 和 $\widetilde{Z}^{(1)}$ 如定义 4.10 所述，$\hat{p}_L$ 和 $\hat{p}_U$ 如定理 4.4 所述，则 IGNGM（1，1）模型的时间响应式为：

$$\hat{\widetilde{x}}^{(0)}(k)=\left[\frac{(n+0.5)\tilde{b}+\tilde{c}-a\widetilde{x}^{(1)}(n)}{1+0.5a}\right]\left(\frac{1+0.5a}{1-0.5a}\right)^{n+1-k}+\frac{\tilde{b}\left[1-\left(\frac{1+0.5a}{1-0.5a}\right)^{n+1-k}\right]}{a},k=2,3,\cdots,n \tag{4.68}$$

证明 根据定义 4.10 可知，背景值 $\tilde{z}^{(1)}(k)$ 可改写为：

$$\begin{aligned}\tilde{z}^{(1)}(k)&=\left[\frac{x_L^{(1)}(k)+x_L^{(1)}(k-1)}{2},\frac{x_U^{(1)}(k)+x_U^{(1)}(k-1)}{2}\right]\\&=[x_L^{(1)}(k-1)+0.5x_L^{(0)}(k),x_U^{(1)}(k-1)+0.5x_U^{(0)}(k)]\\&=\widetilde{x}^{(1)}(k-1)+0.5\widetilde{x}^{(0)}(k-1)\end{aligned} \tag{4.69}$$

将式（4.69）代入式（4.63）中，可得：

$$\widetilde{x}^{(0)}(k)=\frac{(k-0.5)\tilde{b}+\tilde{c}-a\widetilde{x}^{(1)}(k-1)}{1+0.5a} \tag{4.70}$$

结合 $\widetilde{x}^{(0)}(k)$ 和 $\widetilde{x}^{(1)}(k)$ 的转换关系，式（4.70）可进一步写为：

$$\begin{aligned}\widetilde{x}^{(0)}(k)&=\frac{(k-0.5)\tilde{b}+\tilde{c}-a\widetilde{x}^{(1)}(k-1)}{1+0.5a}\\&=\frac{(k-1.5)\tilde{b}+\tilde{c}-a\widetilde{x}^{(1)}(k-2)+\tilde{b}-a\widetilde{x}^{(0)}(k-1)}{1+0.5a}\\&=\widetilde{x}^{(0)}(k-1)+\frac{\tilde{b}-a\widetilde{x}^{(0)}(k-1)}{1+0.5a}\end{aligned}$$

$$=\left(\frac{1-0.5a}{1+0.5a}\right)\tilde{x}^{(0)}(k-1)+\frac{\tilde{b}}{1+0.5a} \tag{4.71}$$

即：

$$\tilde{x}^{(0)}(k-1)=\tilde{x}^{(0)}(k)\left(\frac{1+0.5a}{1-0.5a}\right)-\frac{\tilde{b}}{1-0.5a} \tag{4.72}$$

根据式（4.72）可得：

$$\begin{cases}\tilde{x}^{(0)}(k)=\tilde{x}^{(0)}(k+1)\left(\frac{1+0.5a}{1-0.5a}\right)-\frac{\tilde{b}}{1-0.5a}\\ \tilde{x}^{(0)}(k+1)=\tilde{x}^{(0)}(k+2)\left(\frac{1+0.5a}{1-0.5a}\right)-\frac{\tilde{b}}{1-0.5a}\\ \cdots\\ \tilde{x}^{(0)}(n)=\tilde{x}^{(0)}(n+1)\left(\frac{1+0.5a}{1-0.5a}\right)-\frac{\tilde{b}}{1-0.5a}\end{cases} \tag{4.73}$$

结合新信息优先原理[69]，$\tilde{x}^{(1)}(n)$ 被设置为 IGNGM（1，1）模型的初始值。因此，IGNGM（1，1）模型的时间响应式为：

$$\hat{\tilde{x}}^{(0)}(k)=\left[\frac{(n+0.5)\tilde{b}+\tilde{c}-a\tilde{x}^{(1)}(n)}{1+0.5a}\right]\left(\frac{1+0.5a}{1-0.5a}\right)^{n+1-k}+\frac{\tilde{b}\left[1-\left(\frac{1+0.5a}{1-0.5a}\right)^{n+1-k}\right]}{a}$$

$$k=2,3,\cdots,n \tag{4.74}$$

定理得证。

4.4.2 IGNGM（1，1）模型的权重系数求解

根据 IGNGM（1，1）模型的时间响应式可知，若要利用该表达式进行预测，则需要求得各个参数的估计值。参数 $\tilde{b}$ 和 $\tilde{c}$ 的值均采用最小二乘法估计求得，而参数 a 则需要由上下界发展系数的加权值求得，且 a 值与权重系数 δ 有关。因此，在利用 IGNGM（1，1）模型进行预测前，应先求得权重系数 δ 的值。此处，本节拟列出基于时间权重的平均相对误差最小的目标函数，并采用 MATLAB 中的遗传算法工具箱求解权重系数 δ。

结合新信息优先原理，数据点越新，对应的权重越大，则设各个时间点

对应的权重函数表达式为 $\phi(k)$，即：

$$\phi(k)=\frac{\sum_{i=1}^{k} i}{\sum_{i=1}^{n} i},k=2,3,\cdots,n \tag{4.75}$$

结合式（4.75），建立基于时间权重的平均相对误差最小的目标函数为：

$$f(\delta)=\frac{1}{2(n-1)}\sum_{k=2}^{n}\varphi(k)\left(\left|\frac{\hat{\tilde{x}}^{(0)}(k)-\tilde{x}^{(0)}(k)}{\tilde{x}^{(0)}(k)}\right|\right)$$

$$\text{s. t.}\begin{cases}\hat{\tilde{x}}^{(0)}(k)=\left[\dfrac{(n+0.5)\tilde{b}+\tilde{c}-a\tilde{x}^{(1)}(n)}{1+0.5a}\right]\left(\dfrac{1+0.5a}{1-0.5a}\right)^{n+1-k} \\ \qquad\qquad +\dfrac{\tilde{b}\left[1-\left(\dfrac{1+0.5a}{1-0.5a}\right)^{n+1-k}\right]}{a} \\ \tilde{b}=[b_L,b_U],\tilde{c}=[c_L,c_U],a=\delta a_L+(1-\delta)a_U \\ \hat{p}_L=[a_L,b_L,c_L]^{\mathrm{T}}=(B_L^{\mathrm{T}}B_L)^{-1}B_L^{\mathrm{T}}Y_L,\hat{p}_U=[a_U,b_U,c_U]^{\mathrm{T}}=(B_U^{\mathrm{T}}B_U)^{-1}B_U^{\mathrm{T}}Y_U \\ \delta\in[0,1]\end{cases} \tag{4.76}$$

4.4.3 IGNGM（1，1）模型的残差序列优化

残差修正是提升模型建模精度的有效方法之一[193]。残差序列自身波动性强，随机性大，是一个符合马尔可夫链特征的非平稳随机序列，因此，本节将利用灰色马尔可夫模型对残差序列进行修正，进而构建优化的 IGNGM（1，1）模型，记为 OIGNGM（1，1）模型。

定义 4.12[194] 设原始序列 $X^{(0)}=\{x^{(0)}(1), x^{(0)}(2), \cdots, x^{(0)}(n)\}$，拟合序列为 $\hat{X}^{(0)}=\{\hat{x}^{(0)}(1), \hat{x}^{(0)}(2), \cdots, \hat{x}^{(0)}(n)\}$，残差序列为 $\varepsilon^{(0)}=\{\varepsilon^{(0)}(1), \varepsilon^{(0)}(2), \cdots, \varepsilon^{(0)}(n)\}$，其中 $\varepsilon^{(0)}(k)=x^{(0)}(k)-\hat{x}^{(0)}(k)$。则波动指数 v_k 为：

$$v_k=\frac{x^{(0)}(k)-\hat{x}^{(0)}(k)}{x^{(0)}(k)}\cdot 100\%=\frac{\varepsilon^{(0)}(k)}{x^{(0)}(k)}\cdot 100\%(k=1,2,\cdots,n) \tag{4.77}$$

显然，v_k 越大，拟合值偏离真实值越多，拟合误差越大；v_k 越小，拟合值偏离真实值越少，拟合误差越小。

根据波动指数 v_k 的取值分布情况，波动指数序列 $V=(v_1, v_2, \cdots, v_n)$

将被分为 S 个状态，即 $E=(E_1, E_2, \cdots, E_S)$。若存在状态 $i(E_i)=[a_{1i}, a_{2i}]$，第 k 点的波动指数 $v_k=[a_{1i}, a_{2i}]$，$i=1, 2, \cdots, s$，则表明第 k 点处于状态 $i(E_i)$。

定义 4.13[194] 设 $N_{ij}^{(w)}$ 为从状态 i 经历 w 步转移到状态 j 的点的个数，N_i 为处于状态 i 的点的总个数，则经历 w 步从状态 i 转移到状态 j 的转移概率为：

$$p_{ij}^{(w)}=\frac{N_{ij}^{(w)}}{N_i} \tag{4.78}$$

基于式（4.78），可得 w 步状态转移概率矩阵为：

$$P^{(w)}=\begin{bmatrix} p_{11}^{(w)} & p_{12}^{(w)} & \cdots & p_{1s}^{(w)} \\ p_{21}^{(w)} & p_{22}^{(w)} & \cdots & p_{2s}^{(w)} \\ \vdots & \vdots & \ddots & \vdots \\ p_{s1}^{(w)} & p_{s2}^{(w)} & \cdots & p_{ss}^{(w)} \end{bmatrix} \tag{4.79}$$

根据式（4.79）中的状态转移概率矩阵，能够判断出系统未来所处的可能性最大的状态，进一步，可以得到预测点的波动指数。若预测点的波动指数处于状态 $E_*=[a_{1*}, a_{2*}]$，则该点的修正值为：

$$\hat{r}^{(0)}(k)=\hat{x}^{(0)}(k)[1\pm 0.5(a_{1*}+a_{2*})] \tag{4.80}$$

计算区间灰数序列下界各点的波动指数，记为 $V_L=(v_{L1}, v_{L2}, \cdots, v_{Ln})$，并将波动指数序列分为 S 个状态，并计算经历 w 步从状态 i 转移到状态 j 的转移概率。然后，写出 w 步状态转移概率矩阵，即：

$$P_L^{(w)}=\begin{bmatrix} p_{L11}^{(w)} & p_{L12}^{(w)} & \cdots & p_{L1s}^{(w)} \\ p_{L21}^{(w)} & p_{L22}^{(w)} & \cdots & p_{L2s}^{(w)} \\ \vdots & \vdots & \ddots & \vdots \\ p_{Ls1}^{(w)} & p_{Ls2}^{(w)} & \cdots & p_{Lss}^{(w)} \end{bmatrix} \tag{4.81}$$

进一步地，确定预测点最可能处于的状态，计算下界点的修正值，即：

$$\hat{r}_L^{(0)}(k)=\hat{x}_L^{(0)}(k)[1\pm 0.5(a_{L1*}+a_{L2*})] \tag{4.82}$$

同理，区间灰数序列上界点的修正值为：

$$\hat{r}_U^{(0)}(k)=\hat{x}_U^{(0)}(k)[1\pm 0.5(a_{U1*}+a_{U2*})] \tag{4.83}$$

将式（4.82）和式（4.83）整合可得：

$$\hat{\tilde{r}}^{(0)}(k)=\hat{\tilde{x}}^{(0)}(k)[1\pm 0.5(\tilde{a}_{1*}+\tilde{a}_{2*})] \tag{4.84}$$

最后，结合式（4.74）和式（4.84）可得，OIGNGM（1，1）模型的时间响应式为：

$$\hat{\tilde{r}}^{(0)}(k)=\left[\left[\frac{(n+0.5)\tilde{b}+\tilde{c}-a\tilde{x}^{(1)}(n)}{1+0.5a}\right]\left(\frac{1+0.5a}{1-0.5a}\right)^{n+1-k}+\frac{\tilde{b}\left[1-\left(\frac{1+0.5a}{1-0.5a}\right)^{n+1-k}\right]}{a}\right]\cdot\left[1\pm0.5(\tilde{a}_{1*}+\tilde{a}_{2*})\right] \tag{4.85}$$

根据上述建模推导过程，总结本节 OIGNGM（1，1）模型的建模步骤如下：

步骤 1：模型建立。基于式（4.64）对区间灰数序列建立 IGNGM（1，1）模型。

步骤 2：参数估计。基于式（4.66）求得区间灰数序列上下边界的参数值。

步骤 3：权重寻优。基于式（4.67）和式（4.76），利用 MATLAB 遗传算法工具箱求得区间灰数序列整体发展系数 a 的最优权重 δ。

步骤 4：模拟预测。根据式（4.70），求得基于 IGNGM（1，1）模型的区间灰数序列拟合预测结果。

步骤 5：残差修正。基于定义 2.8 和定义 2.9 建立马尔可夫模型修正残差序列，对 IGNGM（1，1）模型的计算结果进行优化。

步骤 6：模拟预测。根据式（4.85），计算基于 OIGNGM（1，1）模型建模的区间灰数序列的模拟值和预测值。

步骤 7：精度检验。分别计算区间灰数序列的拟合值和预测值的平均相对误差。

4.4.4 算例分析

为说明本节所构建的 IGNGM（1，1）模型以及 OIGNGM（1，1）模型的有效性，以文献［191］中某航空公司 2008—2018 年的航空货运量预测实例为基础进行模型构建，原始数据见表 4-11。

步骤 1：根据表 4-11 中 2008—2017 年的数据建立 IGNGM（1，1）模型，对 2018 年的航空货运量数据进行预测。结合式（4.66）可得，区间灰数上下界的参数估计值为：

$$a_L=-0.0426, b_L=24.5857, c_L=113.7407$$

$$a_U=-0.0268, b_U=29.4419, c_U=119.6473$$

步骤 2：结合式（4.67）和式（4.76），构建如下所示的目标函数，并利用 MATLAB 遗传算法工具箱求得区间灰数序列整体发展系数 a 的最优权重 δ。遗传算法的迭代过程如图 4－3 和图 4－4 所示。

$$\min f(\delta)=\frac{1}{2\times(10-1)}\sum_{k=2}^{10}\phi(k)\left(\left|\frac{\hat{\tilde{x}}^{(0)}(k)-\tilde{x}^{(0)}(k)}{\tilde{x}^{(0)}(k)}\right|\right)$$

$$\text{s. t.}\begin{cases}\phi(k)=\sum_{i=1}^{k}i\Big/\sum_{i=1}^{10}i\\ \hat{\tilde{x}}^{(0)}(k)=\left[\frac{10.5\tilde{b}+\tilde{c}-a\tilde{x}^{(1)}(n)}{1+0.5a}\right]\left(\frac{1+0.5a}{1-0.5a}\right)^{11-k}+\frac{\tilde{b}\left[1-\left(\frac{1+0.5a}{1-0.5a}\right)^{11-k}\right]}{a}\\ a=-0.0158\delta-0.0268\\ \tilde{b}=[24.5857,29.4419],\tilde{c}=[113.7407,119.6473],\\ \quad\tilde{x}^{(1)}(n)=[2938.5890,3067.3770]\end{cases}$$

表 4－11　某航空公司 2008—2018 年航空货运量原始数据

单位：万吨

年份	航空货运量	年份	航空货运量
2008	[193.642，199.782]	2014	[340.386，358.414]
2009	[167.682，174.318]	2015	[398.774，404.826]
2010	[198.086，206.114]	2016	[399.002，407.028]
2011	[210.038，228.046]	2017	[466.213，486.815]
2012	[266.088，287.312]	2018	[500.119，524.757]
2013	[298.678，314.722]		

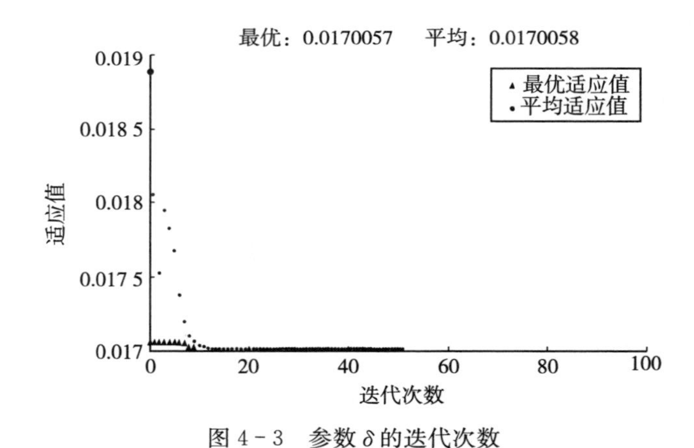

图 4－3　参数 δ 的迭代次数

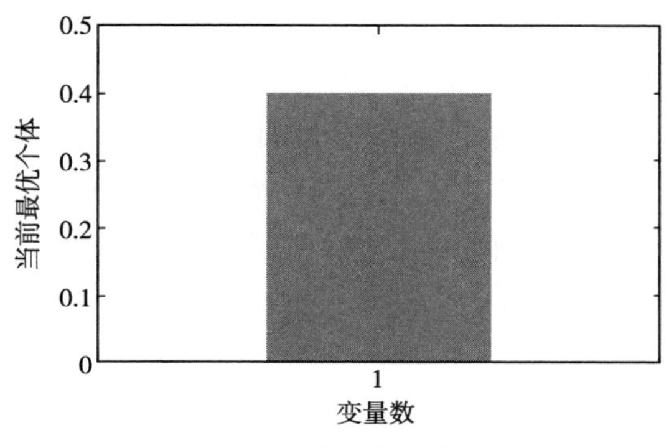

图 4－4　参数 δ 的最优取值

从图 4－3 中可以看出，经过 52 次迭代之后，目标函数取得最小值。由图 4－4 可得，此时对应的最优权重 δ 为 0.403。因此，该区间灰数序列的整体发展系数为－0.332。

步骤 3：将参数估计值代入式（4.68），可得 IGNGM（1，1）模型的时间响应式如下：

$$
\begin{aligned}
\hat{x}^{(0)}(k) = & \Big[\frac{10.5\times[24.585\,7,29.441\,9]+[113.740\,7,119.647\,3]}{1+0.5\times(-0.033\,2)} \\
& +\frac{0.033\,2\times[2\,938.589\,0,3\,067.377\,0]}{1+0.5\times(-0.033\,2)}\Big] \\
& \times\left(\frac{1+0.5\times(-0.033\,2)}{1-0.5\times(-0.033\,2)}\right)^{11-k} \\
& +\frac{[24.585\,7,29.441\,9]\times\left[1-\left(\frac{1+0.5\times(-0.033\,2)}{1-0.5\times(-0.033\,2)}\right)^{11-k}\right]}{-0.033\,2}
\end{aligned}
$$

$$k=2,3,\cdots,n$$

为说明本节所提出的 IGNGM（1，1）模型的建模效果，另选取了 GM（1，1）模型[1]、DGM（1，1）模型[1]、ARIMA（1，1，1）模型[195]和 IGNGM（1，1）模型（δ=0.5）进行建模，并对结果进行比较。为便于表述，将前述四种模型记为模型一、模型二、模型三和模型四，IGNGM（1，1）模型（δ=0.403）记为模型五。各模型的模拟预测结果见表 4－12。

观察表 4－12 可知，本节模型（模型五）在拟合和预测阶段的平均相对误差均为最小。模型四的误差仅次于模型五，这是由于模型四在建模过程中人为地赋予了上下边界发展系数相同的权重，从而导致建模效果欠佳。模型一和模型二是经典的单变量灰色预测模型，由于它们适用于具有齐次指数变化特征的序列预测，而本节数据不具备明显的齐次指数变化特征，因此，模型一和模型二在本算例中建模精度相对较低。为充分说明本节模型的有效性，选用数学统计模型（模型三）进行预测。由于模型三在建模过程中需要大量的样本数据，而本算例数据相对较少，难以找到数据的变化规律，从而导致建模精度较低。总的来说，与其余四个模型相比，本节模型体现了较好的模拟预测效果。

步骤 4：建立 OIGNGM（1，1）模型，对表 4-12 中 IGNGM（1，1）模型拟合结果的残差序列进行修正。

首先，计算航空货运量上下边界的拟合值与真实值之间各点对应的波动指数，分别为：

$$\begin{cases} v_L = \{2.93\%, 2.43\%, -7.02\%, 3.28\%, 2.55\%, \\ \qquad 4.26\%, 9.26\%, -0.02\%, 6.15\%\} \\ v_U = \{1.83\%, -0.35\%, -6.89\%, 1.88\%, -2.11\%, -1.04\%, \\ \qquad 0.13\%, -10.04\%, -1.26\%\} \end{cases}$$

然后，将上下边界的波动指数均划分为三个状态，即：

$$\begin{cases} E_{L1} \in [-7.02\%, -1.60\%], E_{L2} \in [-1.60\%, 3.83\%], \\ E_{L3} \in [3.83\%, 9.26\%] \\ E_{U1} \in [-10.04\%, -6.07\%], E_{U2} \in [-6.07\%, -2.09\%], \\ E_{U3} \in [-2.09\%, 1.88\%] \end{cases}$$

接着，可得各个点对应的状态如表 4-13 所示。

表 4-12　五种模型下航空货运量的模拟预测结果

年份	模型一	模型二	模型三	模型四	模型五
	模拟值	模拟值	模拟值	模拟值	模拟值
2008	[193.64，199.78]	[193.64，199.78]	[193.64，199.78]	[193.64，199.78]	[193.64，199.78]
2009	[178.59，190.36]	[178.58，191.25]	[207.08，217.99]	[162.80，170.95]	[162.77，171.13]
2010	[201.79，214.19]	[202.02，214.93]	[209.11，220.15]	[193.56，206.95]	[193.27，206.84]
2011	[228.00，241.00]	[228.47，241.62]	[210.07，240.63]	[225.42，244.22]	[224.79，243.76]
2012	[257.61，271.17]	[258.30，271.69]	[243.54，267.90]	[258.40，282.80]	[257.37，281.92]
2013	[291.07，305.12]	[291.94，305.59]	[279.74，303.72]	[292.54，322.75]	[291.05，321.37]

（续）

年份	模型一	模型二	模型三	模型四	模型五
	模拟值	模拟值	模拟值	模拟值	模拟值
2014	[328.87，343.32]	[329.89，343.79]	[335.30，344.35]	[327.90，364.11]	[325.87，362.15]
2015	[371.58，386.30]	[372.68，386.84]	[376.19，388.15]	[364.49，406.93]	[361.86，404.30]
2016	[419.84，434.66]	[420.94，435.37]	[432.87，436.13]	[402.39，451.26]	[399.07，447.88]
2017	[474.37，489.07]	[475.37，490.06]	[472.67，486.57]	[441.62，497.16]	[437.53，492.93]
模拟值平均相对误差	4.63%	4.67%	6.88%	3.58%	3.53%
年份	预测值	预测值	预测值	预测值	预测值
2018	[535.98，550.30]	[536.75，551.71]	[524.96，538.32]	[482.23，544.68]	[477.29，539.49]
预测值平均相对误差	6.02%	6.23%	3.78%	3.69%	3.68%

表 4-13　各点的波动指数及对应状态

年份	下界波动指数	下界状态	上界波动指数	上界状态
2008	—	—	—	—
2009	2.93%	E_{L2}	1.83%	E_{U3}
2010	2.43%	E_{L2}	−0.35%	E_{U3}
2011	−7.02%	E_{L1}	−6.89%	E_{U1}
2012	3.28%	E_{L2}	1.88%	E_{U3}
2013	2.55%	E_{L2}	−2.11%	E_{U2}
2014	4.26%	E_{L3}	−1.04%	E_{U3}
2015	9.26%	E_{L3}	0.13%	E_{U3}
2016	−0.02%	E_{L2}	−10.04%	E_{U1}
2017	6.15%	E_{L3}	−1.26%	E_{U3}

由于已知2009—2017年对应数值上下边界的状态，因此，可计算出各个年份优化后的拟合值。以2009年为例，优化后的下界值为：

$$\hat{r}_L^{(0)}(2009)=\hat{x}_L^{(0)}(2009)+\hat{x}_L^{(0)}(2009)\times[0.5\times(-1.60\%+3.83\%)]$$
$$=164.59$$

同理，可以得到剩余年份各边界的优化结果。

由于本节将各边界数值点的波动指数分为三个状态，因此，本节将选择离 2018 年最近的三年建立一步、两步和三步状态转移概率矩阵，如下所示：

$$P_L^{(1)}=\begin{bmatrix}0 & 1 & 0\\0.2 & 0.4 & 0.4\\0 & 0.5 & 0.5\end{bmatrix},P_U^{(1)}=\begin{bmatrix}0 & 0 & 1\\0 & 0 & 1\\0.4 & 0.2 & 0.4\end{bmatrix}$$

$$P_L^{(2)}=\begin{bmatrix}0.2 & 0.4 & 0.4\\0.08 & 0.56 & 0.36\\0.1 & 0.45 & 0.45\end{bmatrix},P_U^{(2)}=\begin{bmatrix}0.4 & 0.2 & 0.4\\0.4 & 0.2 & 0.4\\0.16 & 0.08 & 0.76\end{bmatrix}$$

$$P_L^{(3)}=\begin{bmatrix}0.08 & 0.56 & 0.36\\0.112 & 0.484 & 0.404\\0.09 & 0.505 & 0.405\end{bmatrix},P_U^{(3)}=\begin{bmatrix}0.16 & 0.08 & 0.76\\0.16 & 0.08 & 0.76\\0.304 & 0.152 & 0.544\end{bmatrix}$$

结合上述三组状态转移概率矩阵，得航空货运量上下边界的可能转移状态，如表 4-14 和表 4-15 所示。

根据表 4-14 和表 4-15，基于最大概率准则可得 2018 年的下边界值处于 E_{L2} 状态，上边界值处于 E_{U3} 状态。因此，可得 2018 年优化后的预测值为：

$$\begin{aligned}\hat{y}_L^{(0)}(2018)&=\hat{x}_L^{(0)}(2018)+\hat{x}_L^{(0)}(2018)\times[0.5\times(-1.60\%+3.83\%)]\\&=482.63\end{aligned}$$

$$\begin{aligned}\hat{y}_U^{(0)}(2018)&=\hat{x}_U^{(0)}(2018)+\hat{x}_U^{(0)}(2018)\times[0.5\times(-2.09\%+1.88\%)]\\&=540.08\end{aligned}$$

最终，采用 OIGNGM（1，1）模型（记为模型六）建模后所得到的 2009—2018 年各时点的拟合结果见表 4-16。

表 4-14　航空货运量下界值的转移状态

年份	初始状态	转移步数	E_{L1}	E_{L2}	E_{L3}
2017	E_{L3}	1	0	0.5	0.5
2016	E_{L2}	2	0.08	0.56	0.36
2015	E_{L3}	3	0.09	0.505	0.405
转移概率之和			0.17	1.565	1.265

表 4-15 航空货运量上界值的转移状态

年份	初始状态	转移步数	E_{U1}	E_{U2}	E_{U3}
2017	E_{U3}	1	0.4	0.2	0.4
2016	E_{U1}	2	0.4	0.2	0.4
2015	E_{U3}	3	0.304	0.152	0.544
转移概率之和			1.104	0.552	1.344

表 4-16 航空货运量优化的模拟值和预测值

年份	模型六
	模拟值
2008	[193.64，199.78]
2009	[164.59，170.94]
2010	[195.42，206.62]
2011	[234.47，224.13]
2012	[260.24，282.23]
2013	[294.30，308.26]
2014	[347.19，361.75]
2015	[385.54，404.74]
2016	[403.53，411.82]
2017	[466.16，492.39]
模拟值平均相对误差	2.00%
年份	预测值
2018	[482.63，540.08]
预测值平均相对误差	3.20%

由表 4-16 得，利用优化模型建模后得到的模拟值平均相对误差为 2.00%，预测值平均相对误差为 3.20%，建模精度显著提升，充分说明残差修正在提升建模精度方面具有有效性。

4.5 新信息优先的无偏区间灰数预测模型

吉培荣等指出，GM（1，1）模型是有偏差的指数模型[196]，那么在此基础上建立的区间灰数预测模型也存在误差。文献［197］通过将区间灰数标准化，对白部和灰部序列构建无偏模型并基于 Cramer 法则实现模型参数估计。然而，在灰色系统理论中，信息具有时效性，应遵循新信息优先原理，因此本节与文献［197］在计算时间响应式时以 $x^{(1)}(1)$ 为初值条件的做法有所不同。为了能够应用于具有非齐次指数特征的数据序列，以 GM（1，1）模型的通用形式 NGM（1，1，k）模型为建模基础。在利用 Cramer 法则得到模型参数估计值后，根据新信息优先原理，选取 $x^{(1)}(n)$ 为初值条件，采用递推迭代的方法推导模型时间响应式，最后还原上下界的表达式，从而构建新信息优先的无偏区间灰数预测模型。应用该模型对某市外来工数量进行模拟预测，并与现有方法进行对比，以说明本节所建模型的有效性。

定义 4.14[22] 设 $A_{\otimes}=(a_1，a_2\cdots，a_n)$ 为区间灰数序列 $X(\otimes)$ 的白部序列，其中 $a_k\geqslant 0$，$k=1，2，\cdots，n$。$A_{\otimes}^{(1)}$ 为 $A_{\otimes}$ 的一次累加序列，即 $A_{\otimes}^{(1)}=(a_1^1，a_2^1，\cdots，a_n^1)$，其中 $a_k^{(1)}=\sum\limits_{i=1}^{k}a_i$，$k=1，2，\cdots，n$。$Z_{\otimes}^{(1)}$ 为 $A_{\otimes}^{(1)}$ 的紧邻均值生成序列，即 $Z_{\otimes}^{(1)}=(z_2^1，z_3^1，\cdots，z_n^1)$，其中 $z_k^{(1)}=\frac{1}{2}(a_{k-1}^{(1)}+a_k^{(1)})$，$k=2，3，\cdots，n$，则称：

$$a_k+\beta_1 z_k^{(1)}=\frac{1}{2}(2k-1)\beta_2+\beta_3 \tag{4.86}$$

为序列 $X(\otimes)$ 的白部序列 $A_{\otimes}$ 的基于非齐次指数离散函数的灰色预测模型基本形式，简称白部序列无偏 NGM（1，1，k）模型。

4.5.1 基于 Cramer 法则的参数估计

为了计算白部序列无偏 NGM（1，1，k）模型的参数估计值，本节在一次累加序列与其模拟值误差平方和最小准则下，构造关于模型参数的线性方程组，并采用 Cramer 法则求解。

根据式（4.86）可得：

$$a_k^{(1)}-a_{k-1}^{(1)}+0.5\beta_1(a_k^{(1)}+a_{k-1}^{(1)})=\beta_2 k+\beta_3-0.5\beta_2 \tag{4.87}$$

整理得：

$$a_k^{(1)}=\frac{1-0.5\beta_1}{1+0.5\beta_1}a_{k-1}^{(1)}+\frac{\beta_2}{1+0.5\beta_1}k+\frac{\beta_3-0.5\beta_2}{1+0.5\beta_1} \tag{4.88}$$

令 $m_1=\frac{1-0.5\beta_1}{1+0.5\beta_1}$，$m_2=\frac{\beta_2}{1+0.5\beta_1}$，$m_3=\frac{\beta_3-0.5\beta_2}{1+0.5\beta_1}$，则式（4.88）可化为：

$$a_k^{(1)}=m_1 a_{k-1}^{(1)}+m_2 k+m_3 \tag{4.89}$$

设 $\hat{a}_k^{(1)}$ 为 $a_k^{(1)}$ 的模拟值，选取 m_1、m_2、m_3 使得其满足如下目标函数，即：

$$S = \min\sum_{k=2}^{n}(a_k^{(1)} - \hat{a}_k^{(1)})^2 = \min\sum_{k=2}^{n}(a_k^{(1)} - m_1 a_{k-1}^{(1)} - m_2 k - m_3)^2 \tag{4.90}$$

根据最小二乘法，使 S 最小的 m_1、m_2、m_3 需满足：

$$\begin{cases} \dfrac{\partial S}{\partial m_1} = -2\sum\limits_{k=2}^{n}[a_k^{(1)} - m_1 a_{k-1}^{(1)} - m_2 k - m_3]a_{k-1}^{(1)} = 0 \\ \dfrac{\partial S}{\partial m_2} = -2\sum\limits_{k=2}^{n}[a_k^{(1)} - m_1 a_{k-1}^{(1)} - m_2 k - m_3]k = 0 \\ \dfrac{\partial S}{\partial m_3} = -2\sum\limits_{k=2}^{n}[a_k^{(1)} - m_1 a_{k-1}^{(1)} - m_2 k - m_3] = 0 \end{cases} \tag{4.91}$$

整理得：

$$\begin{cases} m_1\sum\limits_{k=2}^{n}(a_{k-1}^{(1)})^2 + m_2\sum\limits_{k=2}^{n}k a_{k-1}^{(1)} + m_3\sum\limits_{k=2}^{n}a_{k-1}^{(1)} = \sum\limits_{k=2}^{n}a_{k-1}^{(1)}a_k^{(1)} \\ m_1\sum\limits_{k=2}^{n}k a_{k-1}^{(1)} + m_2\sum\limits_{k=2}^{n}k^2 + m_3\sum\limits_{k=2}^{n}k = \sum\limits_{k=2}^{n}k a_k^{(1)} \\ m_1\sum\limits_{k=2}^{n}a_{k-1}^{(1)} + m_2\sum\limits_{k=2}^{n}k + m_3(n-1) = \sum\limits_{k=2}^{n}a_k^{(1)} \end{cases} \tag{4.92}$$

显然，式（4.92）是关于 m_1、m_2、m_3 的线性方程组，根据 Cramer 法则计算得：

$$m_1 = \frac{D_1}{D}, m_2 = \frac{D_2}{D}, m_3 = \frac{D_3}{D} \tag{4.93}$$

其中：

$$D = \begin{vmatrix} \sum\limits_{k=2}^{n}(a_{k-1}^{(1)})^2 & \sum\limits_{k=2}^{n}k a_{k-1}^{(1)} & \sum\limits_{k=2}^{n}a_{k-1}^{(1)} \\ \sum\limits_{k=2}^{n}k a_{k-1}^{(1)} & \sum\limits_{k=2}^{n}k^2 & \sum\limits_{k=2}^{n}k \\ \sum\limits_{k=2}^{n}a_{k-1}^{(1)} & \sum\limits_{k=2}^{n}k & n-1 \end{vmatrix},$$

$$D_1=\begin{vmatrix}\sum_{k=2}^{n}a_{k-1}^{(1)}a_k^{(1)} & \sum_{k=2}^{n}ka_{k-1}^{(1)} & \sum_{k=2}^{n}a_{k-1}^{(1)}\\ \sum_{k=2}^{n}ka_k^{(1)} & \sum_{k=2}^{n}k^2 & \sum_{k=2}^{n}k\\ \sum_{k=2}^{n}a_k^{(1)} & \sum_{k=2}^{n}k & n-1\end{vmatrix},$$

$$D_2=\begin{vmatrix}\sum_{k=2}^{n}(a_{k-1}^{(1)})^2 & \sum_{k=2}^{n}a_{k-1}^{(1)}a_k^{(1)} & \sum_{k=2}^{n}a_{k-1}^{(1)}\\ \sum_{k=2}^{n}ka_{k-1}^{(1)} & \sum_{k=2}^{n}ka_k^{(1)} & \sum_{k=2}^{n}k\\ \sum_{k=2}^{n}a_{k-1}^{(1)} & \sum_{k=2}^{n}a_k^{(1)} & n-1\end{vmatrix},$$

$$D_3=\begin{vmatrix}\sum_{k=2}^{n}(a_{k-1}^{(1)})^2 & \sum_{k=2}^{n}ka_{k-1}^{(1)} & \sum_{k=2}^{n}a_{k-1}^{(1)}a_k^{(1)}\\ \sum_{k=2}^{n}(a_{k-1}^{(1)})^2 & \sum_{k=2}^{n}k^2 & \sum_{k=2}^{n}ka_k^{(1)}\\ \sum_{k=2}^{n}a_{k-1}^{(1)} & \sum_{k=2}^{n}k & \sum_{k=2}^{n}a_k^{(1)}\end{vmatrix}$$

将式（4.93）代入 $m_1=\frac{1-0.5\beta_1}{1+0.5\beta_1}$，$m_2=\frac{\beta_2}{1+0.5\beta_1}$，$m_3=\frac{\beta_3-0.5\beta_2}{1+0.5\beta_1}$ 可得白部序列无偏 NGM（1，1，k）模型的参数估计式为：

$$\beta_1=\frac{2-2m_1}{m_1+1},\beta_2=\frac{2m_2}{m_1+1},\beta_3=\frac{2m_3+m_2}{m_1+1} \tag{4.94}$$

白部序列无偏 NGM（1，1，k）模型能够实现非齐次指数离散序列的无偏模拟，证明方法与文献［198］类似，本节不进行详细说明。

4.5.2 新信息优先的时间响应式推导

为了避免将差分方程的解直接代入微分方程导致的模型误差，根据新信息优先原理，采用递推迭代的方法求解白部序列无偏 NGM（1，1，k）模型的时间响应式。

根据式（4.89）可得：

$$a_k^{(1)}=[a_{k+1}^{(1)}-m_2(k+1)-m_3]m_1^{-1} \tag{4.95}$$

即：

$$\left.\begin{aligned} a_k^{(1)}&=[a_{k+1}^{(1)}-m_2(k+1)-m_3]m_1^{-1}\\ a_{k+1}^{(1)}&=[a_{k+2}^{(1)}-m_2(k+2)-m_3]m_1^{-1}\\ &\vdots\\ a_{n-1}^{(1)}&=[a_n^{(1)}-m_2(n)-m_3]m_1^{-1}\end{aligned}\right\}(n-k)\text{ 个式子} \tag{4.96}$$

为体现新信息优先原理，取初始值 $\hat{a}_n^{(1)}=a_n^{(1)}$，则式（4.95）可以表示为：

$$\hat{a}_k^{(1)}=m_1^{k-n}\hat{a}_n^{(1)}-\left(\frac{k+1-nm_1^{k-n}}{m_1-1}+\frac{m_1^{-1}-m_1^{k-n}}{m_1+m_1^{-1}-2}\right)m_2-\frac{m_3(1-m_1^{k-n})}{m_1-1} \tag{4.97}$$

其中 $k=1,2,\cdots,n$。即式（4.97）为白部序列无偏 NGM（1，1，k）模型的时间响应式，则其原始序列模拟值的表达式为：

$$\begin{aligned}\hat{a}_k&=\hat{a}_k^{(1)}-\hat{a}_{k-1}^{(1)}\\ &=\hat{a}_n^{(1)}f(k)+m_2\left(\frac{nf(k)-1}{m_1-1}+\frac{f(k)}{m_1+m_1^{-1}-2}\right)+m_3\frac{f(k)}{m_1-1}\end{aligned} \tag{4.98}$$

其中 $f(k)=m_1^{k-n}(1-m_1^{-1})$，$k=2,3,\cdots,n$。

称式（4.98）为白部序列无偏 NGM（1，1，k）模型的最终还原式。类似地，可以构建灰部序列 $C_{\otimes}$ 的无偏 NGM（1，1，k）模型，即为：

$$c_k+\alpha_1 z_k^{(1)}=\frac{1}{2}(2k-1)\alpha_2+\alpha_3 \tag{4.99}$$

时间响应式为：

$$\hat{c}_k^{(1)}=p_1^{k-n}\hat{c}_n^{(1)}-\left(\frac{k+1-np_1^{k-n}}{p_1-1}+\frac{p_1^{-1}-p_1^{k-n}}{p_1+p_1^{-1}-2}\right)p_2-\frac{p_3(1-p_1^{k-n})}{p_1-1} \tag{4.100}$$

最终还原式为：

$$\begin{aligned}\hat{c}_k&=\hat{c}_k^{(1)}-\hat{c}_{k-1}^{(1)}\\ &=\hat{c}_n^{(1)}g(k)+p_2\left(\frac{ng(k)-1}{p_1-1}+\frac{g(k)}{p_1+p_1^{-1}-2}\right)+p_3\frac{g(k)}{p_1-1}\end{aligned} \tag{4.101}$$

其中 $g(k)=p_1^{k-n}(1-p_1^{-1})$，$k=2, 3, \cdots, n$，$\alpha_1=\dfrac{2-2p_1}{p_1+1}$，$\alpha_2=\dfrac{2p_2}{p_1+1}$，$\alpha_3=\dfrac{2p_3+p_2}{p_1+1}$，且 p_1、p_2、p_3 的推导过程与 m_1、m_2、m_3 类似。

根据$\otimes(k)\in[a_k, b_k]=a_k+c_k\mu$，$c_k=b_k-a_k$。结合白部序列无偏 NGM（1，1，k）模型和灰部序列无偏 NGM（1，1，k）模型，可得以下推导过程：

$$\begin{cases}\hat{a}_k=\hat{a}_n^{(1)}f(k)+m_2\left(\dfrac{nf(k)-1}{m_1-1}+\dfrac{f(k)}{m_1+m_1^{-1}-2}\right)+m_3\dfrac{f(k)}{m_1-1}\\ \hat{c}_k=\hat{c}_n^{(1)}g(k)+p_2\left(\dfrac{ng(k)-1}{p_1-1}+\dfrac{g(k)}{p_1+p_1^{-1}-2}\right)+p_3\dfrac{g(k)}{p_1-1}\\ \hat{c}_k=\hat{b}_k-\hat{a}_k\end{cases}$$

$$\Rightarrow\begin{cases}\hat{a}_k=\hat{a}_n^{(1)}f(k)+m_2\left(\dfrac{nf(k)-1}{m_1-1}+\dfrac{f(k)}{m_1+m_1^{-1}-2}\right)+m_3\dfrac{f(k)}{m_1-1}\\ \hat{b}_k=\hat{a}_k+\hat{c}_n^{(1)}g(k)+p_2\left(\dfrac{nf(k)-1}{p_1-1}+\dfrac{g(k)}{p_1+p_1^{-1}-2}\right)+p_3\dfrac{g(k)}{p_1-1}\end{cases} \tag{4.102}$$

即$\hat{\otimes}_k\in[\hat{a}_k, \hat{b}_k]$，$k=2, 3, \cdots, n$，并称式（4.102）为新信息优先的无偏区间灰数预测模型。

4.5.3 算例分析

为了说明本节所建模型的实用性和可靠性，采用文献［22］中的数据，对城市外来工数量进行模拟与预测，并与文献［197］中的结果对比。具体数据如表 4－17 所示。

表 4－17　某市 2003—2009 年外来工数量

单位：万人

年份	外来工数量	年份	外来工数量
2003	[49，58]	2007	[114，132]
2004	[58，70]	2008	[135，155]
2005	[75，88]	2009	[161，183]
2006	[89，103]		

根据表 4 - 17，某市 2003—2009 年外来工数量的区间灰数序列为：

$$X(\otimes)=([49,58],[58,70],[75,88],[89,103],[114,132],[135,155],[161,183])$$

利用本节所建模型对序列 $X(\otimes)$ 进行模拟预测，具体步骤如下：

步骤 1：将区间灰数序列标准化并得到白部序列 $A_{\otimes}=(49，58，75，89，114，135，161)$ 和灰部序列 $C_{\otimes}=(9，12，13，14，18，20，22)$。

步骤 2：分别对白部序列 $A_{\otimes}$ 和灰部序列 $C_{\otimes}$ 建立无偏 NGM（1，1，k）模型，并构建城市外来工数量的区间灰数预测模型，即：

$$\hat{\otimes}_k \in [\hat{a}_k,\hat{b}_k] \Rightarrow$$

$$\begin{cases}\hat{a}_k=\hat{a}_n^{(1)}f(k)+m_2\left(\dfrac{7f(k)-1}{m_1-1}+\dfrac{f(k)}{m_1+m_1^{-1}-2}\right)+m_3\dfrac{f(k)}{m_1-1}\\ \hat{b}_k=\hat{a}_k+\hat{c}_n^{(1)}g(k)+p_2\left(\dfrac{7g(k)-1}{p_1-1}+\dfrac{g(k)}{p_1+p_1^{-1}-2}\right)+p_3\dfrac{g(k)}{p_1-1}\end{cases}$$

其中 $m_1=1.1321$，$m_2=8.1999$，$m_3=35.1022$，$p_1=1.1095$，$p_2=0.4716$，$p_3=9.5580$，$f(k)=m_1^{k-7}(1-m_1^{-1})$，$g(k)=p_1^{k-7}(1-p_1^{-1})$，$\hat{a}_n^{(1)}=681$，$\hat{c}_n^{(1)}=108$，$k=2，3，\cdots，n$。

运用所建模型对城市外来工数量进行模拟，将结果与文献［197］对比，如表 4 - 18 和表 4 - 19 所示。

表 4 - 18　城市外来工数量下界 a_k 模拟值及模拟误差

指标	a_k	本书模型		文献［197］模型	
		模拟值	相对误差	模拟值	相对误差
$k=2$	58	57.975 0	0.043 1%	57.9	0.172 4%
$k=3$	75	73.833 4	1.555 5%	73.8	1.600 0%
$k=4$	89	91.786 7	3.131 1%	91.8	3.146 1%
$k=5$	114	112.111 6	1.656 5%	112.1	1.666 7%
$k=6$	135	135.121 5	0.090 0%	135.1	0.074 1%
$k=7$	161	161.170 9	0.106 2%	161.2	0.124 2%
平均相对误差		1.097 0%		1.130 6%	

表 4-19　城市外来工数量上界 b_k 模拟值及模拟误差

指标	b_k	本书模型		文献［197］模型	
		模拟值	相对误差	模拟值	相对误差
$k=2$	70	69.462 9	0.767 2%	69.4	0.857 1%
$k=3$	88	87.051 3	1.078 0%	87.0	1.136 4%
$k=4$	103	106.924 1	3.809 8%	106.9	3.786 4%
$k=5$	132	129.378 8	1.985 8%	129.4	1.959 7%
$k=6$	155	154.751 6	0.160 2%	154.7	0.193 5%
$k=7$	183	183.423 0	0.231 1%	183.5	0.273 2%
平均相对误差		1.147 5%		1.369 4%	

由表 4-18 和表 4-19 可知，本节所建模型下界和上界的平均模拟误差分别为 1.097 0%和 1.147 5%，参照精度等级检验表[1]，模型模拟精度接近一级，可以用来预测。

步骤 3：城市外来工数量的预测。由步骤 2 可知，本节所建模型精度较高，可以预测。分别取 $k=8$，9，10，11，12，能够得到该城市接下来五年的外来工人数，结果如表 4-20 所示。

表 4-20　城市未来 5 年外来工数量

单位：万人

年份	外来工数量	年份	外来工数量
2010	[190.7，215.8]	2013	[304.6，340.6]
2011	[224.0，252.4]	2014	[353.1，393.4]
2012	[261.8，293.8]		

4.6　本章小结

本章围绕拓展模型建模对象至区间灰数的问题，分别提出五种区间灰数预测模型，即基于核和认知程度的区间灰数 Verhulst 预测模型、考虑白化权函数的区间灰数预测模型、初始条件优化的正态分布区间灰数 NGM（1，1）模型、基于区间灰数序列的 NGM（1，1）直接预测模型和新信息优先的无偏区间灰数预测模型。

章节 4.1 中，从认知程度和核两个维度提取灰信息，完成灰数到实数的转化。在此基础上，分别对核序列和认知程度序列建立灰色 Verhulst 预测模型，并反推上下界点的表达式，得到区间灰数 Verhulst 预测模型。将所建模型与现有两种区间灰数预测方法对比，可以发现本节方法精度更高。

章节 4.2 中考虑区间灰数的白化权函数，讨论了白化权函数为典型白化权函数和三角白化权函数两种情况，通过将白化权函数映射到二维坐标平面上，计算其与坐标轴所围图形的面积，并提取白化权函数已知的区间灰数的核信息。同时，标准化区间灰数，提取白部和灰部。以此为基础，建立相应的预测模型，并通过区间灰数及其白化权函数表达式的逆推过程，提出了考虑白化权函数的区间灰数预测模型。

章节 4.3 中，基于现有的初始条件优化方法存在对数据序列信息利用率不高的问题，本节提出了既能充分利用数据信息又能体现新信息优先的 NGM（1，1）模型的初始条件优化方法，且结合正态分布的参数特征白化区间灰数。

章节 4.4 中，鉴于已有的区间灰数预测模型在预测中将区间灰数转换为实数，依然是在实数序列基础上建模，没有从本质上改变灰色预测模型只适用于实数序列预测的问题，本节定义了区间灰数 NGM（1，1）直接预测模型的基本形式，将灰色预测模型的建模范围从本质上由实数拓展至区间灰数，并利用灰色马尔可夫模型对残差序列进行修正，有效提升模型预测精度。

章节 4.5 中，标准化区间灰数并得到白部和灰部序列，并分别对其构建无偏 NGM（1，1，k）模型，采用克莱姆法则得到模型的解，避免由差分方程向微分方程跳跃导致的误差。同时，根据新信息优先原理，选取 $x^{(1)}(n)$ 为初值条件，采用递推迭代的方法推导模型时间响应式，最后还原上下界的计算公式，得到新信息优先的无偏区间灰数预测模型。

本章建立的五类区间灰数预测模型，不仅精度较高，而且使模型的应用范围扩大，具有一定的实用意义。

5　三参数区间灰数预测模型的优化研究

5.1　基于核和双信息域的三参数区间灰数预测模型

由三参数区间灰数的本质可知，取值区间代表着人们对事物的掌握程度，取值区间越大，对事物的认知越模糊；反之，则对事物的认知越清晰。当取值区间无限小至一个实数时，则意味着完全掌握了系统的信息，此时为白色系统[1]。因此，根据上、下信息域的定义可知，信息域反映了对灰数信息掌握的情况。另一方面，三参数区间灰数的核代表着灰数取值的发展态势。所以，综合以上两点，本节通过提取三参数区间灰数的核和上、下信息域的方法可以挖掘其蕴含的灰信息，从而避免灰数直接运算可能增大结果灰度的问题。

本节建立模型的基本思路是：首先通过“重心”点将灰数区间分解为两个小区间，进而计算三参数区间灰数的上、下信息域。同时提取三参数区间灰数的核信息，得到上、下信息域序列和核序列。在此基础上，分别对实数序列建立 GM（1，1）模型，并根据其计算公式反推三参数区间灰数上、下界和“重心”点的时间响应式，从而构建三参数区间灰数预测模型。最后，运用一个实例验证所建模型具有精度较高、计算简单且实用性强的优点。

定义 5.1　由三参数区间灰数$\otimes_k=[\underline{a}_k, \tilde{a}_k, \bar{a}_k]$（$\underline{a}_k<\tilde{a}_k<\bar{a}_k$）（$k=1, 2, \cdots, n$）构成的序列称为三参数区间灰数序列，记为 $X(\otimes)=(\otimes_1, \otimes_2, \cdots, \otimes_n)$。$X(\otimes)$ 中每一个三参数区间灰数的核构成的序列称为核序列，记为 $X(\tilde{\otimes})=(\tilde{\otimes}_1, \tilde{\otimes}_2, \cdots, \tilde{\otimes}_n)$。类似地，称所有三参数区间灰数

的下信息域构成的序列是下信息域序列，记为 $X_{\underline{d}}=(\underline{d}_1, \underline{d}_2, \cdots, \underline{d}_n)$；所有三参数区间灰数的上信息域构成的序列是上信息域序列，记为 $X_{\bar{d}}=(\bar{d}_1, \bar{d}_2, \cdots, \bar{d}_n)$。

5.1.1　核序列 GM（1，1）模型

根据定义 5.1，三参数区间灰数序列 $X(\otimes)$ 的核序列为 $X(\tilde{\otimes})=(\tilde{\otimes}_1, \tilde{\otimes}_2, \cdots, \tilde{\otimes}_n)$，那么相应的一次累加生成序列为 $X_{\tilde{\otimes}}^{(1)}=(\tilde{\otimes}_1^{(1)}, \tilde{\otimes}_2^{(1)}, \cdots, \tilde{\otimes}_n^{(1)})$，其中 $\tilde{\otimes}_k^{(1)}=\sum_{i=1}^{k}\tilde{\otimes}_i$（$k=1, 2, \cdots, n$）。构建核序列的 GM（1，1）模型为：

$$\tilde{\otimes}_k + a z_{\tilde{\otimes}}^{(1)}(k) = b \tag{5.1}$$

其中，$Z_{\tilde{\otimes}}^{(1)}=(z_{\tilde{\otimes}}^{(1)}(2), z_{\tilde{\otimes}}^{(1)}(3), \cdots, z_{\tilde{\otimes}}^{(1)}(n))$，$z_{\tilde{\otimes}}^{(1)}(k)=\frac{1}{2}(\tilde{\otimes}_k^{(1)}+\tilde{\otimes}_{k-1}^{(1)})$，$k=2, 3, \cdots, n$。

利用最小二乘法，计算式（5.1）的参数估计值 $\hat{a}=[a, b]^{\mathrm{T}}=(B^{\mathrm{T}}B)^{-1}B^{\mathrm{T}}Y$，其中：

$$B=\begin{bmatrix} -z_{\tilde{\otimes}}^{(1)}(2) & 1 \\ -z_{\tilde{\otimes}}^{(1)}(3) & 1 \\ \vdots & \vdots \\ -z_{\tilde{\otimes}}^{(1)}(n) & 1 \end{bmatrix}, Y=\begin{bmatrix} \tilde{\otimes}_2 \\ \tilde{\otimes}_3 \\ \vdots \\ \tilde{\otimes}_n \end{bmatrix} \tag{5.2}$$

那么，式（5.1）的时间响应式为：

$$\hat{\tilde{\otimes}}_k^{(1)}=\left(\tilde{\otimes}_1-\frac{b}{a}\right)\left(\frac{1-0.5a}{1+0.5a}\right)^k+\frac{b}{a}, k=1,2,\cdots,n \tag{5.3}$$

累减还原式为：

$$\hat{\tilde{\otimes}}_k=\hat{\tilde{\otimes}}_k^{(1)}-\hat{\tilde{\otimes}}_{k-1}^{(1)}=\left(\frac{-a}{1-0.5a}\right)\left(\tilde{\otimes}_1-\frac{b}{a}\right)\left(\frac{1-0.5a}{1+0.5a}\right)^k, k=1,2,\cdots,n \tag{5.4}$$

称式（5.4）为三参数区间灰数核序列 GM（1，1）预测模型。

由于三参数区间灰数的核代表灰数变化的态势，仅根据核不能完全提取灰数蕴含的灰信息。而信息域反映了人们对灰数取值的认知程度，通过计算三参数区间灰数的上、下信息域可以进一步挖掘灰信息，因此我们分别对上、下信息域序列建立灰色预测模型。

5.1.2 上、下信息域序列 GM（1，1）模型

首先以“重心”点为分界点将每一个三参数区间灰数的取值区间分解为上、下两个小区间，然后计算下信息域和上信息域，并根据定义 5.1 得到下信息域序列 $X_{\underline{d}}=(\underline{d}_1, \underline{d}_2, \cdots, \underline{d}_n)$ 和上信息域序列 $X_{\bar{d}}=(\bar{d}_1, \bar{d}_2, \cdots, \bar{d}_n)$。与三参数区间灰数核序列 GM（1，1）模型建模过程类似，下信息域序列的一次累加生成序列为 $X_{\underline{d}}^{(1)}=(\underline{d}_1^{(1)}, \underline{d}_2^{(1)}, \cdots, \underline{d}_n^{(1)})$，其中 $\underline{d}_k^{(1)}=\sum_{i=1}^{k}\underline{d}_i$ $(k=1, 2, \cdots, n)$。构建下信息域序列的 GM（1，1）模型为：

$$\underline{d}_k+mz_{\underline{d}}^{(1)}(k)=n \tag{5.5}$$

其中，$Z_{\underline{d}}^{(1)}=(z_{\underline{d}}^{(1)}(2), z_{\underline{d}}^{(1)}(3), \cdots, z_{\underline{d}}^{(1)}(n))$，$z_{\underline{d}}^{(1)}(k)=\frac{1}{2}(\underline{d}_k^{(1)}+\underline{d}_{k-1}^{(1)})$，$k=2, 3, \cdots, n$。

对应的时间响应式为：

$$\hat{\underline{d}}_k^{(1)}=\left(\underline{d}_1-\frac{n}{m}\right)\left(\frac{1-0.5m}{1+0.5m}\right)^k+\frac{n}{m}, k=1,2,\cdots,n \tag{5.6}$$

对式（5.6）进行一次累减还原得：

$$\hat{\underline{d}}_k=\hat{\underline{d}}_k^{(1)}-\hat{\underline{d}}_{k-1}^{(1)}=\left(\frac{-m}{1-0.5m}\right)\left(\underline{d}_1-\frac{n}{m}\right)\left(\frac{1-0.5m}{1+0.5m}\right)^k, k=1,2,\cdots,n \tag{5.7}$$

类似地，对上信息域序列 $X_{\bar{d}}=(\bar{d}_1, \bar{d}_2, \cdots, \bar{d}_n)$ 建立 GM（1，1）模型，其时间响应式为：

$$\hat{\bar{d}}_k^{(1)}=\left(\bar{d}_1-\frac{q}{p}\right)\left(\frac{1-0.5p}{1+0.5p}\right)^k+\frac{q}{p}, k=1,2,\cdots,n \tag{5.8}$$

累减还原得：

$$\hat{\bar{d}}_k=\hat{\bar{d}}_k^{(1)}-\hat{\bar{d}}_{k-1}^{(1)}=\left(\frac{-p}{1-0.5p}\right)\left(\bar{d}_1-\frac{q}{p}\right)\left(\frac{1-0.5p}{1+0.5p}\right)^k, k=1,2,\cdots,n \tag{5.9}$$

并称式（5.7）和式（5.9）为三参数区间灰数下信息域序列和上信息域序列 GM（1，1）预测模型。

5.1.3　基于核和双信息域的三参数区间灰数预测模型的构建

根据式（5.4）、式（5.7）和式（5.9）得到三参数区间灰数核、下信息域和上信息域的模拟值表达式，同时反推其表达式中三参数区间灰数的三个端点，联立方程组得：

$$\begin{cases} \hat{\tilde{\otimes}}_k = \left(\dfrac{-a}{1-0.5a}\right)\left(\tilde{\otimes}_1 - \dfrac{b}{a}\right)\left(\dfrac{1-0.5a}{1+0.5a}\right)^k \\ \hat{\underline{d}}_k = \left(\dfrac{-m}{1-0.5m}\right)\left(\underline{d}_1 - \dfrac{n}{m}\right)\left(\dfrac{1-0.5m}{1+0.5m}\right)^k, k=1,2,\cdots,n \\ \hat{\bar{d}}_k = \left(\dfrac{-p}{1-0.5p}\right)\left(\bar{d}_1 - \dfrac{q}{p}\right)\left(\dfrac{1-0.5p}{1+0.5p}\right)^k \end{cases} \tag{5.10}$$

则式（5.10）的解是：

$$\begin{cases} \hat{\underline{a}}_k = \hat{\tilde{\otimes}}_k - \dfrac{3\hat{\underline{d}}_k + \bar{d}_k}{4} \\ \hat{\tilde{a}}_k = \hat{\tilde{\otimes}}_k + \dfrac{\hat{\underline{d}}_k - \bar{d}_k}{4}, \quad k=1,2,\cdots,n \\ \hat{\bar{a}}_k = \hat{\tilde{\otimes}}_k + \dfrac{\hat{\underline{d}}_k + 3\bar{d}_k}{4} \end{cases} \tag{5.11}$$

并称式（5.11）是基于核和双信息域的三参数区间灰数预测模型。

因此，模型建模步骤可以总结如下：

步骤 1：以“重心”点为分界点，将三参数区间灰数取值区间分解为两个小区间，得到上区间和下区间。

步骤 2：根据式（2.7）计算三参数区间灰数的核，根据式（2.8）和式（2.9）分别计算上、下区间两端点间的距离，得到上下信息域。同时根据定义 5.1 并结合式（2.7）、式（2.8）和式（2.9），得到核序列和上、下信息域序列。

步骤 3：分别对核序列和上、下信息域序列建立 GM（1，1）模型。

步骤 4：由式（5.11）得到三参数区间灰数三个端点模拟值表达式，从而建立基于核和双信息域的三参数区间灰数预测模型。

步骤 5：计算模型相对误差，对其进行精度检验。

5.1.4 算例分析

为了验证本节方法的优越性和模型精度，通过国家气象信息中心获得河南省安阳市气象站监测的 2019 年 5 月 27—31 日 5 天的温度数据，并分别采用本节模型、现有的区间灰数预测模型[15]和三参数区间灰数预测模型[41]进行建模。为了使数据更加贴近实际，采用三参数区间灰数的形式表征一天的温度情况，其中选取日逐小时资料最低气温中的最小值作为三参数区间灰数的下界，最高气温的最大值为上界，逐小时最低气温和最高气温的平均值作为三参数区间灰数的“重心”点，具体数据如表 5－1 所示。三种方法的模拟对比结果如表 5－2 和表 5－3 所示。

表 5－1　安阳市 5 月 27 日至 31 日天气温度

日期	温度（℃）	日期	温度（℃）
27 日	[19.7，22.6，26]	30 日	[18.7，24.3，30.9]
28 日	[17.2，24.3，30.9]	31 日	[20.5，25.4，30.2]
29 日	[19.4，25.2，30.8]		

运用本节提出的基于核和双信息域的三参数区间灰数预测模型，根据章节 5.1.3 中总结的建模步骤，对表 5－1 中的数据进行建模预测。

步骤 1：以“重心”点为分界点，对灰数取值区间进行分解。

步骤 2：计算三参数区间灰数的核和上、下信息域，得到核序列和上、下信息域序列，即：

核序列：$X(\tilde{\otimes})=(22.73，24.18，25.15，24.55，25.38)$

下信息域序列：$X_{\underline{d}}=(2.9，7.1，5.8，5.6，4.9)$

上信息域序列：$X_{\bar{d}}=(3.4，6.6，5.6，6.6，4.8)$

步骤 3：对核序列和下、上信息域序列分别建立 GM（1，1）模型，其模型参数估计值分别是：

$$a=-0.01, b=23.95;$$

$$m=0.12, n=7.68;$$

$$p=0.07, q=7.04$$

步骤 4：由式（5.11）得到三参数区间灰数三个端点模拟值表达式。

步骤 5：根据步骤 3 的结果，计算模型的相对误差，对其进行精度检验。

为了说明本节所提模型的优势，运用文献［15］中的方法对表 5－1 中的数据建立区间灰数预测模型，两种模型的模拟结果对比如表 5－2 所示。

由表 5－2 可以发现，本节方法优于文献［15］中的方法。这表明在建模前如果能够得到更多体现系统状态的信息，那么所建模型精度将会更高，模型更能反映系统发展态势。因此，研究三参数区间灰数预测模型的构建是有必要的。

另外，我们采用文献［41］中的方法建模，以验证模型的实用性，结果如表 5－3 所示。

表 5－2　模拟结果对比

日期	本节方法		文献［15］方法	
	模拟值	相对误差（%）	模拟值	相对误差（%）
27 日	［19.7，22.6，26］	0.00	［19.7，26］	0.00
28 日	［17.9，24.8，31.4］	2.58	［17.54，31.04］	1.21
29 日	［18.9，24.7，30.8］	2.21	［20.51，32.77］	6.06
30 日	［19.4，24.9，30.6］	2.39	［19.44，30.57］	2.51
31 日	［20.3，25.2，30.4］	0.81	［20.31，30.42］	0.83
平均相对误差（%）	1.60		2.12	

表 5－3　文献［41］中模型建模结果

日期	估计值	可信度
27 日	/	/
28 日	23.672	0.200
29 日	24.615	0.216
30 日	24.845	0.425
31 日	24.930	1.000

由表 5－3 可以看出，采用文献［41］中方法建模时，得到的三参数区

间灰数估计值的可信度较低，仅有第 5 个数据估计值的可信度为 1。因此，采用该方法得到的估计值进行建模相对来说意义不是很大，模型不能反映系统发展态势。这表明，文献［41］中的方法实用性较低，只有当三参数区间灰数估计值通过可信度检验时，才能作进一步的分析，建立预测模型。因此，本节所建模型应用性较强，即从灰色属性的角度挖掘灰数蕴含的信息并构建模型是可行的。

5.2 基于可能度函数的三参数区间灰数预测模型

在建立三参数区间灰数预测模型时，应保证灰数信息的完整性，避免将参数点作为独立的个体分别建模。三参数区间灰数的核能够反映出灰数取值发展趋势，所以本节计算核序列以挖掘三参数区间灰数蕴含的灰信息。同时，当灰数取值分布情况为简单线性函数时，采用“数形结合”的思想，将三参数区间灰数可能度函数转化到二维坐标平面上。由于可能度函数与坐标轴所围图形面积的大小代表着人们对信息的掌握情况，面积越大，掌握的信息越模糊，越不准确。因此，根据图形的几何特征，计算其面积和几何中心，从而做到在不损失已有灰数信息的前提下，实现数据序列的转化。然后分别对面积序列、几何中心序列和核序列建立 DGM（1，1）模型，并根据其计算公式实现三参数区间灰数三个参数点的逆推过程，从而建立基于可能度函数的三参数区间灰数预测模型。

定义 5.2 设三参数区间灰数序列为 $X(\otimes)=(\otimes_1, \otimes_2, \cdots, \otimes_n)$，其中$\otimes_k \in [\underline{a}_k, \widetilde{a}_k, \bar{a}_k]$，$\underline{a}_k < \widetilde{a}_k < \bar{a}_k$，$k=1, 2, \cdots, n$。$X(\otimes)$ 中所有的三参数区间灰数的面积构成的序列称为面积序列，记为 $s=(s_1, s_2, \cdots, s_n)$。$X(\otimes)$ 中所有的三参数区间灰数的几何中心构成的序列称为几何中心序列，记为 $o=(o_1, o_2, \cdots, o_n)$。$X(\otimes)$ 中所有的三参数区间灰数的核构成的序列称为核序列，记为$\widetilde{\otimes}=(\widetilde{\otimes}_1, \widetilde{\otimes}_2, \cdots, \widetilde{\otimes}_n)$。

5.2.1 面积序列 DGM（1，1）模型

根据定义 5.2 可得，序列 $X(\otimes)=(\otimes_1, \otimes_2, \cdots, \otimes_n)$ 的面积序列为

$s=(s_1, s_2, \cdots, s_n)$，其中 $s_k=\dfrac{\bar{a}_k-\underline{a}_k}{2}$。对面积序列 s_k 建立 DGM（1，1）模型如下：

$$s_{k+1}^{(1)}=\beta_1 s_k^{(1)}+\beta_2 \tag{5.12}$$

其中，$s_k^{(1)}=\sum_{i=1}^{k} s_i^{(0)}$，$k=1, 2, \cdots, n-1$。

运用最小二乘法，可得参数向量 $\hat{\beta}=[\beta_1, \beta_2]^{\mathrm{T}}=(B^{\mathrm{T}}B)^{-1}B^{\mathrm{T}}Y$，其中：

$$Y=\begin{bmatrix} s_2^{(1)} \\ s_3^{(1)} \\ \vdots \\ s_n^{(1)} \end{bmatrix}, B=\begin{bmatrix} s_1^{(1)} & 1 \\ s_2^{(1)} & 1 \\ \vdots & 1 \\ s_{n-1}^{(1)} & 1 \end{bmatrix}$$

则面积序列 DGM（1，1）模型的时间响应式为：

$$\hat{s}_{k+1}^{(1)}=\left[s_1-\frac{\beta_2}{1-\beta_1}\right]\beta_1^k+\frac{\beta_2}{1-\beta_1} \tag{5.13}$$

对式（5.13）进行一次累减还原得：

$$\hat{s}_{k+1}=\hat{s}_{k+1}^{(1)}-\hat{s}_k^{(1)}=(\beta_1-1)\left[s_1-\frac{\beta_2}{1-\beta_1}\right]\beta_1^{k-1} \tag{5.14}$$

其中，$k=1, 2, \cdots, n$。并称式（5.14）为三参数区间灰数面积序列 DGM（1，1）模型。

5.2.2　几何中心序列和核序列 DGM（1，1）模型

与章节 5.2.1 中建立面积序列 DGM（1，1）模型的过程类似，根据式（2.10）计算三参数区间灰数的几何中心，并得到几何中心序列 $o=(o_1, o_2, \cdots, o_n)$。对序列 o 建立 DGM（1，1）模型：

$$o_{k+1}^{(1)}=\alpha_1 o_k^{(1)}+\alpha_2 \tag{5.15}$$

其中，$o_k^{(1)}=\sum_{i=1}^{k} o_i^{(0)}$，$k=1, 2, \cdots, n-1$。

则其时间响应式为：

$$\hat{o}_{k+1}^{(1)}=\left[o_1-\frac{\alpha_2}{1-\alpha_1}\right]\alpha_1^k+\frac{\alpha_2}{1-\alpha_1} \tag{5.16}$$

累减还原得：

$$\hat{o}_{k+1} = (\alpha_1 - 1)\left[o_1 - \frac{\alpha_2}{1-\alpha_1}\right]\alpha_1^{k-1} \tag{5.17}$$

同样地，对核序列建立 DGM（1，1）模型，时间响应式为：

$$\hat{\tilde{\otimes}}_{k+1}^{(1)} = \left[\tilde{\otimes}_1 - \frac{\gamma_2}{1-\gamma_1}\right]\gamma_1^{k} + \frac{\gamma_2}{1-\gamma_1} \tag{5.18}$$

对应的累减还原式为：

$$\hat{\tilde{\otimes}}_{k+1} = (\gamma_1 - 1)\left[\tilde{\otimes}_1 - \frac{\gamma_2}{1-\gamma_1}\right]\gamma_1^{k-1} \tag{5.19}$$

并分别称式（5.17）和式（5.19）为三参数区间灰数几何中心序列 DGM（1，1）模型和核序列 DGM（1，1）模型。

5.2.3 基于可能度函数的三参数区间灰数预测模型的构建

对三参数区间灰数白化后分别建立预测模型后，得到面积、几何中心和核的时间响应式，同时结合式（2.10）、式（2.11）和式（2.7），建立方程组：

$$\begin{cases} \hat{s} = \dfrac{\bar{a} - \underline{a}}{2} \\ \hat{o} = \dfrac{\bar{a} + \tilde{a} + \underline{a}}{3} \\ \hat{\tilde{\otimes}} = \dfrac{1}{2}\left(\tilde{a} + \dfrac{\bar{a} + \underline{a}}{2}\right) \end{cases} \tag{5.20}$$

则式（5.20）的解为：

$$\begin{cases} \hat{\underline{a}} = 3\hat{o} - 2\hat{\tilde{\otimes}} - \hat{s} \\ \hat{\tilde{a}} = 4\hat{\tilde{\otimes}} - 3\hat{o} \\ \hat{\bar{a}} = \hat{s} + 3\hat{o} - 2\hat{\tilde{\otimes}} \end{cases} \tag{5.21}$$

因此，由式（5.20）到式（5.21）是三参数区间灰数三个参数点的逆推过程，并称式（5.21）为基于可能度函数的三参数区间灰数预测模型。

根据本节的建模思路，可将具体步骤总结如下：

步骤 1：将三参数区间灰数映射到二维坐标平面上，根据式（2.10）和式（2.11）得到面积和几何中心，体现“数形结合”的思想。

步骤 2：进一步挖掘蕴含的灰信息，计算三参数区间灰数的核。

步骤 3：根据定义 5.2 得到面积序列、几何中心序列和核序列，并分别构建 DGM（1，1）模型。

步骤 4：根据式（5.20）和式（5.21）实现三参数区间灰数参数点的逆推过程，得到基于可能度函数的三参数区间灰数预测模型。

步骤 5：计算模型平均相对误差，进行精度检验。

5.2.4 算例分析

为了进一步说明本节模型的有效性和优势，采用文献［41］中的数据，将其建模结果与本节结果进行对比。具体数据如表 5－4 所示。

表 5－4 巴彦高勒河段历年水位值

年份	水位（米）	年份	水位（米）
2003	[50.51，51.56，52.60]	2008	[50.76，51.81，52.85]
2004	[50.44，50.79，51.14]	2009	[50.87，50.98，51.08]
2005	[50.59，50.74，50.88]	2010	[51.05，51.22，51.39]
2006	[50.40，51.03，51.66]	2011	[51.25，51.59，51.92]
2007	[50.83，51.89，52.94]	2012	[51.34，51.71，52.08]

对表 5－4 中的数据构建预测模型，其过程如下：

步骤 1：将表 5－4 中数据的可能度函数映射到二维坐标平面上，并计算其可能度函数的面积和几何中心，可得面积序列和几何中心序列为：

$s=(1.045，0.35，0.145，0.63，1.055，1.045，0.105，0.17，0.335，0.37)$；

$o=(51.557，50.790，50.737，51.030，51.887，51.807，50.977，51.220，51.587，51.710)$

步骤 2：根据式（2.7），计算三参数区间灰数的核，得到核序列：

$\tilde{\otimes}=(51.558，50.790，50.738，51.030，51.888，51.808，50.978，51.220，51.588，51.710)$

步骤 3：对面积序列、几何中心序列和核序列分别建立 DGM（1，1）

模型，其模型参数分别是 $\beta_1=0.941$，$\beta_2=0.648$；$\alpha_1=1.002$，$\alpha_2=50.832$；$\gamma_1=1.002$，$\gamma_2=50.833$。

步骤 4：根据式（5.21）得到三个参数点模拟值的表达式，进而建立预测模型。

步骤 5：计算模型的平均相对误差，并进行精度检验，如表 5-5 所示。

由表 5-5 可知，平均相对模拟误差 $\bar{\Delta}=\frac{1}{3}\left(\bar{\Delta}_{\underline{a}}+\bar{\Delta}_{\tilde{a}}+\bar{\Delta}_{\bar{a}}\right)=0.515\%$，参照模型精度等级检验表[1]，模型精度为一级。而文献［41］中模拟误差为 0.53%，本节所提出的模型精度更高，具有一定的实用性和有效性。

表 5-5　模型模拟结果

年份	下界		“重心”点		上界	
	$\underline{a}_k$	$\hat{\underline{a}}_k$	$\tilde{a}_k$	$\hat{\tilde{a}}_k$	$\bar{a}_k$	$\hat{\bar{a}}_k$
2003	50.51	50.510	51.56	51.561	52.6	52.600
2004	50.44	50.339	50.79	50.931	51.14	51.511
2005	50.59	50.468	50.74	51.025	50.88	51.570
2006	50.4	50.594	51.03	51.119	51.66	51.632
2007	50.83	50.722	51.89	51.210	52.94	51.698
2008	50.76	50.843	51.81	51.308	52.85	51.761
2009	50.87	50.965	50.98	51.403	51.08	51.829
2010	51.05	51.086	51.22	51.498	51.39	51.898
2011	51.25	51.205	51.59	51.593	51.92	51.969
2012	51.34	51.322	51.71	51.688	52.08	52.042
平均相对误差	0.158%		0.472%		0.916%	

5.3　本章小结

本章在第 4 章的基础上，继续深入研究了如何将模型的建模对象拓展到三参数区间灰数范围，并分别提出了两种三参数区间灰数预测模型，即基于核和双信息域的三参数区间灰数预测模型和基于可能度函数的三参数区间灰数预测模型。

在章节 5.1 中，首先以三参数区间灰数的“重心”点为分界点，定义了上、下信息域，体现“重心”点与上、下界点的偏离程度。通过计算上、下信息域和核信息，对三参数区间灰数进行白化，避免破坏灰数的完整性和独立性。在此基础上，构建相应的预测模型，实现三参数区间灰数三个参数点的逆推过程，从而得到基于核和双信息域的三参数区间灰数预测模型。

在章节 5.2 中，考虑灰数取值可能性对模型精度的影响，同时根据人们普遍的心理特征，研究了具有简单线性分布特征的三参数区间灰数可能度函数。通过将可能度函数映射到坐标平面上，计算其面积和几何中心，得到可能度函数蕴含的灰信息，同时计算三参数区间灰数的核，实现灰数到实数的转化。对白化后的序列建立 DGM（1，1）模型，并反推三参数区间灰数及其可能度函数的表达式。最后通过一个应用算例验证模型具有较高的精度和适用性。

本章主要针对面向三参数区间灰数预测模型的构建问题，考虑灰数的自身特征和取值可能性大小，提出两类预测模型，在一定程度上丰富了灰色预测理论体系，扩大了模型的应用范围。

6 FGM（1，1）模型的优化研究

6.1 分数阶时滞多项式离散灰色模型（FTDP - DGM（1，1））

传统 FGM（1，1）模型没有考虑时滞效应对系统输出的影响，且存在跳跃性误差。本节将时滞多项式和离散化思想一并引入到 FGM（1，1）模型中，构造一种新的分数阶时滞多项式离散灰色模型（FTDP - DGM（1，1）），以弥补传统 FGM（1，1）模型的缺陷。

6.1.1 FTDP - DGM（1，1）模型的构建与求解

定义 6.1 设 $X^{(0)}$ 为非负的原始数据序列，$X^{(r)}$ 为 $X^{(0)}$ 的 r 阶累加生成序列，则称：

$$x^{(r)}(k)=ax^{(r)}(k-1)+b\sum_{\tau=1}^{k}\tau^{2}+c\sum_{\tau=1}^{k}\tau+d \tag{6.1}$$

为基于分数阶累加的时滞多项式离散灰色模型（简称为 FTDP - DGM（1，1）模型）。称线性参数 a、b、c、d 为模型的结构参数。非线性参数 r 代表模型累加阶数，可取任意实数。τ 表示系统延迟时间，$\tau=1$，2，…，k。

定理 6.1 FTDP - DGM（1，1）模型的时间响应式为：

$$\hat{x}^{(r)}(k)=a^{k-1}\hat{x}^{(r)}(1)+b\sum_{j=2}^{k}a^{k-j}\sum_{\tau=1}^{j}\tau^{2}+c\sum_{j=2}^{k}a^{k-j}\sum_{\tau=1}^{j}\tau+d\sum_{j=2}^{k}a^{k-j} \tag{6.2}$$

证明 利用数学归纳法给出证明。

当 $k=2$ 时，式（6.1）变为：

$$\hat{x}^{(r)}(2)=a\hat{x}^{(r)}(1)+b\times(1^2+2^2)+c\times(1+2)+d$$
$$=a^{2-1}\hat{x}^{(1)}(1)+b\sum_{j=2}^{2}a^{2-2}\sum_{\tau=1}^{2}\tau^{\alpha}+c\sum_{j=2}^{2}a^{2-2}\sum_{\tau=1}^{2}\tau+d\sum_{j=2}^{2}a^{2-j} \tag{6.3}$$

当 $k=3$ 时，式（6.1）变为：

$$\hat{x}^{(r)}(3)=a\hat{x}^{(r)}(2)+b\times(1^2+2^2+3^2)+c\times(1+2+3)+(a+1)\times d$$
$$=a^2\hat{x}^{(r)}(1)+b\times[a\times(1^2+2^2)+(1^2+2^2+3^2)]$$
$$+c\times[a\times(1+2)+(1+2+3)]+(a+1)\times d$$
$$=a^{3-1}\hat{x}^{(r)}(1)+b\sum_{j=2}^{3}a^{3-j}\sum_{i=1}^{3}i^{\alpha}+c\sum_{j=2}^{3}a^{3-j}\sum_{i=1}^{3}i+d\sum_{j=2}^{3}a^{3-j} \tag{6.4}$$

当 $k=p\in N$ 且 $p>2$ 时，有：

$$\hat{x}^{(r)}(p)=a^{p-1}\hat{x}^{(r)}(1)+b\sum_{j=2}^{p}a^{p-j}\sum_{\tau=1}^{j}\tau^{2}+c\sum_{j=2}^{p}a^{p-j}\sum_{\tau=1}^{j}\tau+d\sum_{j=2}^{p}a^{p-j} \tag{6.5}$$

证毕。

FTDP－DGM（1，1）模型的结构参数和时间响应式都是直接通过灰色微分方程计算的，避免了传统 FGM（1，1）模型建模过程中，参数 a 和 b 由离散方程求解，而时间响应式由微分方程求解所导致的跳跃性误差。此外，该模型的时滞项根据数据序列个数的变化而变化，进一步提高了模型的预测能力。

6.1.2 FTDP－DGM（1，1）模型的参数估计

定理 6.2 在分数阶参数 r 的取值给定的情况下，FTDP－DGM（1，1）模型的结构参数 $P=(a, b, c, d)^{\mathrm{T}}$ 在最小二乘法准则下满足：

$$P=(a,b,c,d)^{\mathrm{T}}=(B^{\mathrm{T}}B)^{-1}B^{\mathrm{T}}Y \tag{6.6}$$

其中：

$$B=\begin{pmatrix} x^{(r)}(1) & 1^2+2^2 & 1+2 & 1 \\ x^{(r)}(2) & 1^2+2^2+3^2 & 1+2+3 & 1 \\ \vdots & \vdots & \vdots & 1 \\ x^{(r)}(n-1) & 1^2+2^2+\cdots+n^2 & 1+2+\cdots+n & 1 \end{pmatrix},Y=\begin{pmatrix} x^{(r)}(2) \\ x^{(r)}(3) \\ \vdots \\ x^{(r)}(n) \end{pmatrix}$$

证明 将原始数据代入式（6.1）得：

$$x^{(r)}(2)=ax^{(r)}(1)+b(1^2+2^2)+c(1+2)+d;$$
$$x^{(r)}(3)=ax^{(r)}(2)+b(1^2+2^2+3^2)+c(1+2+3)+d;$$
$$\vdots$$
$$x^{(r)}(n)=ax^{(r)}(n-1)+b(1^2+2^2+\cdots+n^2)+c(1+2+\cdots+n)+d \tag{6.7}$$

方程组（6.7）可以写为矩阵 $Y=BP$，其中 B 为（$n-1$）$\times 4$ 矩阵。由于 $n\geqslant 4$，则 B 为列满秩，在最小二乘法准则下式（6.6）成立。

证毕。

由此可见，一旦分数阶参数 r 的取值确定，FTDP - DGM（1，1）模型的结构参数 $P=(a，b，c，d)^{\mathrm{T}}$ 也就确定，此时便可利用该模型进行预测。

随着灰色系统理论的发展，不少学者将智能寻优算法（粒子群算法、遗传算法等）引入到灰色模型中，提高了其预测精度。由于分数阶参数 r 与模型误差之间存在复杂非线性关系，因此可以用智能算法搜索其最佳值。本节以平均绝对百分比误差（$MAPE$）作为优化目标，利用遗传算法（GA）寻找最优分数阶参数。建立适应度函数即优化目标函数为：

$$fitness=\min_{r} MAPE=\frac{1}{n-1}\sum_{k=2}^{n}\frac{\left|\hat{x}^{(0)}(k)-x^{(0)}(k)\right|}{x^{(0)}(k)} \tag{6.8}$$

$$\text{s. t.}\begin{cases}P=(\hat{a},\hat{b},\hat{c},\hat{d})^{\mathrm{T}}=(B^{\mathrm{T}}B)^{-1}B^{\mathrm{T}}Y\\ \hat{x}^{(r)}(k)=a^{k-1}\hat{x}^{(r)}(1)+b\sum\limits_{j=2}^{k}a^{k-j}\sum\limits_{\tau=1}^{j}\tau^2+c\sum\limits_{j=2}^{k}a^{k-j}\sum\limits_{\tau=1}^{j}\tau+d\sum\limits_{j=2}^{k}a^{k-j}\\ \hat{x}^{(0)}(k)=\sum\limits_{i=1}^{k}\begin{pmatrix}k-i-r-1\\ k-i\end{pmatrix}\hat{x}^{(r)}(i)\\ k=1,2,\cdots,n\end{cases}$$

其中，$x^{(0)}(i)$ 和 $\hat{x}^{(0)}(i)$ 分别代表实际值和预测值。

借助 MATLAB R2016a 软件，利用 GA 求解得到最优分数阶 r^*，代入公式（6.6）便可求得模型的最优结构参数 $P^*=(a^*，b^*，c^*，d^*)^{\mathrm{T}}$，进一步可得 FTDP - DGM（1，1）模型的预测时间响应式：

$$\hat{x}^{(r)}(p)=a^{*p-1}\hat{x}^{(r)}(1)+b^*\sum_{j=2}^{p}a^{*p-j}\sum_{\tau=1}^{j}\tau^2+c^*\sum_{j=2}^{p}a^{*p-j}\sum_{\tau=1}^{j}\tau+d^*\sum_{j=2}^{p}a^{*p-j} \tag{6.9}$$

6.1.3 FTDP-DGM（1，1）模型的性质

FTDP-DGM（1，1）通过选取特定的参数值，可以退化为现有的灰色预测模型。该模型的性质如下。

性质 6.1 当 $r=1$，$b=0$，$c=0$ 时，该模型退化为：

$$x^{(1)}(k)=ax^{(1)}(k-1)+d \tag{6.10}$$

即离散灰色模型（DGM（1，1）模型）[57]。

性质 6.2 当 $r=0$，$b=0$，$c=0$ 时，该模型退化为：

$$x^{(0)}(k)=ax^{(0)}(k-1)+d \tag{6.11}$$

即直接离散灰色模型（DDGM（1，1）模型）[199]。

性质 6.3 当 $r=1$，$b=0$，$\tau=k$ 时，该模型退化为：

$$x^{(1)}(k)=ax^{(1)}(k-1)+ck+d \tag{6.12}$$

即非齐次离散灰色模型（NDGM（1，1）模型）[200]。

性质 6.4 当 $b=0$，$c=0$ 时，该模型退化为：

$$x^{(r)}(k)=ax^{(r)}(k-1)+d \tag{6.13}$$

即分数阶离散灰色模型（FDGM（1，1）模型）[102]。

为了更清楚地表示 FTDP-DGM（1，1）模型与现有灰色预测模型之间的联系，绘制出不同模型之间的转换图如图 6-1 所示。

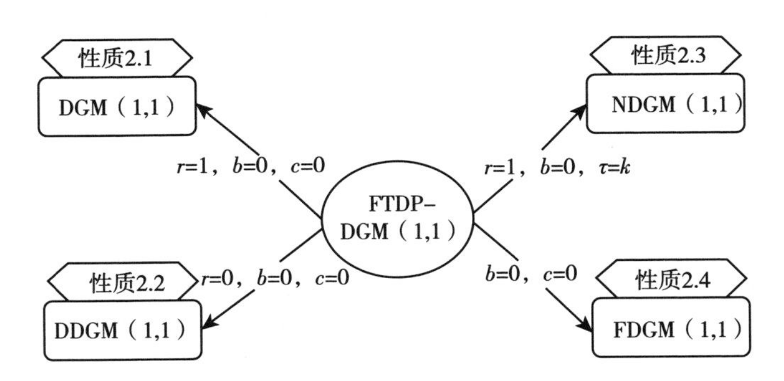

图 6-1 不同模型之间的转换图

由图 6-1 可以明显看出，通过调整不同的参数值，可以实现 FTDP-DGM（1，1）模型与已有模型之间的相互转换，这也说明 FTDP-DGM（1，1）模型具有良好的兼容性。

6.1.4 案例分析

以水力发电、风力发电和核能发电为代表的清洁能源的快速发展，对促进我国能源结构转型具有重要作用。为实现节能减排目标，提供科学准确的方法对清洁能源发电量进行预测十分必要。本节选取中国水力发电、风力发电和核能发电这 3 个发电项目，验证 FTDP - DGM（1，1）模型的有效性和实用性。此外，为测试 FTDP - DGM（1，1）模型的优越性，同时建立 GM（1，1）[1]、DGM（1，1）[1] 和 FGM（1，1）[96] 模型与 FTDP - DGM（1，1）模型进行对比。为了排除其他因素的干扰，FGM（1，1）模型中的非线性参数同样使用遗传算法进行求解。

6.1.4.1 数据选取与说明

选取我国 2011—2021 年风力、水力和核能发电量作为实验数据，数据均从 2022 年 BP 世界能源统计年鉴[201] 中获取。同时，将样本数据分为两组，取 2011—2018 年的数据作为训练集，用于模型校准和模拟检验，取 2019—2021 年的数据作为测试集，用于评价模型的预测效果。图 6 - 2 显示了中国风力、水力和核能发电量 2011—2021 年的总体发展趋势。

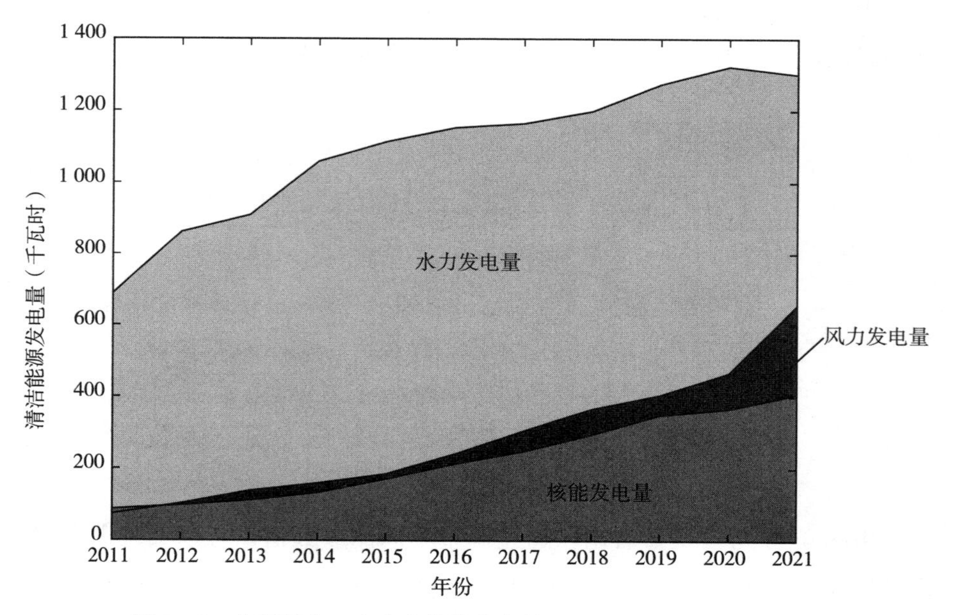

图 6 - 2　中国风力、水力和核能发电量 2011—2021 年的发展趋势

从图 6-2 中可以看出，我国水力、风力、核能发电量持续上升，但呈现出随机波动的特征，存在显著的非线性特点。由于这三组建模数据都是小样本，选择灰色模型进行预测研究是合理的。本节所提出的 FTDP-DGM（1，1）模型理论上对于具有不确定性和非线性特征的小样本时间序列具有良好的模拟和预测性能，因此可以应用于中国未来的水力、风力和核能发电量的预测。

6.1.4.2 中国水力发电预测

以中国水力发电量为实验数据，建立 FTDP-DGM（1，1）模型。首先，以 *MAPE* 为优化目标，利用 GA 确定非线性参数 r 的最优值。如图 6-3 和图 6-4 所示，经过 51 次迭代，输出的最优参数 $r^*=3.89$，然后，将其代入公式（6.6）求得最优结构参数 $P^*=(a^*, b^*, c^*, d^*)^{\mathrm{T}}=(1.02, 410.26, 217.47, 139.56)$，最后得出对应的时间响应式：

$$\hat{x}^{(3.89)}(k)=1.02x^{(1)}(k-1)+410.26\sum_{\tau=1}^{k}\tau^2+217.47\sum_{\tau=1}^{k}\tau+139.56,\quad k=2,3,\cdots,8 \tag{6.14}$$

并计算出模拟和预测结果如表 6-1 所示。

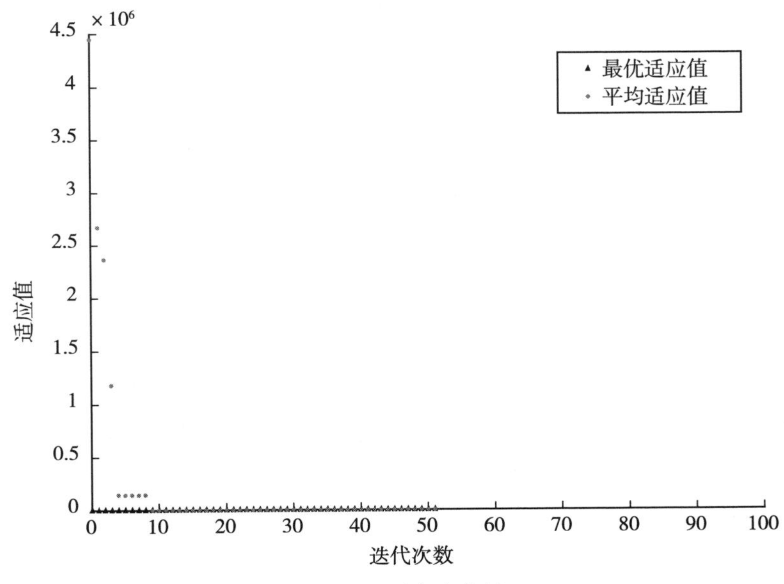

图 6-3 适应度曲线

图 6-4　最优值参数

表 6-1　不同模型对水力发电量的预测结果和误差

单位：千瓦时

年份	原始数据	FTDP-DGM（1，1）	GM（1，1）	DGM（1，1）	FGM（1，1）
训练集					
2011	688.05	688.05	688.05	688.05	688.05
2012	862.79	868.79	906.01	906.85	870.64
2013	909.61	881.66	954.84	955.55	959.12
2014	1 059.69	1 105.83	1 006.31	1 006.87	1 025.80
2015	1 114.52	1 091.96	1 060.55	1 060.94	1 081.52
2016	1 153.27	1 135.73	1 117.72	1 117.91	1 130.59
2017	1 165.07	1 178.25	1 177.97	1 177.95	1 175.24
2018	1 198.89	1 219.29	1 241.47	1 241.21	1 216.73
RMSE		**24.94**	42.96	42.96	28.50
MAE		**21.97**	40.98	40.99	24.99
MAPE（%）		**2.07**	3.94	3.95	2.41
测试集					
2019	1 272.54	1 259.27	1 308.39	1 307.86	1 255.90
2020	1 322.01	1 298.53	1 378.91	1 378.10	1 293.30
2021	1 300.00	1 337.36	1 453.24	1 452.10	1 329.32

（续）

年份	原始数据	FTDP－DGM（1，1）	GM（1，1）	DGM（1，1）	FGM（1，1）
RMSE		26.60	96.61	95.79	**25.57**
MAE		**24.70**	82.00	81.17	24.89
MAPE（%）		**1.90**	6.30	6.24	1.91

从表 6－1 可以看出，在训练集，本节提出的 FTDP－DGM（1，1）模型的三种评价指标均为最小，*MAPE* 值仅为 2.07%，根据表 3－1 的评估标准，本节模型具有良好的模拟性能。在测试集，除 FGM（1，1）模型的 *RMSE* 比 FTDP－DGM（1，1）模型的偏小外，其余两种指标均为本节模型最小，说明本节模型的预测性能良好。FGM（1，1）模型的模拟和预测误差均比 GM（1，1）模型小，说明分数阶的引入可以有效提高模型的预测精度。GM（1，1）模型的预测误差比 DGM（1，1）模型偏大，模拟误差比 DGM（1，1）模型偏小，两者的模拟和预测性能相差不多，且均比 FTDP－DGM（1，1）和 FGM（1，1）大。综上所述，本节提出的 FTDP－DGM（1，1）模型相对最优。

为了更直观地反映不同模型的拟合预测效果，绘制出水力发电量的原始

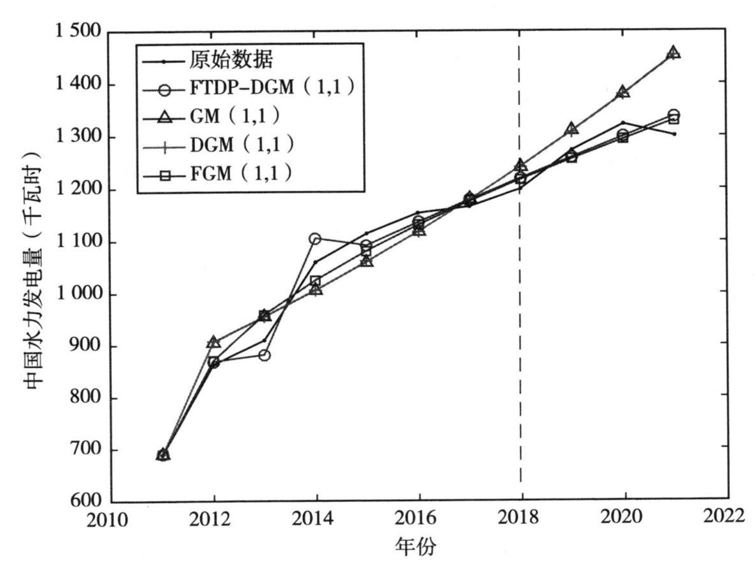

图 6－5　水力发电量的原始数据和不同模型预测值的对比曲线图

数据和不同模型预测值的对比曲线图，如图 6－5 所示。

由图 6－5 可以看出，GM（1，1）和 DGM（1，1）模型的预测曲线呈现单调指数增长趋势，这是由于这两种模型的时间响应函数均是单调的指数函数，从 2017 年开始，模型的预测值大于实际值，且时间越长，误差越大。相比 GM（1，1）和 DGM（1，1）模型，FGM（1，1）模型的拟合预测值与原始数据的重合度较高，原因在于模型中非线性参数的存在赋予了模型灵活性，提升了模型对非线性数据序列的适应性。此外，借助了 GA 来搜索非线性参数的最优值，进一步提高了其建模精度。FTDP－DGM（1，1）模型的预测曲线呈现波动趋势，预测序列与原始数据序列的趋势变化高度一致，具有较强的泛化能力。因此，使用 FTDP－DGM（1，1）模型对中国水力发电量进行宏观预测比使用其他灰色预测模型更为准确。

6.1.4.3 中国风力发电预测

建立以风力发电量为实验数据的 FTDP－DGM（1，1）模型。首先，利用 GA 搜索最优分数阶参数得 $r^*=3.63$，然后，求得该模型的最优结构参数 $P^*=(a^*,b^*,c^*,d^*)^{\mathrm{T}}=(1.19,25.17,60.14,-21.81)$，最后得出对应的时间响应式：

$$\hat{x}^{(3.63)}(k)=1.19x^{(3.63)}(k-1)+25.17\sum_{\tau=1}^{k}\tau^2+60.14\sum_{\tau=1}^{k}\tau-21.81,\quad k=2,3,\cdots,8 \tag{6.15}$$

并计算出模拟和预测结果如表 6－2 所示。

表 6－2　不同模型对风力发电量的预测结果和误差

单位：千瓦时

年份	原始数据	FTDP－DGM（1，1）	GM（1，1）	DGM（1，1）	FGM（1，1）
训练集					
2011	74.10	74.10	74.10	74.10	74.10
2012	103.05	104.14	104.36	104.85	103.04
2013	138.26	136.92	128.50	129.18	128.23
2014	159.76	154.08	158.22	159.16	158.50
2015	185.59	196.53	194.82	196.11	195.34
2016	240.86	241.84	239.88	241.62	240.36

（续）

年份	原始数据	FTDP-DGM（1，1）	GM（1，1）	DGM（1，1）	FGM（1，1）
2017	304.60	294.93	295.37	297.70	295.48
2018	365.80	357.70	363.69	366.79	363.02
RMSE		6.71	6.32	**5.93**	6.42
MAE		5.40	4.88	**4.38**	4.78
MAPE（%）		2.47	2.61	**2.46**	2.47
测试集					
2019	405.30	432.16	447.81	451.92	445.83
2020	466.50	520.66	551.39	556.81	547.37
2021	655.60	672.60	678.93	686.04	671.91
RMSE		**36.26**	56.44	61.25	53.07
MAE		**32.67**	50.24	55.79	45.90
MAPE（%）		**6.94**	10.75	11.83	9.94

由表6-2可以看出，尽管DGM（1，1）模型在训练集的模拟误差最小，但其在测试集的三种评价指标均为四种模型中最大，其中*MAPE*为11.83%，表明该模型的预测效果较差。GM（1，1）和DGM（1，1）模型的模拟误差均很小，但它们的预测误差偏大，且*MAPE*均超过10%，说明这两种灰色模型虽然具有较强的拟合能力，但预测性能较差。FTDP-DGM（1，1）模型的模拟误差与FGM（1，1）模型相差不多，且预测误差的三种评价指标均显著小于其他模型，表明该模型具有良好的模拟和预测能力，且预测性能最佳。因此，本节提出的FTDP-DGM（1，1）模型是最适合预测我国未来风力发电量发展趋势的。图6-6绘制出风力发电量的原始数据和不同模型预测值的对比曲线图。

由图6-6可以看出，在训练阶段，这四种模型的预测数据曲线与实际数据曲线的重合度相差不多，只有FTDP-DGM（1，1）模型在2013—2014年成功捕捉到了原始数据序列的波动变化趋势，表明该模型对随机波动数据序列预测具有较强的适应性。在测试阶段，GM（1，1）、DGM（1，1）和FGM（1，1）模型的预测值远大于实际值，说明这三种模型都无法实现中国风力发电量的准确预测。相比而言，FTDP-DGM（1，1）模型的预测结果更接近于实际数据。因此，在这四种模型中，本节提出模型的预测效果是最优的。

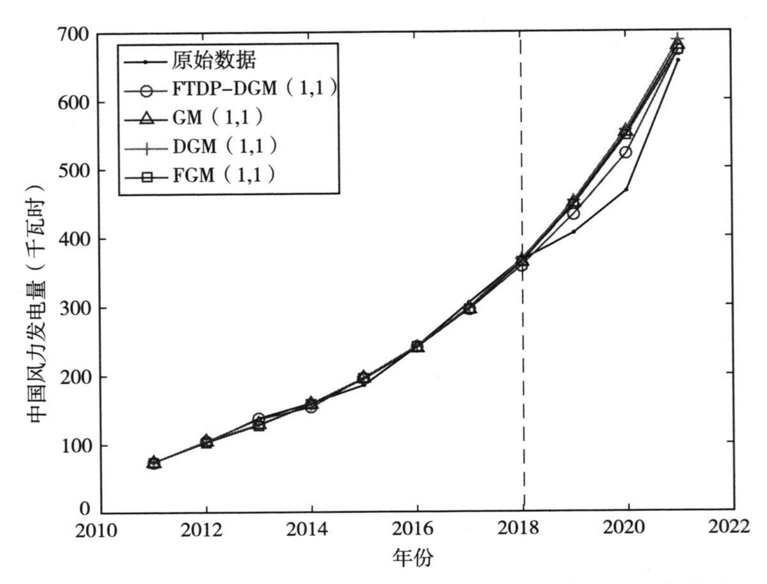

图 6 - 6　风力发电量的原始数据和不同模型预测值的对比曲线图

6.1.4.4　中国核能发电预测

建立 FTDP - DGM（1，1）模型对中国核能发电量数据进行模拟和预测分析。首先，利用 GA 求解得出分数阶 r 的最优值 $r^*=0.42$，然后，求得该模型的最优结构参数 $P^*=(a^*, b^*, c^*, d^*)^{\mathrm{T}}=(-0.11, -0.28, 16.58, 96.58)$，最后得出对应的时间响应式：

$$\hat{x}^{(0.42)}(k)=-0.11x^{(0.42)}(k-1)-0.28\sum_{\tau=1}^{k}\tau^2+16.58\sum_{\tau=1}^{k}\tau+96.58,$$
$$k=2,3,\cdots,8 \qquad (6.16)$$

计算出模拟和预测结果如表 6 - 3 所示。

由表 6 - 3 可以看出，FTDP - DGM（1，1）模型在训练集和测试集的所有评价指标都最小，且 *MAPE* 均小于 10%，说明本节模型具有较强的优越性。其次是 FGM（1，1）模型，训练集和测试集的 *MAPE* 分别为 2.28%和 12.03%，显然该模型的预测效果较差。虽然 GM（1，1）和 DGM（1，1）模型的模拟误差均很小，但它们的预测误差均很大，*MAPE* 均超过 15%，说明这两种模型的预测性能较差。因此，FTDP - DGM（1，

1）模型具有最优的拟合和预测效果。绘制出核能发电量的原始数据和不同模型预测值的对比曲线如图 6-7 所示。

由图 6-7 可以看出，在训练阶段，这四种模型的模拟曲线几乎重合，说明它们的模拟性能差不多。而在测试阶段，GM（1，1）和 DGM（1，1）模型的预测值远大于实际数据，无法准确预测中国核能发电量的未来趋势。FGM（1，1）模型由于分数阶的引入，在一定程度上提高了预测精度，但仍不如 FTDP-DGM（1，1）模型的预测效果好。本节提出的 FTDP-DGM（1，1）模型的拟合曲线和预测曲线与实际数据曲线的重合度最高，表明该模型的模拟和预测性能最优，具有较强的适应性和优越性。

6.1.4.5 案例总结

基于以上三个实际案例研究可以发现，GM（1，1）、DGM（1，1）和 FGM（1，1）模型对预测中国三种清洁能源发电量的效果不理想。本节提出的 FTDP-DGM（1，1）模型的预测效果比 FGM（1，1）模型好，表明时滞效应对系统输出具有不可忽略的影响，且 FTDP-DGM（1，1）模型的时间响应函数和结构参数由同一个灰色微分方程求解，避免了传统灰色模型从离散性跳到连续性的固有误差，进一步提高了预测性能。此外，利用 GA 求解该模型中的最优非线性参数，不仅提高了 FTDP-DGM（1，1）模型的泛化能力，而且提高了模型的模拟和预测精度。综上所述，本节提出的模型具有较强的实用性和优越性，可以适用于波动的非线性时间数据序列。

表 6-3 不同模型对核能发电量的预测结果和误差

单位：千瓦时

年份	原始数据	FTDP-DGM（1，1）	GM（1，1）	DGM（1，1）	FGM（1，1）
训练集					
2011	87.20	87.20	87.20	87.20	87.20
2012	98.32	98.32	95.54	95.91	96.58
2013	111.50	109.39	115.45	115.94	116.44
2014	133.22	137.46	139.50	140.16	141.49
2015	171.38	171.06	168.56	169.45	171.38
2016	213.18	209.12	203.69	204.85	206.54
2017	248.10	250.60	246.13	247.64	247.69

（续）

年份	原始数据	FTDP－DGM（1，1）	GM（1，1）	DGM（1，1）	FGM（1，1）
2018	295.00	294.85	297.41	299.38	295.77
RMSE		**2.55**	4.93	4.87	4.48
MAE		**1.91**	4.24	4.13	3.25
MAPE（%）		**1.18**	2.68	2.62	2.28
测试集					
2019	348.70	341.40	359.37	361.93	351.90
2020	366.20	389.83	434.25	437.54	417.42
2021	407.50	439.82	524.73	528.95	493.89
RMSE		**23.50**	78.50	81.68	58.01
MAE		**21.08**	65.32	68.67	46.94
MAPE（%）		**5.49**	16.80	17.69	12.03

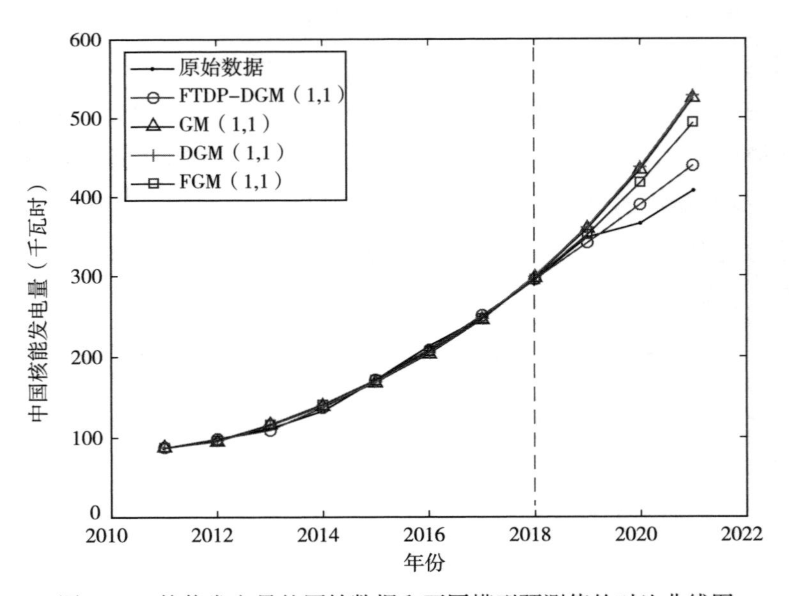

图 6－7　核能发电量的原始数据和不同模型预测值的对比曲线图

6.2　本章小结

本章在传统分数阶灰色模型（FGM（1，1））的基础上提出一种新的分数阶时滞多项式灰色模型（FTDP-DGM（1，1）），并研究了该模型的建模过程、参数寻优以及性质。为验证新模型的有效性，将该模型应用于中国水力发电、风力发电和核能发电量的模拟和预测。结果表明，FTDP-DGM（1，1）模型适用于具有波动特征的非线性数据序列，且表现出良好的模拟和预测性能。

7 NGBM（1，1）模型的优化研究

7.1 含虚拟变量的时滞灰色伯努利模型（DTD－NGBM（1，1））

在现实经济社会系统中，虚拟变量普遍存在，且对于系统未来发展趋势的作用不容忽视。由于政策演变的影响，时间数据序列会发生多次突变。此时，传统的灰色 NGBM（1，1）模型不能准确地识别系统的变化规律。

事实上，政策影响是经济社会系统中广泛存在的一类定性指标变量。政策通常以有或无的形式出现，因此可以将其视为虚拟变量引入灰色预测模型，用 0－1 变量来刻画。基于此，本节提出一种新的含虚拟变量的时滞灰色伯努利模型（DTD－NGBM（1，1））。

7.1.1 DTD－NGBM（1，1）模型的构建与求解

定义 7.1 设 $X^{(0)}$、$X^{(1)}$、$Z^{(1)}$ 分别为非负原始序列、1－AGO 序列和背景值序列，虚拟变量序列为 $D_j^{(0)}=(d_j^{(0)}(1),\ d_j^{(0)}(2),\ \cdots,\ d_j^{(0)}(n))$，$j=1,\ 2,\ \cdots$，则称：

$$x^{(0)}(k)+az^{(1)}(k-\tau)=b\left(z^{(1)}(k-\tau)\right)^{\gamma}+cD_1(k)+dD_2(k),\gamma\neq 1 \tag{7.1}$$

为含虚拟变量的时滞灰色伯努利模型（简称为 DTD－NGBM（1，1）模型）。其中，$D_j^{(0)}=\begin{cases}0\\1\end{cases}$

需要说明的是，为了方便和简化模型计算过程的表达，本节在式（7.1）中假设 $j=2$。此外，这一假设与本节的实证意义是一致的，具体原因在案例分析部分进行了说明。

当 $\tau=0$ 且 $D_j^{(0)}=0$ 时，模型退化为 NGBM（1，1）模型[105]；当 $\tau=0$，$D_j^{(0)}=0$ 且 $\gamma=2$ 时，模型退化为灰色 Verhulst 模型[1]。

与传统的 NGBM（1，1）模型相比，DTD - NGBM（1，1）模型增加了时间延迟参数 τ。由于时间延迟参数的存在，DTD - NGBM（1，1）模型不需要通过求解白化微分方程便可直接用于预测，预测的时间响应式为：

$$\hat{x}^{(0)}(k)=b\left(z^{(1)}(k-\tau)\right)^{\gamma}-az^{(1)}(k-\tau)+cD_1(k)+dD_2(k) \tag{7.2}$$

这种方法避免了传统 NGBM（1，1）模型由微分方程过渡到离散方程产生的跳跃性误差。

7.1.2 DTD - NGBM（1，1）模型参数估计

定理 7.1 在参数 τ 和 γ 的取值给定的情况下，DTD - NGBM（1，1）模型的结构参数 $P=(a，b，c，d)^{\mathrm{T}}$ 在最小二乘法准则下满足：

$$P=(a,b,c,d)^{\mathrm{T}}=(B^{\mathrm{T}}B)^{-1}B^{\mathrm{T}}Y \tag{7.3}$$

其中：

$$Y=\left(x^{(0)}(\tau+2),x^{(0)}(\tau+3),\cdots,x^{(0)}(n)\right)^{\mathrm{T}}$$

$$B=\begin{pmatrix}-z^{(1)}(2) & (z^{(1)}(2))^{\gamma} & D_1(\tau+2) & D_2(\tau+2)\\ -z^{(1)}(3) & (z^{(1)}(3))^{\gamma} & D_1(\tau+3) & D_2(\tau+3)\\ \vdots & \vdots & \vdots & \vdots\\ -z^{(1)}(n-\tau) & (z^{(1)}(n-\tau))^{\gamma} & D_1(n) & D_2(n)\end{pmatrix}$$

证明 将原始数据代入式（7.1）得：

$$\begin{gathered}x^{(0)}(\tau+2)+az^{(1)}(2)=b(z^{(1)}(2))^{\gamma}+cD_1(\tau+2)+dD_2(\tau+2)\\ x^{(0)}(\tau+3)+az^{(1)}(3)=b(z^{(1)}(3))^{\gamma}+cD_1(\tau+3)+dD_2(\tau+3)\\ \vdots\\ x^{(0)}(n)+az^{(1)}(n-\tau)=b(z^{(1)}(n-\tau))^{\gamma}+cD_1(n)+dD_2(n)\end{gathered} \tag{7.4}$$

方程组（7.4）可以写为矩阵 $Y=BP$，其中 B 为 $(n-\tau-1)\times 4$ 矩阵。由于 $n-\tau\geqslant 5$，则 B 为列满秩，因此在最小二乘法准则下式（7.3）成立。

证毕。

τ 表示系统延迟时间，因此 τ 可以分别取 $\tau=1$，2，…，利用调试法将不同取值的 τ 代入模型，通过比较模型精度，取精度最高时 τ 的取值即可。

由于幂指数 γ 与模型误差之间存在复杂非线性关系，因此以 $MAPE$ 作为优化目标，利用 GA 对幂指数 γ 动态寻优，建立适应度函数为：

$$fitness = \min_{\gamma} MAPE = \frac{1}{n-1}\sum_{k=2}^{n}\frac{\left|\hat{x}^{(0)}(k)-x^{(0)}(k)\right|}{x^{(0)}(k)} \quad (7.5)$$

$$\text{s. t.}\begin{cases} P=(\hat{a},\hat{b},\hat{c},\hat{d})^{\mathrm{T}}=(B^{\mathrm{T}}B)^{-1}B^{\mathrm{T}}Y \\ \hat{x}^{(0)}(k)=b\left(z^{(1)}(k-\tau)\right)^{\gamma}-az^{(1)}(k-\tau)+cD_1(k)+dD_2(k) \\ z^{(1)}(k-\tau)=x^{(1)}(k-\tau)+x^{(1)}(k-\tau-1) \\ k=3,4,\cdots,n \end{cases}$$

其中，$x^{(0)}(i)$ 和 $\hat{x}^{(0)}(i)$ 分别代表实际值和预测值。

借助 MATLAB R2016a 软件，得到模型的最优参数 τ^* 和 γ^*，进一步可求得最优结构参数 $P^*=(a^*，b^*，c^*，d^*)^{\mathrm{T}}$，最终得到 DTD - NGBM（1，1）模型的时间响应式：

$$\hat{x}^{(0)}(k)=b^*\left(z^{(1)}(k-\tau^*)\right)^{\gamma^*}-a^*z^{(1)}(k-\tau^*)+c^*D_1(k)+d^*D_2(k) \quad (7.6)$$

7.1.3 案例分析

随着全球气候变暖，清洁能源发电转型成为各国能源发展的战略重点。太阳能作为一种潜力巨大的清洁能源，准确预测其发电量，可以为政府及企业制定长期的太阳能产业发展政策提供依据。本节选取中国和美国的太阳能发电量预测进行实证研究，以验证 DTD - NGBM（1，1）模型在实际应用中的有效性和实用性。为突出本节模型的优越性，同时建立 GM（1，1）模型、ARIMA 模型、灰色 Verhulst 模型、NGBM（1，1）模型与 DTD - NGBM（1，1）模型进行对比。为了排除其他因素的干扰，NGBM（1，1）模型中的非线性参数同样使用遗传算法求解。

7.1.3.1 数据的选取与分析

选取 2009—2021 年中国的太阳能发电量和 2009—2020 年美国的太阳能

发电量作为实验数据，数据分别从中国电力企业联合会（https：//cec. org. cn/index. html）和 BP 世界能源统计年鉴[201]中获取，中美两国的太阳能发电量数据柱状图和增速折线图分别见图 7－1 和图 7－2。

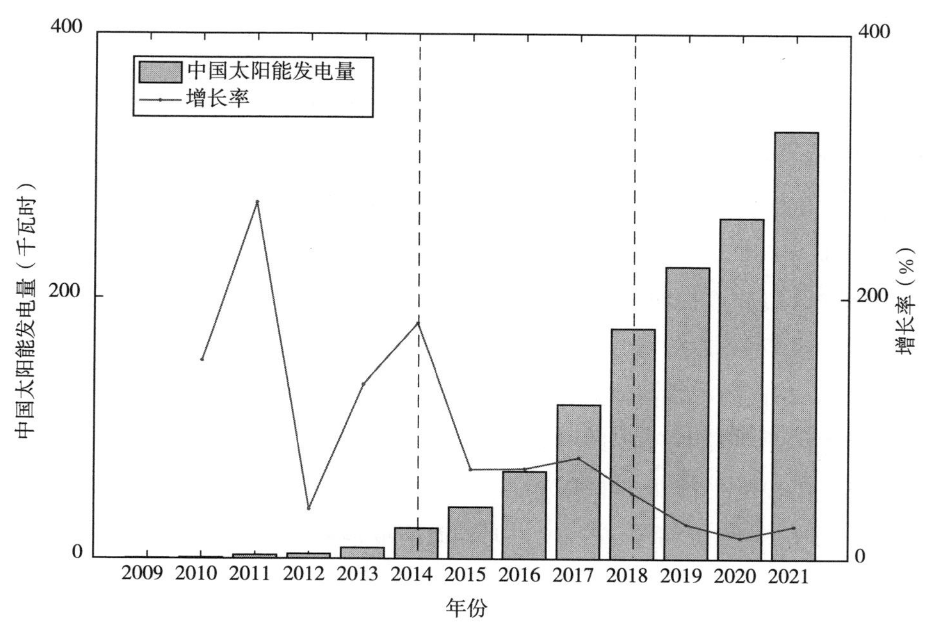

图 7－1　中国 2009—2021 年的太阳能发电量及其增速

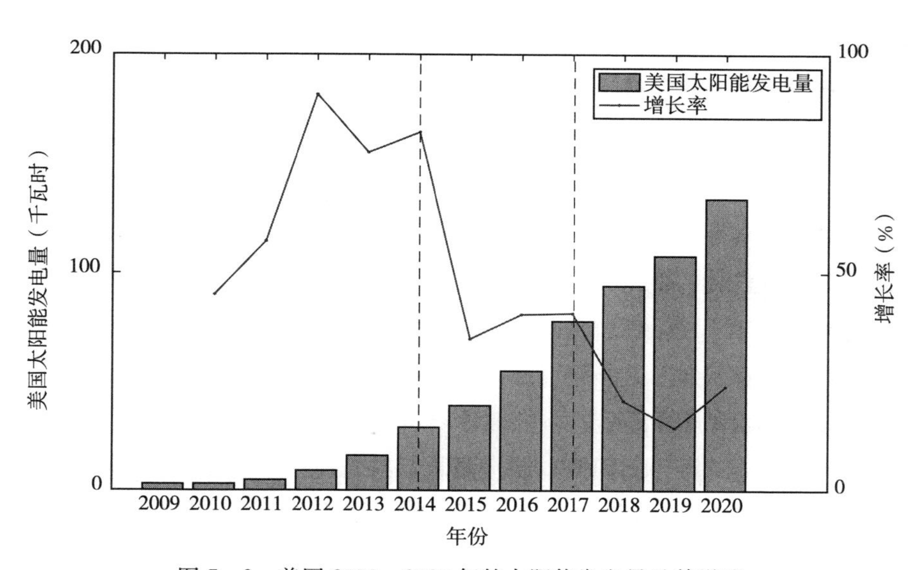

图 7－2　美国 2009—2020 年的太阳能发电量及其增速

由图 7-1 和图 7-2 可以看出，中国和美国的太阳能发电产业的发展均可以分为三个阶段，具体如下。

第一阶段为发展初期，即 2009—2014 年。这一阶段各国政府推出补贴政策，太阳能发电产业大规模兴起，中美两国太阳能发电量的增速飞快。在这一阶段，除 2012 年外，中国的太阳能发电量增速均超过 100%，平均增速为 184.33%。2012 年中国太阳能发电量增速骤减，这是由于受到经济危机的影响，以及行业盛极而衰造成的。而美国的太阳能发电产业比中国出现更早，这一阶段的发展比中国更稳定，因此其太阳能发电量波动相对较小，平均增速为 70.55%。

第二阶段为成长期，中国为 2015—2018 年，美国为 2015—2017 年。这一阶段中美两国太阳能发电量的增速较快，平均增速分别为 65.92% 和 38.79%，相比第一阶段增速减小。原因在于，政府的补贴政策处于退坡阶段，导致太阳能发电产业不再保持先前的发展速度。

第三阶段为平价期，中国为 2019—2021 年，美国为 2018—2020 年，美国比中国早一年达到平价期。这一时期政府取消补贴，造成两国太阳能发电量的增速进一步变缓，平均增速分别为 22.81% 和 19.80%。

由此可见，太阳能发电量数据不仅存在显著的非线性特点，而且在政策演变的影响下发生两次突变。中美两国太阳能发电量的第一次突变发生在 2015 年，第二次突变分别发生在 2019 年和 2018 年。因此为了量化政策变化对数据造成的影响，将其作为虚拟变量引入模型进行建模。此外，将虚拟变量的数量设置为两个，分别对应数据序列的两次突变。

本节提出的 DTD-NGBM（1，1）模型适用于这种阶段性变化的复杂非线性数据序列预测。因此，这两个案例可用于验证本节模型的有效性。

7.1.3.2 中国太阳能发电预测

以 2009—2019 年中国太阳能发电量的数据为训练集，建立 DTD-NGBM（1，1）模型，对 2020—2021 年的数据进行测试。首先在模型中引入两个虚拟变量 D_1 和 D_2，代表政府进行宏观调控时所采取的经济政策。其中，D_1 代表第一阶段的高额补贴政策，D_2 代表第二阶段的补贴退坡政策，数值 1 和 0 分别代表有和无。需要注意的是，2012 年中国太阳能发电量的增速仅为 37.72%，该年数据可视为异常数据，在建模前首先需要对其进行预处理。本节通过紧邻均值生成算子对该异常数据进行处理，得出处理后的数据为 1.71 千瓦时，此时，中国第一阶段的太阳能发电量增速均达 100%以上。中国太阳能发电量数据及政策影响因素如表 7－1 所示。

表 7－1 中国太阳能发电量及政策影响因素

年份	太阳能发电量（千瓦时）	增速（%）	数据预处理	增速（%）	D_1	D_2
2009	0.28	—	0.28		1	1
2010	0.70	151.25	0.70	151.25	1	1
2011	2.61	272.33	**1.79**	155.35	1	1
2012	3.59	37.72	3.59	100.56	1	1
2013	8.37	132.96	8.37	133.26	1	1
2014	23.51	180.78	23.51	180.78	1	1
2015	39.48	67.92	39.48	67.92	0	1
2016	66.53	68.51	66.53	68.51	0	1
2017	117.80	77.07	117.80	77.07	0	1
2018	176.90	50.17	176.90	50.17	0	1
2019	224.00	26.63	224.00	26.63	0	0
2020	261.10	16.56	261.10	16.56	0	0
2021	327.00	25.24	327.00	25.24	0	0

取时间延迟参数 $\tau=1$，利用 GA 搜索 γ 的最优值，适应度曲线和最优参数值分别如图 7－3 和图 7－4 所示。由图可知，经过 73 次迭代，输出的最优参数 $\gamma^*=1.112$，此时便可根据建模步骤求得模型的最优结构参数及时间响应式。同理，取时间延迟参数 $\tau=2$，3，…进行建模求解，然而，当 $\tau=2$ 时，无论 γ 的取值是多少，该模型的预测误差均超过 10%。此外，时间延迟越大，误差越大，因此不再赘述。各模型的预测结果如表 7－2所示。

为了突出模型的可行性和优越性，采用 *RMSE*、*MAE* 和 *MAPE* 这 3 个评价指标分析 DTD－NGBM（1，1）模型和四种对比模型所产生的误差。四种对比模型及本节提出模型的误差值如表 7－3 所示。

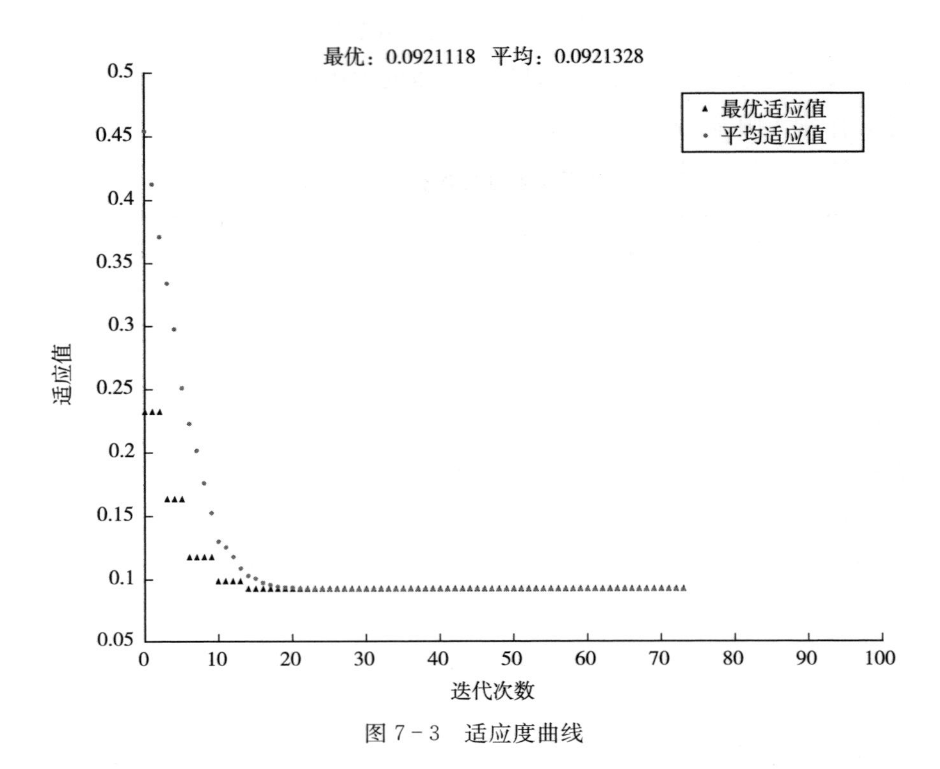

图 7－3 适应度曲线

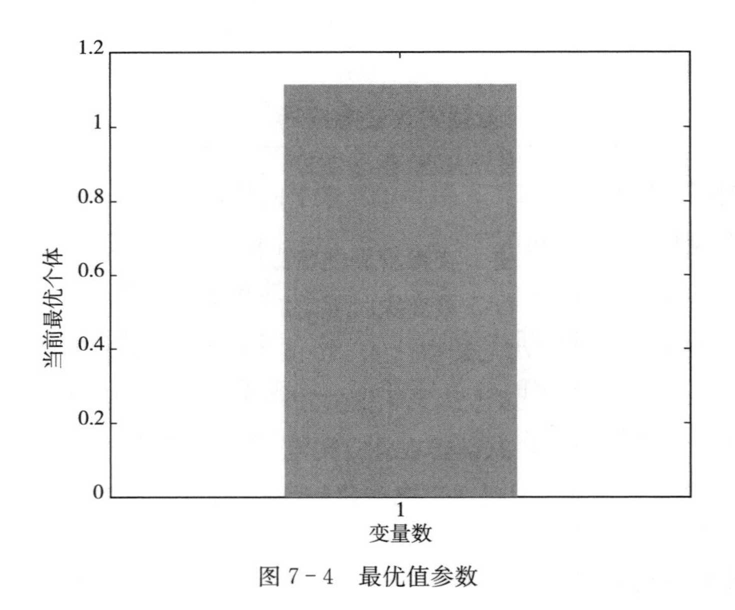

图 7－4 最优值参数

表 7－2 不同模型对中国太阳能发电量的预测结果

单位：千瓦时

年份	原始数据	数据预处理	DTD－NGBM（1，1）	GM（1，1）	ARIMA（1，0，0）	GVM	NGBM（1，1）
训练集							
2009	0.28	0.28	0.28	0.28	0.28	0.28	0.28
2010	0.70	0.70	0.70	12.72	4.81	0.59	0.64
2011	2.61	1.79	1.79	19.48	5.21	1.25	1.44
2012	3.59	3.59	4.65	29.84	6.25	2.64	3.22
2013	8.37	8.37	10.12	45.70	7.97	5.55	7.12
2014	23.51	23.51	20.69	70.00	12.54	11.52	15.47
2015	39.48	39.48	36.87	107.23	27.00	23.40	32.68
2016	66.53	66.53	72.99	164.26	42.25	45.57	66.52
2017	117.80	117.80	118.53	251.61	68.09	82.44	128.72
2018	176.90	176.90	172.31	385.41	117.07	133.35	233.47
2019	224.00	224.00	225.61	590.37	173.52	188.18	391.96
测试集							
2020	261.10	261.10	276.21	904.32	218.52	263.40	477.96
2021	327.00	327.00	320.53	1 385.22	213.27	280.35	714.69

表 7－3 不同模型对中国太阳能发电量的误差值

误差	DTD－NGBM（1，1）	GM（1，1）	ARIMA（1，0，0）	GVM	NGBM（1，1）
训练集					
RMSE	**2.92**	146.44	30.82	22.98	56.25
MAE	**2.41**	101.39	21.83	16.82	25.23
MAPE（%）	**9.21**	479.10	106.95	30.01	22.18
测试集					
RMSE	**11.62**	875.67	85.87	33.03	314.11
MAE	**10.79**	850.72	78.16	24.48	302.28
MAPE（%）	**3.88**	284.98	25.54	7.57	100.81

从表 7－3 可以看出，DTD－NGBM（1，1）模型在训练阶段和测试阶段的所有评价指标均小于其他模型，两个阶段的 *MAPE* 分别为 9.21%和 3.88%，说明该模型的模拟和预测能力最强。GVM 模型在测试阶段的误差

均较小，$MAPE$ 为 7.57%，参考表 3-1 中 $MAPE$ 的精度等级可知，该模型达到良好的预测标准，但其在训练阶段的 $MAPE$ 超过 30%，拟合效果较差。GM（1，1）、ARIMA（1，0，0）和 NGBM（1，1）模型的模拟误差和预测误差均很大，尤其是 GM（1，1）模型，它们对于中国太阳能发电量的预测均无法适用。因此，不管在训练集还是测试集，DTD-NGBM（1，1）模型均具有最优的拟合和预测效果。图 7-5 绘制出了中国太阳能发电量的原始数据和不同模型预测值的对比曲线图。

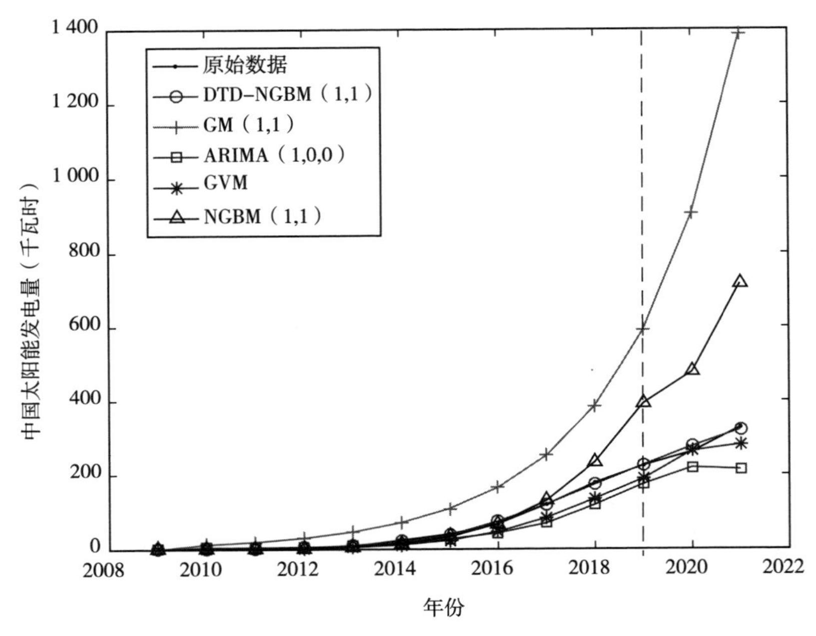

图 7-5　中国太阳能发电量的原始数据和不同模型预测值的对比曲线图

从图 7-5 可以看出，GM（1，1）模型的预测曲线呈现出单调指数增长趋势，预测值远大于实际值，且时间越长，误差越大，无法适应非线性数据序列的随机波动性特征。ARIMA 模型的预测数据曲线始终在原始数据曲线的下方，该模型的模拟预测值偏小。此外，ARIMA 在 2021 年的预测值相比 2020 年减小，不符合实际情况，表明该模型无法准确模拟和预测中国太阳能发电量。NGBM（1，1）模型中非线性参数的存在赋予了该模型灵活性，能在一定程度上提高其拟合效果，从而更加准确地描述数据序列的非线性特征，但该模型仍无法识别数据的突变趋势，因此在 2017 年后的预测效果仍然很差。GVM模型适合于处理S形曲线的时间序列预测，尽管其模拟和预测曲线与实际曲线一致性较高，但时间越长，预测值变化越平稳，导致预测数据会小于实际数据。相比之下，DTD－NGBM（1，1）模型的预测曲线与实际曲线重合度最高，这是因为该模型不仅借助了智能寻优算法求解非线性参数来提高精度，还同时考虑了政策因素和时滞效应对系统的影响，具有较强的适应能力。

7.1.3.3 美国太阳能发电预测

以2009—2018年的美国太阳能发电量数据作为训练集，以2019—2020年的数据作为测试集建立DTD－NGBM（1，1）模型进行验证。同样在模型中引入两个虚拟变量D_1和D_2，美国太阳能发电量数据及政策影响因素如表7－4所示。

表7－4 美国太阳能发电量及政策影响因素

年份	太阳能发电量（千瓦时）	增速（%）	D_1	D_2
2009	2.08	—	1	1
2010	3.01	45.14	1	1
2011	4.74	57.28	1	1
2012	9.04	90.70	1	1
2013	16.04	77.49	1	1
2014	29.22	82.15	1	1
2015	39.43	34.95	0	1
2016	55.42	40.57	0	1
2017	78.06	40.85	0	1
2018	94.31	20.82	0	0
2019	107.97	14.49	0	0
2020	133.97	24.08	0	0

取时间延迟参数$\tau=1$，利用GA搜索最优非线性参数γ的值。经过63次迭代，输出的最优参数$\gamma^*=1.308$。同案例一，时间延迟越大，预测误差越大。各模型的预测结果如表7－5所示。四种对比模型及本节提出模型的误差值如表7－6所示。

从表7－6可以看出，不管在训练集还是测试集，GM（1，1）、GVM

和 NGBM（1，1）模型的误差均很大，尤其是 GM（1，1）模型，说明这三种模型均无法准确拟合和预测含突变数据的非线性时间数据序列。尽管 ARIMA 模型在测试集的 *RMSE*、*MAE* 和 *MAPE* 最小，但其在训练集的三种评价指标均很大，*MAPE* 高达 34.75%，说明该模型模拟性能差，无法准确拟合突变数据序列。DTD－NGBM（1，1）和 GVM 模型在两个阶段的 *MAPE* 均小于 10%，达到高精度等级，具有良好的模拟和预测效果。在训练阶段，DTD－NGBM（1，1）模型的所有评价指标均为最小，该模型表现出最佳的模拟性能。在测试阶段，除 ARIMA 模型外，DTD－NGBM（1，1）模型的 *RMSE* 值偏高于 GVM 模型，其余评价指标也均为最小，能够达到高精度预测。综上所述，本节提出的 DTD－NGBM（1，1）模型相对最优，且对于突变数据序列具有较强的适应能力。图 7－6 绘制出美国太阳能发电量的原始数据和不同模型预测值的对比曲线图。

表 7－5　不同模型对美国太阳能发电量的预测结果

单位：千瓦时

年份	原始数据	DTD－NGBM（1，1）	GM（1，1）	ARIMA（0，2，0）	GVM	NGBM（1，1）
训练集						
2009	2.08	2.08	2.08	2.08	2.08	2.08
2010	3.01	3.01	9.01	3.01	3.58	3.27
2011	4.74	5.04	12.59	4.74	6.13	5.15
2012	9.04	9.51	17.59	9.04	10.33	8.11
2013	16.04	16.63	24.58	8.38	17.04	12.76
2014	29.22	27.86	34.34	15.25	27.18	20.08
2015	39.43	38.84	47.97	24.96	41.26	31.59
2016	55.42	58.00	67.02	44.31	58.72	49.69
2017	78.06	76.08	93.64	51.55	77.56	78.06
2018	94.31	94.80	130.82	73.33	95.07	122.06
测试集						
2019	107.97	108.26	182.76	112.47	119.40	141.06
2020	133.97	115.67	255.34	132.55	126.16	207.39

表 7-6 不同模型对美国太阳能发电量的误差值

误差	DTD-NGBM (1, 1)	GM (1, 1)	ARIMA (0, 2, 0)	GVM	NGBM (1, 1)
训练集					
RMSE	**1.23**	15.10	16.98	1.64	10.33
MAE	**1.04**	12.03	15.78	1.41	6.15
MAPE (%)	**3.62**	70.16	34.75	8.77	15.45
测试集					
RMSE	12.94	100.81	**3.33**	9.79	56.94
MAE	9.29	98.08	**2.96**	9.62	53.25
MAPE (%)	6.96	79.93	**2.61**	8.21	42.72

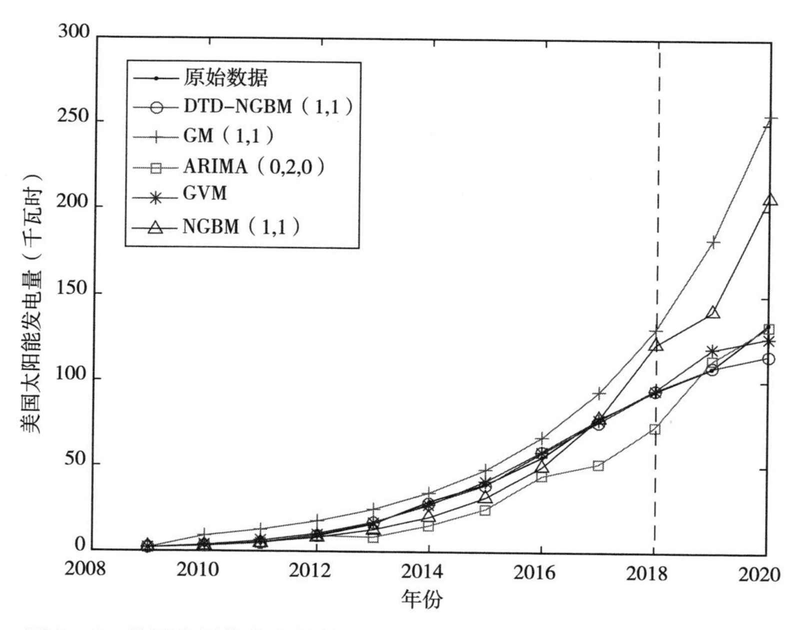

图 7-6 美国太阳能发电量的原始数据和不同模型预测值的对比曲线图

从图 7-6 可以看出，GM (1, 1) 模型的模拟和预测效果均很差，因为该模型的预测曲线呈现单调指数增长趋势，不可能有效识别原始序列的非线性和波动性特征。ARIMA 模型的预测曲线波动性较强，预测值不稳定，该模型需要更大的样本量才能做出准确的预测。相比 GM (1, 1) 和 ARIMA 模型，NGBM (1, 1) 模型由于非线性参数的引入，在一定程度上提高了预测精度，但仍不如 DTD－NGBM（1，1）模型的拟合效果好。GVM 和 DTD－NGBM（1，1）模型的预测曲线与实际数据曲线的重合度相差不多，而 DTD－NGBM（1，1）模型的模拟效果比 GVM 更好，成功捕捉到了原始数据序列的突变性，说明虚拟变量的引入对太阳能发电量的影响较大，补贴政策对太阳能发电量数据造成的影响无法忽视。此外，由于时滞项的存在，该模型直接利用微分方程推导时间响应式，避免了从离散到连续的固有误差，进一步提高了预测精度。因此，在这 5 种模型中，DTD－NGBM（1，1）模型的预测性能最佳，该模型对含有突变数据的复杂非线性的小样本时间序列具有较高的适应性。

7.1.3.4 案例总结

基于以上两个实际案例研究可以发现，本节提出的 DTD－NGBM（1，1）模型具有对比模型所不具备的优势。无论在训练阶段还是测试阶段，DTD－NGBM（1，1）模型均具有高模拟和预测精度。DTD－NGBM（1，1）模型的预测效果比 NGBM（1，1）模型好，表明时滞效应和政策效应对系统输出具有较大的影响。ARIMA 模型是统计模型中最常见的一种，适用于大样本数据预测，因此在本节的太阳能发电预测中的模拟误差很大。GVM 模型适用于 S 形曲线的时间序列增长，尽管其模拟和预测精度较高，但时间越长，预测值变化越平稳，导致预测数据小于实际数据，与实际不符。此外，利用 GA 对模型的非线性参数动态寻优，提高了模型精度。综上所述，本节提出的模型具有较强的优越性，可以适用于含有多次突变的非线性数据序列预测。

7.2 含三角函数的灰色伯努利模型（SNGBM（1，1，sin））

针对含有时间趋势性的小样本振荡序列，本节提出一种含三角函数的灰色伯努利模型（SNGBM（1，1，sin）），利用遗传算法寻找模型中的最优参数，较好地识别了原始数据序列所蕴含的时间趋势性和振荡性特征。

7.2.1 SNGBM（1，1，sin）模型的构建与求解

定义 7.2 设 $X^{(0)}$、$X^{(1)}$、$Z^{(1)}$ 分别为小样本振荡序列、1－AGO 序列和

背景值序列，称灰色微分方程：

$$x^{(0)}(k)+a\tan p(k-\tau)z^{(1)}(k-\tau)=b\sin p(k-\tau)\left(z^{(1)}(k-\tau)\right)^{\gamma}+ck+d,\quad \gamma\neq 1 \tag{7.7}$$

为含三角函数的灰色伯努利模型（简称为 SNGBM（1，1，sin）模型）。其中，$-a\tan p(k-\tau)$ 为发展系数，$b\sin p(k-\tau)$ 为灰色作用量，τ 为时间延迟参数，p 为时间作用参数，$z^{(1)}(k-\tau)=0.5x^{(1)}(k-\tau)+0.5x^{(1)}(k-\tau-1)$。幂指数 γ 描述系统的非线性特征，$\tan p(k-\tau)$ 和 $\sin p(k-\tau)$ 描述数据序列的振荡性特征，而 $ck+d$ 描述数据序列的增长或下降趋势，即时间趋势性特征。

与传统的 NGBM（1，1）模型相比，SNGBM（1，1，sin）模型增加了时间延迟参数 τ、时间作用参数 $\tan p(k-\tau)$ 和 $\sin p(k-\tau)$ 以及多项式 $ck+d$，因此对于含时间趋势性振荡序列的适应能力增强。由于时间延迟参数 τ 的存在，SNGBM（1，1，sin）模型无需借助白化微分方程便可直接用于预测，预测的时间响应式为：

$$\hat{x}^{(0)}(k)=b\sin p(k-\tau)\left(z^{(1)}(k-\tau)\right)^{\gamma}-a\tan p(k-\tau)z^{(1)}(k-\tau)+ck+d \tag{7.8}$$

这种方法避免了传统灰色预测模型建模过程中由差分方程向微分方程跳跃所导致的误差。

7.2.2　SNGBM（1，1，sin）模型的参数估计

定理 7.2　设 $X^{(0)}$、$X^{(1)}$、$Z^{(1)}$ 分别为原始序列、1－AGO 序列和背景值序列，时间延迟参数 τ，时间作用参数 p 和幂指数 γ 均已给定，若：

$$Y=\begin{pmatrix} x^{(0)}(\tau+2) \\ x^{(0)}(\tau+3) \\ \vdots \\ x^{(0)}(n) \end{pmatrix},$$

$$B=\begin{pmatrix} -\tan 2pz^{(1)}(2) & \sin 2p\left(z^{(1)}(2)\right)^{\gamma} & \tau+2 & 1 \\ -\tan 3pz^{(1)}(3) & \sin 3p\left(z^{(1)}(3)\right)^{\gamma} & \tau+3 & 1 \\ \vdots & \vdots & \vdots & \vdots \\ -\tan p(n-\tau)z^{(1)}(n-\tau) & \sin p(n-\tau)\left(z^{(1)}(n-\tau)\right)^{\gamma} & n & 1 \end{pmatrix}$$

则 SNGBM（1，1，sin）模型的结构参数 $P=(a, b, c, d)^{\mathrm{T}}$ 在最小二乘法准则下满足：

$$P=(a,b,c,d)^{\mathrm{T}}=(B^{\mathrm{T}}B)^{-1}B^{\mathrm{T}}Y \tag{7.9}$$

证明 将原始数据代入式（7.8）得方程组：

$$\begin{cases} x^{(0)}(\tau+2)=-a\tan 2pz^{(1)}(2)+b\sin 2p\,(z^{(1)}(2))^{\gamma}+(\tau+2)c+d \\ x^{(0)}(\tau+3)=-a\tan 3pz^{(1)}(3)+b\sin 3p\,(z^{(1)}(3))^{\gamma}+(\tau+3)c+d \\ \vdots \\ x^{(0)}(n)=-a\tan p(n-\tau)z^{(1)}(n-\tau)+b\sin p(n-\tau)\,(z^{(1)}(n-\tau))^{\gamma}+nc+d \end{cases} \tag{7.10}$$

记作矩阵形式：

$$Y=BP \tag{7.11}$$

令残差序列 $\varepsilon=[\varepsilon(2), \varepsilon(3), \cdots, \varepsilon(n)]^{\mathrm{T}}$，有：

$$\varepsilon=Y-BP \tag{7.12}$$

参数 P 的最小二乘法估计为：

$$\hat{P}_{LS}=\arg\min_{P} L=\varepsilon^{\mathrm{T}}\varepsilon=(Y-BP)^{\mathrm{T}}(Y-BP) \tag{7.13}$$

依据极值存在条件知：

$$\frac{\mathrm{d}L}{\mathrm{d}P}=2B^{\mathrm{T}}BP-2B^{\mathrm{T}}Y=0 \tag{7.14}$$

即估计参数 $\hat{P}$ 满足方程：

$$B^{\mathrm{T}}BP=B^{\mathrm{T}}Y \tag{7.15}$$

由于矩阵 B 为列满秩，$B^{\mathrm{T}}B$ 是非奇异矩阵，则其逆矩阵为 $(B^{\mathrm{T}}B)^{-1}$，求解得式（7.9）。

由上述建模过程可以发现，一旦参数 τ、p 和 γ 的取值确定，SNGBM（1，1，sin）模型的结构参数 $P=(a, b, c, d)^{\mathrm{T}}$ 也就确定了，此时便可用此模型进行求解预测。τ 表示系统延迟时间，因此 τ 可以取 $\tau=1, 2, \cdots$，代入模型比较模型精度取最高者即可。由于时间作用参数 p 和幂指数 γ 与最终的误差之间存在非线性关系，本节以平均绝对百分比误差（*MAPE*）作为优化目标函数，利用遗传算法搜索 p 和 γ 的最优值。优化目标函数即适应度函数为：

$$fitness=\frac{1}{n-\tau-1}\sum_{k=2+\tau}^{n}\frac{|\hat{x}^{(0)}(k)-x^{(0)}(k)|}{x^{(0)}(k)} \tag{7.16}$$

其中，$x^{(0)}(i)$ 和 $\hat{x}^{(0)}(i)$ 分别代表实际值和预测值。

借助 MATLAB R2016a 软件，利用遗传算法进行参数寻优，得到最优时间作用参数 p^* 和幂指数 γ^*，代入公式（7.9）便可求得模型的最优结构参数 $P^*=(a^*，b^*，c^*，d^*)^T$，进一步可得 SNGBM（1，1，sin）模型的时间响应式：

$$\hat{x}^{(0)}(k)=b^*\sin p^*(k-\tau)(z^{(1)}(k-\tau))^{\gamma^*}-a^*\tan p^*(k-\tau)z^{(1)}(k-\tau)+ck+d \tag{7.17}$$

7.2.3 案例分析

在我国“碳达峰”、“碳中和”“3060”的目标下，清洁能源发电转型成为当务之急。风电作为一种潜力很大的清洁能源，具有无污染、投资灵活、成本低等显著优势，为促进我国能源结构转型、解决电力短缺问题发挥着重要作用，而预测风电产量对于解决国民经济发展面临的电力短缺问题，促进区域经济协调可持续发展具有重要意义。然而，由于风力发电受政策、天气等外界因素的干扰，具有非线性和振荡性的特征，且我国新能源起步较晚，样本数据有限，造成了预测困难。基于此，应用本节提出的 SNGBM（1，1，sin）模型预测我国未来季度风电产量，以验证该模型对振荡性小样本序列建模的有效性与适用性。

根据中经网统计数据库（https://db.cei.cn/），绘制出 2016 年第一季度到 2020 年第四季度（2016Q1—2020Q4）的风电产量数据折线如图 7-7 所示。

由图 7-7 可以看出，我国季度风电产量数据不仅具有振荡性波动的特征，而且呈现出增长型趋势。本节提出的 SNGBM（1，1，sin）模型结构上具有时间延迟性、振荡性和时间趋势性特征，与我国季度风电产量数据的变化特征相符，因此可用于我国未来季度风电产量的预测。

为验证 SNGBM（1，1，sin）模型的有效性，选取我国 2016Q1—2019Q4 的季度风电产量共 16 个数据作为训练集建立模型，取 2020Q1—2020Q4 共 4 个数据作为测试集进行预测。同时，建立传统的 GM（1，1）幂模型与不同延迟参数下 SNGBM（1，1，sin）模型进行对比分析。

（1）SNGBM（1，1，sin）模型。取时间延迟参数 $\tau=1$，以 *MAPE* 为优化目标函数，根据式（7.10）构建适应度函数，借助 MATLAB R2016a

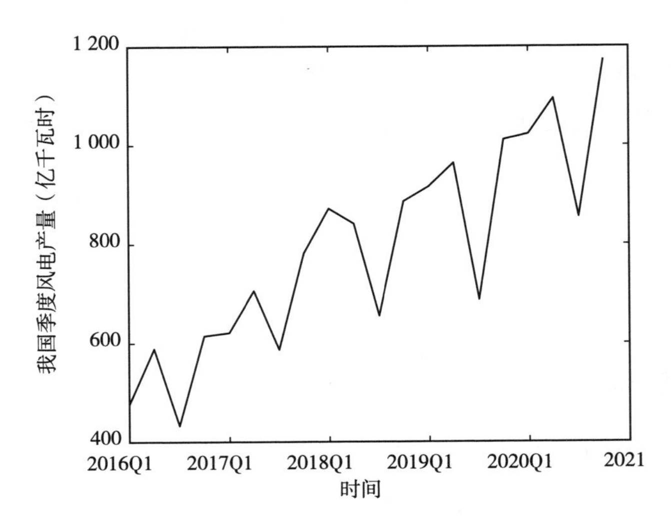

图 7-7 我国季度风电产量原始数据（2016Q1—2020Q4）

软件，利用遗传算法搜索 p 和 γ 的最优值，结果如图 7-8 和图 7-9 所示。

由图 7-8 和图 7-9 可以看出，经过 132 次迭代，输出的最优参数分别为 $p^*=7.071$，$\gamma^*=4.591$，代入公式（7.9）便可求得模型的最优结构参数为 $P^*=(a^*,\ b^*,\ c^*,\ d^*)^{\mathrm{T}}=(-0.000\ 9,\ 0,\ 35.180\ 6,\ 487.147\ 1)$。对应的时间响应式为：

$$\begin{aligned}\hat{x}^{(0)}(k)=&\ 0.35\sin 7.071(k-1)(0.5(x^{(1)}(k-1)+x^{(1)}(k-2))^{4.591}\\&+0.000\ 9\tan 7.071(k-1)\times 0.5(x^{(1)}(k-1)+x^{(1)}(k-2))\\&+35.180\ 6k+487.147\ 1,k=2,3,\cdots,16 \qquad (7.18)\end{aligned}$$

同理，取时间延迟参数 $\tau=2$ 进行求解建模，此时对应的时间响应式为：

$$\begin{aligned}\hat{x}^{(0)}(k)=&-0.007\ 5\sin 7.85(k-2)(0.5(x^{(1)}(k-2)+x^{(1)}(k-3)))^{1.12}\\&+0.000\ 7\tan 7.85(k-2)\times 0.5(x^{(1)}(k-2)+x^{(1)}(k-3)\\&+31.250\ 4k+518.361,k=3,4,\cdots,16 \qquad (7.19)\end{aligned}$$

需要说明的是，取时间延迟参数 $\tau=3$ 进行建模时，经过测算得该模型的预测误差高达 14.60%，且时间延迟越大，预测误差越大，因此本节将不再赘述。

（2）传统的 NGBM（1，1）模型。根据遗传算法解得 NGBM（1，1）模型的最优幂指数 $\gamma^*=0.029$，则模型的结构参数 $A^*=(a^*,\ b^*)^{\mathrm{T}}=(-0.034\ 3,\ 435.569\ 8)^{\mathrm{T}}$，此时对应的时间响应式为：

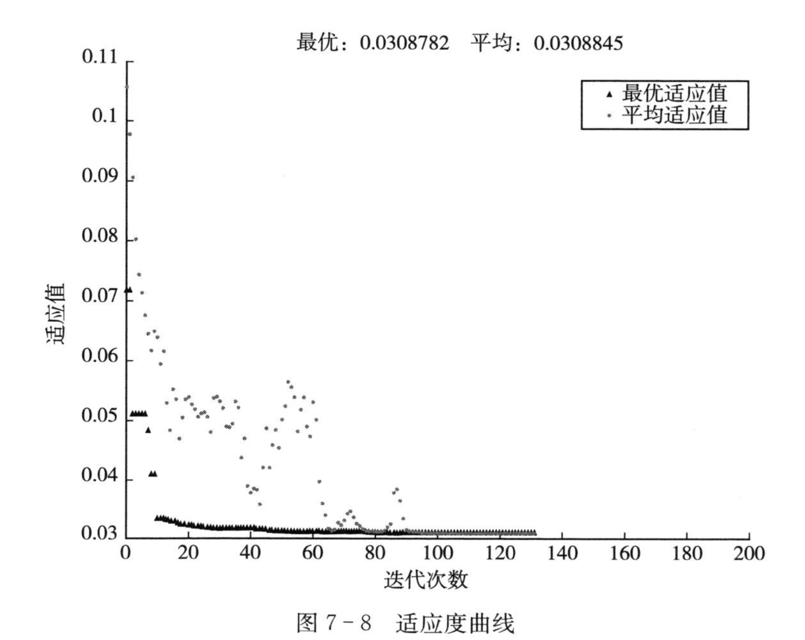

图 7－8　适应度曲线

图 7－9　最优值参数

$$\hat{x}^{(1)}(k+1)=(-12\ 698.83-12\ 300.58e^{0.03k})^{1.03},k=1,2,\cdots,16 \tag{7.20}$$

根据式（7.18）至式（7.20）的 3 种不同模型的时间响应式对我国

2016Q1—2020Q4 的季度风电产量进行模拟和预测，结果如表 7-7 所示。

为了比较不同模型的模拟和预测精度，采用 RMSE、MAE 和 MAPE 这 3 个评估指标进行对比分析，误差结果如表 7-8 和图 7-10 所示。

表 7-7 三种不同模型的模拟预测值及误差

年份	原始数据	SNGBM（1，1，sin）-1		SNGBM（1，1，sin）-2		NGBM（1，1）	
		模拟/预测值	误差	模拟/预测值	误差	模拟/预测值	误差
训练集							
2016Q1	476.22	—	—	—	—	—	—
2016Q2	588.88	—	—	—	—	553.12	6.07%
2016Q3	433.2	449.67	3.80%	—	—	581.48	34.23%
2016Q4	614.9	626.74	1.93%	643.26	4.61%	607.74	1.16%
2017Q1	621.2	663.07	6.74%	625.46	0.69%	633.47	1.97%
2017Q2	705.7	700.39	0.75%	706.41	0.10%	659.24	6.58%
2017Q3	587.1	542.15	7.66%	609.55	3.82%	685.35	16.73%
2017Q4	781.4	764.85	2.12%	766.97	1.85%	711.97	8.89%
2018Q1	871.6	803.88	7.77%	784.89	9.95%	739.22	15.19%
2018Q2	840.9	846.36	0.65%	833.84	0.84%	767.19	8.77%
2018Q3	654.8	654.66	0.02%	654.78	0.00%	795.95	21.56%
2018Q4	885.9	911.58	2.90%	888.36	0.28%	825.57	6.81%
2019Q1	915.5	944.14	3.13%	967.68	5.70%	856.09	6.94%
2019Q2	963.8	964.47	0.07%	964.06	0.03%	887.57	7.91%
2019Q3	687.1	712.45	3.69%	688.73	0.24%	920.06	33.90%
2019Q4	1011	989.70	2.11%	1006.90	0.41%	953.60	5.68%
测试集							
2020Q1	1 022.4	1 089.83	6.60%	1 167.09	14.15%	988.24	3.34%
2020Q2	1 094.6	1 169.99	6.89%	1 073.04	1.97%	1 024.03	6.45%
2020Q3	854.9	866.15	1.32%	732.77	14.29%	1 061.02	24.11%
2020Q4	1 174.1	1 151.25	1.95%	1 127.02	4.01%	1 099.24	6.38%

注：SNGBM（1，1，sin）-1 和 SNGBM（1，1，sin）-2 模型分别表示 τ 为 1 和 2 的 SNGBM（1，1，sin）模型。

表 7-8　不同模型的模拟和预测误差

误差	SNGBM（1，1，sin）		NGBM（1，1）
	$\tau=1$	$\tau=2$	
训练集			
RMSE	28.88	30.19	101.17
MAE	22.28	12.28	83.41
MAPE（%）	**3.09**	**2.19**	12.13
测试集			
RMSE	52.15	98.15	116.44
MAE	44.23	83.87	96.42
MAPE（%）	**4.19**	8.60	10.07

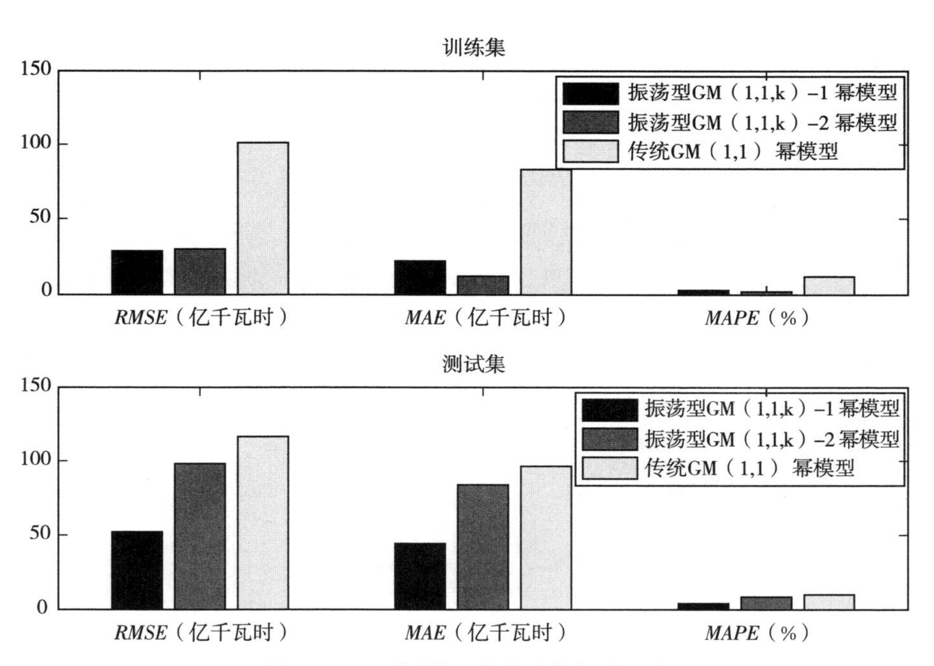

图 7-10　不同模型的误差分布对比图

由表 7-8 可以看出，传统 NGBM（1，1）模型在训练阶段和测试阶段的 *RMSE*、*MAE* 和 *MAPE* 均为最大，且 *MAPE* 均超过 10%，不满足高精度建模的要求。这是因为传统 NGBM（1，1）模型本身结构的限制，无法准确拟合波动性较大的振荡序列。对于不同延迟时间下的 SNGBM（1，1， sin）模型，延迟参数为 1 和 2 的 SNGBM（1，1，sin）模型在训练集的 *MAPE* 分别为 3.09% 和 2.19%，而延迟参数为 1 的模型在测试集的 *RMSE*、*MAE* 和 *MAPE* 均明显小于其他模型。通常情况下，模型的模拟误差小，预测误差也会小，但如果一味追求模型的模拟精度，则可能会造成过分拟合而影响序列规律的提取，从而造成较大的预测误差，因此我们认为时间延迟参数为 1 的 SNGBM（1，1，sin）模型是有效的。从不同模型的误差分布对比图（图 7 - 10）可以更加明显地看出，延迟参数为 1 的 SNGBM（1，1，sin）模型的预测精度要显著优于其他模型，说明该模型最能克服数据波动带来的预测误差较大的问题。

为更加直观地反映不同模型的拟合预测效果，绘制出基于传统 NGBM（1，1）模型和不同时间延迟参数下的 SNGBM（1，1，sin）模型的模拟预测值与实际值的对比折线如图 7 - 11 所示。

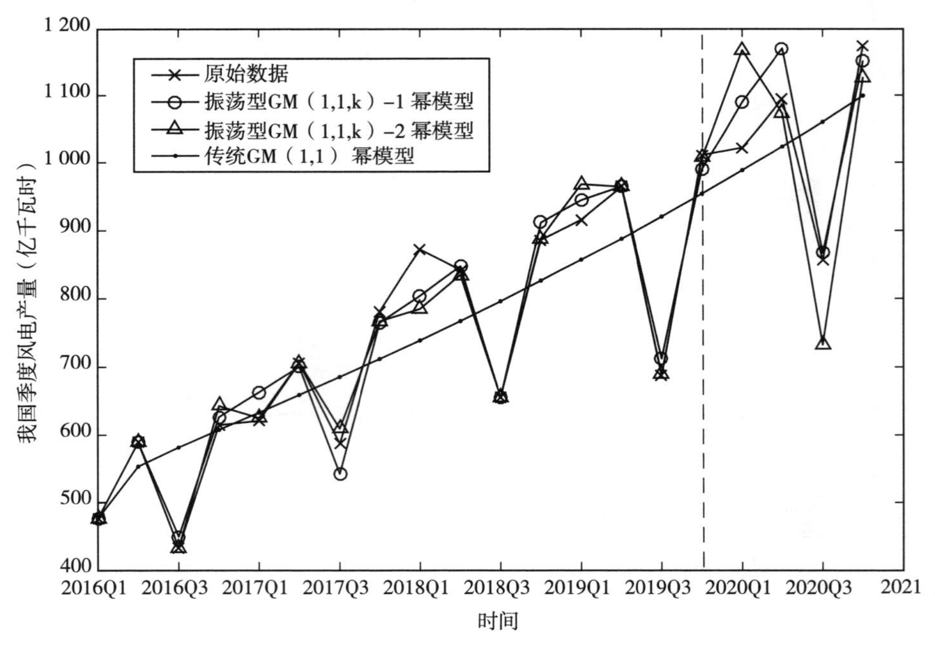

图 7 - 11　不同模型下季度风电产量的模拟预测值和实际值的对比（2016Q1—2020Q4）

由图 7 - 11 可以看出，传统 NGBM（1，1）模型的预测曲线是单调上升的，说明该模型无法识别序列的振荡性特征。而本节构造的 SNGBM（1，1，sin）模型在延迟参数为 1 和 2 下的模拟序列与原始数据序列的重合度较高，原因在于 SNGBM（1，1，sin）模型中含有时间延迟、时间作用参数及多项式，它们均能够根据数据的内在变化规律灵活调整模型的形式，从而有效描述数据序列的时间趋势性和振荡性特征。延迟参数为 1 的 SNGBM（1，1，sin）模型的预测序列与原始数据序列的重合度最高，呈现出与原始数据序列更一致的趋势变化，且趋势与实际相符，具有较强的泛化能力。综上所述，时间延迟参数为 1 的 SNGBM（1，1，sin）模型的预测效果最好，说明该模型对含有时间趋势性和振荡性的时间序列具有较高的适应性。

7.3　本章小结

本章在传统灰色伯努利模型（NGBM（1，1））的基础上，提出两种改进的灰色伯努利模型，分别是 DTD－NGBM（1，1）模型和 SNGBM（1，1，sin）模型。

在章节 7.1 中，将政策因素作为虚拟变量引入灰色模型，建立了基于虚拟变量的时滞灰色伯努利模型（DTD－NGBM（1，1）），延伸和拓展了传统 NGBM（1，1）模型。以中美两国太阳能发电量预测为例，验证了该模型相比现有几种灰色预测模型的优越性。

在章节 7.2 中，提出了同时包含时间延迟参数、时间作用参数及多项式的 SNGBM（1，1，sin）模型，能在一定程度上提取数据序列的时间趋势性和振荡性特征。通过实证分析表明，时间延迟参数为 1 的 SNGBM（1，1，sin）模型能够有效识别我国季度风电产量数据的时间趋势性和振荡性特征，且预测结果与实际趋势相符。

8 GM（1，1，t^{α}）模型的优化研究

8.1 含三角函数的时间幂次灰色模型（SGM（1，1，t^{α} | sin））

鉴于传统 GM（1，1，t^{α}）模型参数取值的局限性以及该模型无法准确描述序列季节变动的缺陷，本节将三角函数和时间趋势项共同引入传统的非线性 GM（1，1，t^{α}）模型中，建立了一种新的季节灰色 SGM（1，1，t^{α} | sin）模型，用于季度数据序列的建模和预测。

8.1.1 SGM（1，1，t^{α} | sin）模型的构建与求解

定义 8.1 设 $X^{(0)}$、$X^{(1)}$、$Z^{(1)}$ 分别为非负原始序列、1-AGO 序列和背景值序列，则称灰色微分方程：

$$x^{(0)}(k)+a\tan p(k-\tau)z^{(1)}(k-\tau)=b\sin p(k-\tau)\times(k-\tau)^{\alpha}+ck+d \tag{8.1}$$

为季节灰色 SGM（1，1，t^{α} | sin）模型。其中，p 为时间作用参数，τ 为时间延迟参数，α 为时间幂次项，$-a\tan p(k-\tau)$ 和 $b\sin p(k-\tau)$ 分别表示发展系数和灰色作用量，$z^{(1)}(k-\tau)=0.5x^{(1)}(k-\tau)+0.5x^{(1)}(k-\tau-1)$，$k=2+\tau, 3+\tau, \cdots, n$。

由于电力能源的调度及消耗存在延时性，因此在 SGM（1，1，t^{α} | sin）模型的构造中引入了时间延迟项 τ。此外，由于系统行为序列 X 受季节因素的影响具有明显的周期波动性，因此选取 $\tan p(k-\tau)$ 和 $\sin p(k-\tau)$

分别作为发展系数和灰色作用量的一部分。

与传统的GM（1，1，t^{α}）模型相比，SGM（1，1，t^{α} | sin）模型在构建时增加了时间延迟参数 τ、时变参数 $\tan p(k-\tau)$ 和 $\sin p(k-\tau)$ 以及时间多项式 $ck+d$，从而可以更好地拟合季度周期序列。具体来说，SGM（1，1，t^{α} | sin）模型利用时间幂次项 α 提取时间序列的非线性特征，利用时变参数 $\tan p(k-\tau)$ 和 $\sin p(k-\tau)$ 捕捉时间序列的季度周期性特征，利用时间延迟项 τ 反映系统的延时性，而利用时间多项式 $ck+d$ 表示序列的时间趋势性特征。

时间延迟参数 τ、时间作用参数 p 和时间幂次项 α 取值的多样性赋予了模型灵活性，因此SGM（1，1，t^{α} | sin）模型可以根据数据特征选择合适的可调系数，以匹配具有不同演化趋势和周期状态的实际应用。此外，该模型的发展系数和灰色作用量均随时间的变化而变化，因此对于含季度周期性和时间趋势性的非线性数据序列的适应能力增强。

定理 8.1 对于给定序列 $X^{(0)}$，可用如下时间响应式对系统未来时刻的行为做出预测：

$$\hat{x}^{(0)}(k)=b\sin p(k-\tau)\cdot(k-\tau)^{\alpha}-a\tan p(k-\tau)z^{(1)}(k-\tau)+ck+d \tag{8.2}$$

传统GM（1，1，t^{α}）模型中的指数 α 为非整数时，微分方程求解困难，无法得到时间响应式的具体表达式。对于本节提出的SGM（1，1，t^{α} | sin）模型，由于时间延迟参数 τ 的存在，该模型可直接用于预测，且当 α 为非整数时，也能够推导出该模型时间响应式的准确表达式。此外，该模型避免了传统灰色预测模型采用差分方程估计参数，而微分方程模拟序列行为所导致的跳跃性误差。

8.1.2 SGM（1，1，t^{α} | sin）模型的参数估计

定理 8.2 设时间延迟参数 τ、时间作用参数 p 和时间幂次项 α 均已给定，则SGM（1，1，t^{α} | sin）模型的结构参数 $P=(a,b,c,d)^{\mathrm{T}}$ 在最小二乘法准则下满足：

$$P=(a,b,c,d)^{\mathrm{T}}=(B^{\mathrm{T}}B)^{-1}B^{\mathrm{T}}Y \tag{8.3}$$

其中：

$$Y=(x^{(0)}(\tau+2),x^{(0)}(\tau+3),\cdots,x^{(0)}(n))^{\mathrm{T}}$$

$$B=\begin{pmatrix} -\tan 2pz^{(1)}(2) & \sin 2p\cdot 2^{\alpha} & \tau+2 & 1 \\ -\tan 3pz^{(1)}(3) & \sin 3p\cdot 3^{\alpha} & \tau+3 & 1 \\ \vdots & \vdots & \vdots & \vdots \\ -\tan p(n-\tau)z^{(1)}(n-\tau) & \sin p(n-\tau)\cdot(n-\tau)^{\alpha} & n & 1 \end{pmatrix}$$

证明 将原始数据代入式（8.2）得：

$$\begin{cases} x^{(0)}(\tau+2)+a\tan 2pz^{(1)}(2)=b\sin 2p\cdot 2^{\alpha}+(\tau+2)c+d \\ x^{(0)}(\tau+3)+a\tan 3pz^{(1)}(3)=b\sin 3p\cdot 3^{\alpha}+(\tau+3)c+d \\ \vdots \\ x^{(0)}(n)+a\tan p(n-\tau)z^{(1)}(n-\tau)=b\sin p(n-\tau)\cdot(n-\tau)^{\alpha}+nc+d \end{cases} \tag{8.4}$$

方程组（8.4）可以写为矩阵 $Y=BP$，其中 B 为 $(n-1)\times 4$ 矩阵。由于 $n\geqslant 4$，则 B 为列满秩，因此在最小二乘法准则下式（8.3）成立。

证毕。

一旦时间延迟参数 τ、时间作用参数 p 和时间幂次项 α 的取值确定，则通过定理 8.2 可以计算出 SGM（1，1，t^{α} | sin）模型的结构参数 $P=(a, b, c, d)^{\mathrm{T}}$，此时便可根据式（8.2）利用该模型做出预测。因此，建模前首先需要确定参数 τ、p 和 α 的最优值。

τ 可以分别取 $\tau=1, 2, \cdots$，利用调试法将不同取值的 τ 代入模型，比较模型精度取精度最高者即可。

在时间延迟参数 τ 给定的情况下，由于时间作用参数 p 和时间幂次项 α 与模型误差之间存在复杂的非线性关系，因此利用 GA 来寻找 p 和 α 的最优值。通过借助智能算法，SGM（1，1，t^{α} | sin）模型可以准确识别非线性参数的动态特征，从而更精确地拟合原始数据序列，进一步提高了模型的预测精度。以 *MAPE* 作为优化目标函数，建立以下非线性优化模型：

$$fitness=\min_{p,\alpha} MAPE=\frac{1}{n-\tau-1}\sum_{k=2+\tau}^{n}\frac{\left|\hat{x}^{(0)}(k)-x^{(0)}(k)\right|}{x^{(0)}(k)} \tag{8.5}$$

$$\text{s.t.}\begin{cases} P=(\hat{a},\hat{b},\hat{c},\hat{d})^{\mathrm{T}}=(B^{\mathrm{T}}B)^{-1}B^{\mathrm{T}}Y \\ \hat{x}^{(0)}(k)=b\sin p(k-\tau)\cdot(k-\tau)^{\alpha}-a\tan p(k-\tau)z^{(1)}(k-\tau)+ck+d \\ z^{(1)}(k-\tau)=0.5x^{(1)}(k-\tau)+0.5x^{(1)}(k-\tau-1) \\ k=2+\tau, 3+\tau, \cdots, n \end{cases}$$

其中，$x^{(0)}(i)$ 和 $\hat{x}^{(0)}(i)$ 分别代表实际值和预测值。

由此得到最优时间作用参数 p^* 和时间幂次项 α^*，进一步求得该模型的最优结构参数 $P^*=(a^*, b^*, c^*, d^*)^{\mathrm{T}}$，基于这些参数所确定的 SGM（1，1，$t^{\alpha}$ | sin）模型的时间响应式：

$$\hat{x}^{(0)}(k)=b^*\sin p^*(k-\tau)(k-\tau)^{\alpha^*}-a^*\tan p^*(k-\tau)z^{(1)}(k-\tau)+c^*k+d^* \tag{8.6}$$

可以使模型的 $MAPE$ 达到最小，从而有效地描述原始数据序列中蕴含的复杂的非线性和季度周期性信息。

8.1.3 案例分析

社会经济高速发展的当下，全社会用电量日益成为衡量经济发展水平的一个重要指标。在全球倡导节约资源、绿色低碳和可持续发展的背景下，对全社会用电量进行科学准确的中长期预测意义重大。一方面，我们可以通过模型的实际应用评估其有效性和实用性。另一方面，全社会季度用电量的预测结果可以为电力企业的健康发展和有关政府部门的高效决策提供重要依据。

8.1.3.1 数据的选取与分析

本书选取中国 2016 年第一季度到 2022 年第四季度（2016Q1—2022Q4）的全社会用电量作为实验数据，数据从中国电力企业联合会（https：//cec. org. cn/ index. html）获取，数据折线如图 8－1 所示。

从图 8－1 可以看出，全社会用电量具有明显的季度波动性和周期性特征，且总体呈上升趋势。除 2020 年外，第三季度的全社会用电量最高，其次是第四季度和第二季度，而第一季度最低，这主要是受季节因素的影响。随着第三季度温度升高，我国经济部门的生产活动大幅增加，人类活动也更加频繁，导致电力消耗增加。第一季度天气寒冷，而我国仍以燃煤和天然气供暖为主，且由于白天变短，工业活动大幅减少，用电量也随之减少。此外，受国内外疫情防控、国际局势和宏观经济等因素影响，电力消费存在较大的不确定性，用电量数据还呈现出复杂的非线性特征。需要注意的是，2020 年第一季度的全社会用电量骤减是由于突如其来的新冠疫情防控造成的。总之，上述特征导致我国用电量数据不仅具有明显的季度周期性和时间

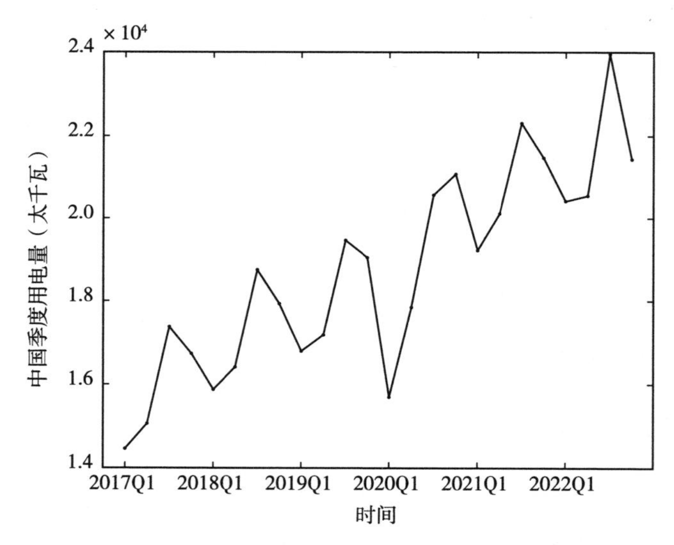

图 8－1　中国 2017Q1—2022Q4 的全社会用电量

趋势性，还表现出复杂的非线性特征。

考虑到 SGM（1，1，t^{α} | sin）模型预测具有季度周期特征的时间序列时，在非线性灰色 GM（1，1，t^{α}）模型中引入了三角函数和时间趋势项，其性能和可靠性极大提升，因此可用于中国未来季度用电量的预测。

8.1.3.2　全社会发电量预测

为验证 SGM（1，1，t^{α} | sin）模型的有效性，选取我国 2017Q1－2021Q4 的全社会季度用电量共 20 个数据作为训练集建立模型，取 2022Q1—2022Q4 共 4 个数据作为测试集进行预测。此外，为突出本节提出模型的优越性，同时建立 GM（1，1）模型、DGGM（1，1）模型和 SGM（1，1）模型与不同时间延迟参数下的 SGM（1，1，t^{α} | sin）模型进行对比。

（1）SGM（1，1，t^{α} | sin）模型

SGM（1，1，t^{α} | sin）模型是根据其建模过程（第 8.1.1 节），利用 2017Q1—2021Q4 的原始数据构建的。首先，根据式（8.1）构建 SGM（1，1，t^{α} | sin）模型的基本方程。然后，取时间延迟参数 $\tau=1$，利用 GA 搜索 p 和 α 的最优值。经过 61 次迭代，输出的最优参数 $\alpha^{*}=1.670$，$p^{*}=0.193$。其次，将这两个非线性参数值代入式（8.3）得最优结构参数。同

理，取时间延迟参数 $\tau=2$，3，…进行求解建模，需要说明的是，取 $\tau=4$ 时，无论 α 的取值是多少，该模型的预测误差均较大，且时间延迟越大，误差越大。最后，分别将不同取值（1、2 和 3）时间延迟参数下的最优参数代入式（8.6），得出 SGM（1，1，t^{α} | sin）模型的时间响应式。该模型在不同延迟时间下的最优参数值及对应的时间响应式见表 8-1。

（2）三种对比模型

利用训练集中相同的数据同时建立 GM（1，1）、DGGM（1，1）和 SGM（1，1）模型，预测 2021Q1—2022 Q1 的全社会用电量，并与实际数据进行对比。借助 MATLAB 2016a 软件，利用最小二乘法准则对这三种模型的结构参数进行求解，进一步得出其时间响应式。不同模型的参数值及对应的时间响应式见表 8-1。

表 8-1 不同模型的参数估计值及时间响应式

模型		参数估计值	时间响应式
SGM（1，1，t^{α} | sin）	$\tau=1$	$\alpha^{*}=0.193$，$p^{*}=1.670$，$(a^{*},b^{*},c^{*},d^{*})^{T}=(0.000\ 1,-682.410,281.832,141\ 80.764)^{T}$	$\hat{x}^{(0)}(k)=-682.41\sin 1.67(k-1)\cdot(k-1)^{0.193}-0.000\ 1\tan 1.67(k-1)\cdot z^{(1)}(k-1)+281.832k+14\ 180.764$，$k=3$，4，…，20
	$\tau=2$	$\alpha^{*}=0.296$，$p^{*}=1.537$，$(a^{*},b^{*},c^{*},d^{*})^{T}=(0.000\ 2,844.064,234.858,14\ 584.999)^{T}$	$\hat{x}^{(0)}(k)=844.064\sin 1.537(k-2)\cdot(k-2)^{0.296}-0.000\ 2\tan 1.537(k-2)\cdot z^{(1)}(k-2)+234.858k+14\ 584.999$，$k=4$，5，…，20
	$\tau=3$	$\alpha^{*}=0.393$，$p^{*}=1.683$，$(a^{*},b^{*},c^{*},d^{*})^{T}=(-0.000\ 01,409.301,307.619,13\ 807.766)^{T}$	$\hat{x}^{(0)}(k)=409.301\sin 1.683(k-3)\cdot(k-3)^{0.393}+0.000\ 01\tan 1.683(k-3)\cdot z^{(1)}(k-3)+307.619k+13\ 807.766$，$k=5$，6，…，20
GM（1，1）		$(a^{*},b^{*})^{T}=(-0.016,14\ 557.223)^{T}$	$\hat{x}^{(0)}(k)=923\ 350.438\cdot(1-e^{-0.016})\cdot e^{0.016(k-1)}$，$k=2$，3，…，20
DGGM（1，1）	Q1	$(a^{*},b^{*})^{T}=(-0.029,14\ 442.210)^{T}$	$\hat{x}^{(0)}(k)=511\ 531.241\cdot(1-e^{-0.029})\cdot e^{0.029(k-1)}$，$k=2$，3，…，20
	Q2	$(a^{*},b^{*})^{T}=(-0.054,14\ 102.455)^{T}$	$\hat{x}^{(0)}(k)=274\ 680.574\cdot(1-e^{-0.054})\cdot e^{0.054(k-1)}$，$k=2$，3，…，20

（续）

模型		参数估计值	时间响应式
DGGM (1，1)	Q3	$(a^*, b^*)^T=(-0.054, 16\ 189.569)^T$	$\hat{x}^{(0)}(k)=313\ 330.833\cdot(1-e^{-0.054})\cdot e^{0.054(k-1)}$，$k=2, 3, \cdots, 20$
	Q4	$(a^*, b^*)^T=(-0.076, 14\ 768.867)^T$	$\hat{x}^{(0)}(k)=207851.197\cdot(1-e^{-0.076})\cdot e^{0.076(k-1)}$，$k=2, 3, \cdots, 20$
SGM (1，1)		$f_{Q1}=0.898$，$f_{Q2}=0.950$，$f_{Q3}=1.086$，$f_{Q4}=1.066$，$(a^*, b^*)^T=(-0.014, 14\ 704.967)^T$	$\hat{x}^{(0)}(k)=1\ 063\ 878.786\cdot(1-e^{-0.014})\cdot e^{0.014(k-1)}$，$k=2, 3, \cdots, 20$

利用表 8-1 中不同模型的时间响应式对我国 2016Q1—2022Q4 的全社会季度用电量进行模拟和预测，训练和测试结果如表 8-2 所示。

表 8-2　不同模型对中国季度用电量的预测结果

单位：亿千瓦时

时间	季度用电量	SGM (1，1，t^α | sin)			GM (1，1)	DGGM (1，1)	SGM (1，1)
		$\tau=1$	$\tau=2$	$\tau=3$			
训练集							
2017Q1	14 461	14 461.00	14 461.00	14 461.00	14 461.00	14 461.00	14 461.00
2017Q2	15 059	15 059.00	15 059.00	15 059.00	15 756.52	15 059.00	15 132.85
2017Q3	17 380	16 226.10	17 380.00	17 380.00	16 019.55	17 380.00	17 468.33
2017Q4	16 734	16 764.52	16 414.97	16 734.00	16 286.98	16 734.00	17 340.76
2018Q1	15 878	16 527.09	15 524.67	16 325.41	16 558.86	15 536.63	15 008.30
2018Q2	16 414	16 364.23	16 545.69	16 374.47	16 835.29	16 130.36	16 089.68
2018Q3	18 747	17 678.56	18 349.61	17 133.73	17 116.33	18 515.41	18 572.83
2018Q4	17 931	18 201.96	17 930.15	17 931.32	17 402.06	18 033.17	18 437.20
2019Q1	16 795	17 050.28	16 572.61	17 218.88	17 692.57	16 406.47	15 957.25
2019Q2	17 186	17 193.26	17 300.47	17 185.75	17 987.92	17 245.92	17 107.00
2019Q3	19 462	19 478.17	19 498.09	18 832.53	18 288.20	19 636.43	19 747.16
2019Q4	19 044	19 300.82	19 459.43	19 487.51	18 593.50	19 210.19	19 602.96
2020Q1	15 698	17 397.45	17 819.09	17 782.78	18 903.89	17 325.01	16 966.20
2020Q2	17 848	18 466.20	18 050.59	18 236.21	19 219.46	18 438.62	18 188.66
2020Q3	20 572	21 540.12	20 473.77	20 742.45	19 540.30	20 825.32	20 995.74

（续）

时间	季度用电量	SGM（1，1，t^α | sin）			GM（1，1）	DGGM（1，1）	SGM（1，1）
		$\tau=1$	$\tau=2$	$\tau=3$			
2020Q4	21 081	19 914.79	20 937.67	20 705.20	19 866.50	20 464.02	20 842.42
2021Q1	19 219	19 022.47	19 208.60	18 095.09	20 198.14	18 294.97	18 038.95
2021Q2	20 118	20 267.18	18 827.47	19 667.33	20 535.32	19 713.81	19 338.69
2021Q3	22 312	22 467.88	21 316.01	22 581.27	20 878.13	22 086.18	22 323.26
2021Q4	21 477	20 034.91	22 287.12	21 482.07	21 226.66	21 799.70	22 160.25
测试集							
2022Q1	20 423	17 879.09	19 572.49	17 730.28	21 581.00	19 319.23	19 179.52
2022Q2	20 554	22 544.71	20 707.97	21 538.92	21 941.27	21 077.19	20 561.45
2022Q3	23 954	24 140.16	23 057.03	27 122.14	22 307.55	23 423.39	23 734.73
2022Q4	21 441	19 804.82	22 070.21	21 796.00	22 679.94	23 222.55	23 561.40

分别采用 *RMSE*、*MAE* 和 *MAPE* 这 3 个评估指标分析对比它们所产生的误差，对比模型及本节提出模型的误差值如表 8－3 所示。

表 8－3 不同模型对中国季度用电量的误差值

误差	SGM（1，1，t^α | sin）			GM（1，1）	DGGM（1，1）	SGM（1，1）
	$\tau=1$	$\tau=2$	$\tau=3$			
训练集						
RMSE	775.85	708.04	781.95	1 194.20	**563.85**	609.53
MAE	564.10	450.76	529.11	999.72	**419.53**	491.01
MAPE（%）	3.06	2.47	2.95	5.56	**2.33**	2.74
测试集						
RMSE	1 812.88	**697.77**	2 143.83	1 370.33	1 112.15	1 233.95
MAE	1 589.24	**632.67**	1 800.19	1 357.67	984.78	897.65
MAPE（%）	7.64	**2.90**	8.21	6.27	4.62	4.23

由表 8－3 可以看出，第一，当时间延迟参数为 2 时，SGM（1，1，t^α | sin）模型在测试阶段的所有评价指标均为最小。其中，*MAPE* 仅为 2.90%，参考表 3－1 的精度等级表可知，该模型的预测能力最强。第二，虽然 DGGM（1，1）模型在训练集的误差最小，但其在测试集的误差却较大。原因在于，该模型通过数据分组的方法将 2017Q1—2021Q4 的数据分为

四组，每组建模数据只有 5 个，因此该模型可以达到较高的模拟精度，但时间越长，其预测误差越大。第三，SGM（1，1）模型通过季节因子来调整原始数据序列，但没有考虑长期趋势的影响。由于序列存在明显的上升趋势，年末测算的季节比率偏高，因此，预测时间越长，误差越大。第四，虽然 GM（1，1）模型在训练集和测试集的 $MAPE$ 都小于 10%，但该模型具有单调性，仅能反映时间序列的趋势变化，无法捕捉其季度周期性。综上所述，时间延迟参数为 2 的 SGM（1，1，t^α | sin）模型的预测精度要优于其他对比模型，可以很好地识别原始时间序列中所蕴含的复杂的非线性和季度波动性特征，同时该模型还考虑了系统的延时性，进一步提高了预测精度。因此，使用时间延迟参数为 2 的 SGM（1，1，t^α | sin）模型对中国全社会季度用电量进行中长期预测比使用其他灰色预测模型更为合理。图 8-2 绘制出中国季度用电量的原始数据和不同模型预测值的对比曲线图。

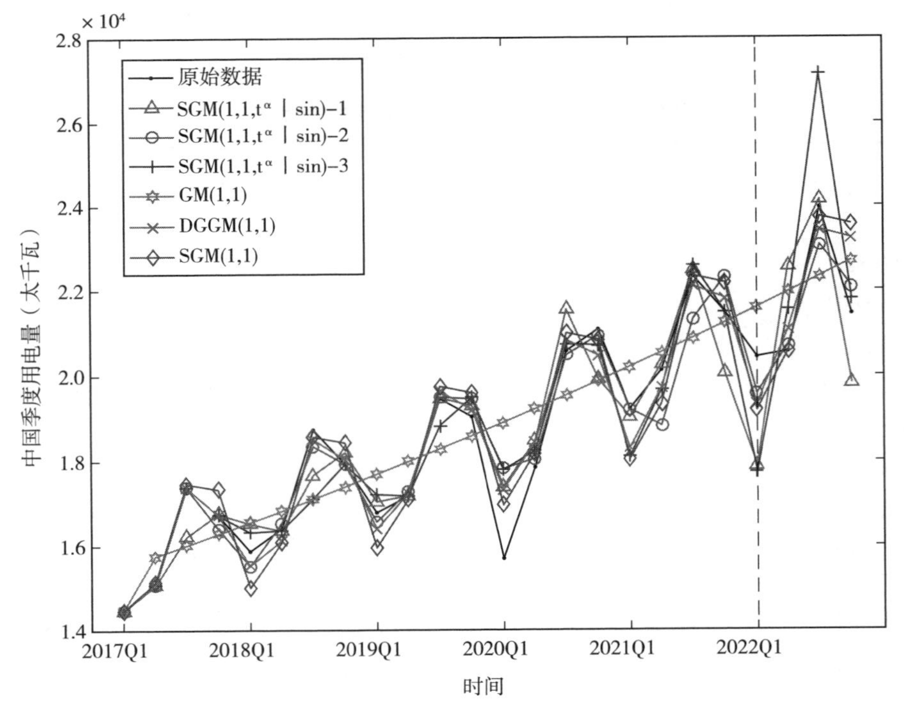

图 8-2　中国季度用电量的原始数据和不同模型预测值的对比曲线图

注：SGM（1，1，t^α | sin）-1、SGM（1，1，t^α | sin）-2 和 SGM（1，1，t^α | sin）-3 分别表示 τ 为 1、2 和 3 的新模型。

从图 8-2 可以看出，虚线左侧代表训练阶段模拟，右侧代表测试阶段预测。GM（1，1）模型的模拟和预测曲线呈现单调指数增长趋势，不能识别时间序列的非线性和季度波动性，表明该模型无法适用于中国全社会季度用电量的预测。虽然 DGGM（1，1）模型在训练阶段的拟合效果最好，但该模型在测试阶段的预测值与实际值相差较大，说明该模型有良好的模拟性能，但预测效果较差。SGM（1，1）模型的模拟和预测效果均较好，但仍不如时间延迟参数为 2 的 SGM（1，1，t^{α} | sin）模型。延迟参数为 2 的 SGM（1，1，t^{α} | sin）模型的预测曲线与原始数据序列的拟合程度最高，尤其是在测试阶段，表明该模型具有较强的泛化能力。此外，SGM（1，1，t^{α} | sin）模型中非线性参数的存在赋予了该模型灵活性，并借助智能算法对非线性参数动态寻优，进一步提高了模型精度。因此，时间延迟参数为 2 的 SGM（1，1，t^{α} | sin）模型的预测性能最优，说明该模型对于复杂非线性和季度周期性的小样本时间序列预测具有较高的适应性。

8.2 含延迟时间幂次项的离散灰色模型（TDDGM（1，1，t^{α}））

传统 GM（1，1，t^{α}）模型[28]中的幂指数通常被赋予特定值（0、1 和 2），从而方便求解白化微分方程得出其时间响应式。然而，当 α 为非整数时，微分方程求解困难，无法得到时间响应式的准确表达式，这限制了 GM（1，1，t^{α}）模型的推广和应用。为解决这个问题，本节提出一种新的含延迟时间幂次项的离散灰色预测模型，即 TDDGM（1，1，t^{α}）模型，给出了模型的参数求解方法，并推导出该模型时间响应式的准确表达式。

8.2.1 TDDGM（1，1，t^{α}）模型的构建与求解

设非负原始序列为 $X^{(0)}=(x^{(0)}(1), x^{(0)}(2), \cdots, x^{(0)}(n))$，对 $X^{(0)}$ 作一阶累加生成（1-AGO）得 $X^{(1)}=(x^{(1)}(1), x^{(1)}(2), \cdots, x^{(1)}(n))$，其中 $x^{(1)}(k)=\sum_{i=1}^{k} x^{(0)}(i)$。

定义 8.2 设 $X^{(0)}$ 为非负的原始数据序列，$X^{(1)}$ 为 $X^{(0)}$ 的 1-AGO 序列，

则称：

$$x^{(1)}(k)=ax^{(1)}(k-1)+b\sum_{i=1}^{k}i^{\alpha}+c \tag{8.7}$$

为 TDDGM（1，1，t^{α}）模型。其中，非线性参数 α 可以取任意实数。

当 $\alpha=0$ 时，TDDGM（1，1，t^{α}）模型退化为 $x^{(1)}(k)=ax^{(1)}(k-1)+b_0$，即 DGM（1，1）模型[25]。与传统 DGM（1，1）模型相比，TDDGM（1，1，t^{α}）模型增加了时间幂次项和时间延迟项，因此对于非线性和复杂时间序列的适应能力增强。

定理 8.3 TDDGM（1，1，t^{α}）模型的时间响应式为：

$$\hat{x}^{(1)}(k)=a^{k-1}\hat{x}^{(1)}(1)+b\cdot\sum_{j=2}^{k}a^{k-j}\sum_{i=1}^{j}i^{\alpha}+c\cdot\sum_{j=2}^{k}a^{k-j} \tag{8.8}$$

证明 利用数学归纳法给出证明。

当 $k=2$ 时，式（8.7）变为：

$$\begin{aligned}\hat{x}^{(1)}(2)&=a\hat{x}^{(1)}(1)+b\times(1^{\alpha}+2^{\alpha})+c\\&=a^{2-1}\hat{x}^{(1)}(1)+b\cdot\sum_{j=2}^{2}a^{2-2}\sum_{i=1}^{2}i^{\alpha}+c\cdot\sum_{j=2}^{2}a^{2-j}\end{aligned} \tag{8.9}$$

当 $k=3$ 时，式（8.7）变为：

$$\begin{aligned}\hat{x}^{(1)}(3)&=a\hat{x}^{(1)}(2)+b\times(1^{\alpha}+2^{\alpha}+3^{\alpha})+c\\&=a^{2}\hat{x}^{(1)}(1)+b\times[a\times(1^{\alpha}+2^{\alpha})+(1^{\alpha}+2^{\alpha}+3^{\alpha})]+(a+1)\times c\\&=a^{3-1}\hat{x}^{(1)}(1)+b\cdot\sum_{j=2}^{3}a^{3-j}\sum_{i=1}^{3}i^{\alpha}+c\cdot\sum_{j=2}^{3}a^{3-j}\end{aligned} \tag{8.10}$$

当 $k=p$，$p\in N$ 且 $p>2$ 时，有：

$$\hat{x}^{(1)}(p)=a^{p-1}\hat{x}^{(1)}(1)+b\cdot\sum_{j=2}^{p}a^{p-j}\sum_{i=1}^{j}i^{\alpha}+c\cdot\sum_{j=2}^{p}a^{p-j} \tag{8.11}$$

证毕。

新的离散时间响应式是直接从离散公式推导出来的，这比利用白化法求解微分方程更简单。此外，该方法还可以避免由微分方程过渡到离散方程时的跳跃误差。

8.2.2 TDDGM（1，1，t^{α}）模型的参数估计

定理 8.4 TDDGM（1，1，t^{α}）模型的参数列 $P=(a, b, c)^{\mathrm{T}}$ 在最小

二乘法准则下满足：

$$P=(a,b,c)^{\mathrm{T}}=(B^{\mathrm{T}}B)^{-1}B^{\mathrm{T}}Y \tag{8.12}$$

其中：

$$B=\begin{pmatrix} x^{(1)}(1) & 1^{\alpha}+2^{\alpha} & 1 \\ x^{(1)}(2) & 1^{\alpha}+2^{\alpha}+3^{\alpha} & 1 \\ \vdots & \vdots & \vdots \\ x^{(1)}(n-1) & 1^{\alpha}+2^{\alpha}+3^{\alpha}+\cdots+n^{\alpha} & 1 \end{pmatrix}, Y=\begin{pmatrix} x^{(1)}(2) \\ x^{(1)}(3) \\ \vdots \\ x^{(1)}(n) \end{pmatrix}$$

证明 将原始数据代入式（8.7）得：

$$\begin{aligned} x^{(1)}(2) &= ax^{(1)}(1)+b(1^{\alpha}+2^{\alpha})+c; \\ x^{(1)}(3) &= ax^{(1)}(2)+b(1^{\alpha}+2^{\alpha}+3^{\alpha})+c; \\ &\vdots \\ x^{(1)}(n) &= ax^{(1)}(n-1)+b(1^{\alpha}+2^{\alpha}+3^{\alpha}+\cdots+n^{\alpha})+c \end{aligned} \tag{8.13}$$

方程组（8.13）可以写为矩阵 $Y=BP$，其中 B 为（$n-1$）×3 矩阵。由于 $n\geqslant 4$，则 B 为列满秩，在最小二乘法准则下式（8.12）成立。

由上述建模过程可以发现，一旦参数 α 的取值确定，TDDGM（1，1，t$^{\alpha}$）模型的结构参数 $P=(a，b，c)^{\mathrm{T}}$ 也就确定，此时便可用此模型进行求解预测。由于幂指数参数 α 与最终的误差之间存在非线性关系，本节以平均绝对百分比误差（*MAPE*）作为优化目标函数，利用遗传算法搜索 α 的最优值。优化目标函数即适应度函数为：

$$fitness=\frac{1}{n-1}\sum_{k=2}^{n}\frac{|\hat{x}^{(0)}(k)-x^{(0)}(k)|}{x^{(0)}(k)} \tag{8.14}$$

$$\text{s.t.}\begin{cases} P=(\hat{a},\hat{b},\hat{c})^{\mathrm{T}}=(B^{\mathrm{T}}B)^{-1}B^{\mathrm{T}}Y \\ \hat{x}^{(1)}(k)=a^{k-1}\hat{x}^{(1)}(1)+b\cdot\sum_{j=2}^{k}a^{k-j}\sum_{i=1}^{j}i^{\alpha}+c\cdot\sum_{j=2}^{k}a^{k-j} \\ \hat{x}^{(0)}(k)=\hat{x}^{(1)}(k)-\hat{x}^{(1)}(k-1) \\ k=2,3,\cdots,n \end{cases}$$

其中，$x^{(0)}(i)$ 和 $\hat{x}^{(0)}(i)$ 分别代表实际值和预测值。

借助 MATLAB R2016a 软件，利用遗传算法进行参数寻优，得到最优幂指数 α^{*}，代入公式（8.12）便可求得模型的最优结构参数 $P^{*}=(a^{*}$，

b^*，c^*)^{T}，进一步可得 TDDGM（1，1，t$^\alpha$）模型的时间响应式：

$$\hat{x}^{(1)}(k)=a^{*\,k-1}\hat{x}^{(1)}(1)+b^*\cdot\sum_{j=2}^{k}a^{k-j}\sum_{i=1}^{j}i^{\alpha}+c^*\cdot\sum_{j=2}^{k}a^{k-j} \tag{8.15}$$

8.2.3 案例分析

本节将通过两个案例来验证 TDDGM（1，1，t$^\alpha$）模型的有效性和实用性。此外，为验证 TDDGM（1，1，t$^\alpha$）模型的优越性，同时建立 GM（1，1）模型[1]、NGM（1，1，k，c）模型[188]、GM（1，1，t^2）模型[118]、DGM（1，1）模型[1]、DGM（1，1，t）模型[202]、DGM（1，1，t^2）模型[202]、DGM（1，1，t$^\alpha$）模型[202]与 TDDGM（1，1，t$^\alpha$）模型进行对比。需要注意的是，为了排除其他因素的干扰，验证延迟效应对模型输出的影响，DGM（1，1，t$^\alpha$）模型中的非线性参数同样使用遗传算法进行寻优。所有模型的参数及时间响应式均借助 MATLAB R2016a 软件进行求解计算。

8.2.3.1 欧洲国家总太阳能发电装机容量预测

选取欧洲国家总的太阳能发电装机容量作为实验数据，数据从英国石油公司 2020 年世界能源统计评论（http：//www. bp. com/statisticalreview）中获取。各模型的预测结果如表 8－4 所示，评价指标计算结果如表 8－5 所示。

从表 8－5 可以看出，尽管 DGM（1，1，t）、DGM（1，1，t^2）和 DGM（1，1，t$^\alpha$）模型在训练集的 *MAPE* 都很小，但它们在测试集的 *MAPE* 均超过 10%，说明这三种模型在训练阶段可能出现过度拟合的现象，从而导致拟合精度高而预测精度低。NGM（1，1，k，c）和 GM（1，1，t^2）模型是 GM（1，1，t$^\alpha$）模型 α 特定赋值的形式，这两种模型利用白化法求解时间响应式，存在跳跃性误差导致其预测误差较大。TDDGM（1，1，t$^\alpha$）模型在训练集和测试集的所有评价指标均为最小，说明该模型具有最优的拟合和预测效果。

表 8-4 案例一：不同模型的预测结果

单位：兆瓦

年份	原始数据	TDDGM (1，1，t^{α})	GM (1，1)	NGM (1，1，k，c)	GM (1，1，t^2)	DGM (1，1)	DGM (1，1，t)	DGM (1，1，t^2)	DGM (1，1，t^{α})
训练集									
2011	53 572	53 572	53 572	53 572	53 572	53 572	53 572	53 572	53 572
2012	71 728	72 302.90	74 018.73	69 866.52	66 940.37	74 072.79	72 681.39	72 768.54	72 332.85
2013	81 878	81 558.65	80 722.33	77 636.86	75 352.24	80 784.07	80 551.03	80 473.11	80 762.09
2014	88 820	88 808.96	88 033.05	85 640.37	84 037.69	88 103.42	88 704.91	88 703.56	88 956.07
2015	97 549	97 068.72	96 005.87	93 884.04	93 034.70	96 085.94	97 053.19	97 017.63	97 119.54
2016	104 696	104 720.88	104 700.77	102 375.07	102 386.56	104 791.7	105 645.90	105 661.65	105 573.38
2017	113 478	113 993.20	114 183.12	111 120.91	112 142.55	114 286.23	114 438.76	114 417.53	114 307.76
2018	124 404	124 595.24	124 524.26	120 129.18	122 358.78	124 641.01	123 477.53	123 510.68	123 501.00
测试集									
2019	146 315	136 812.26	135 801.96	129 407.76	133 099.19	135 933.97	132 822.27	133 236.65	133 345.89
2020	167 812	153 318.46	148 101.04	138 964.77	144 436.57	148 250.12	142 402.75	143 306.86	143 727.90

表 8-5 案例一：不同模型的误差值

误差	TDDGM (1, 1, t^α)	GM (1, 1)	NGM (1, 1, k, c)	GM (1, 1, t^2)	DGM (1, 1)	DGM (1, 1, t)	DGM (1, 1, t^2)	DGM (1, 1, t^α)
训练集								
RMSE	**371.53**	1 200.99	3 255.98	4 141.31	1 199.33	895.48	923.21	764.21
MAE	**302.46**	943.85	3 128.54	3 757.12	965.66	818.38	841.72	699.53
MAPE (%)	**0.33**	1.11	3.26	4.24	1.12	0.87	0.90	0.73
测试集								
RMSE	**12 254.89**	15 796.30	23 643.37	18 987.74	15 659.39	20 343.10	19 641.09	19 342.20
MAE	**11 998.14**	15 112.00	22 877.24	18 295.62	14 971.46	19 450.99	18 791.75	18 526.60
MAPE (%)	**7.57**	9.47	14.37	11.48	9.38	11.48	11.77	11.61

8.2.3.2 中东国家总太阳能发电装机容量预测

选取中东国家总的太阳能发电装机容量作为实验数据，数据从英国石油公司 2020 年世界能源统计评论（http：//www.bp.com/statisticalreview）中获取。各模型的预测结果如表 8-6 所示，评价指标计算结果如表 8-7 所示。

表 8-6 案例二：不同模型的预测结果

单位：兆瓦

年份	原始数据	TDDGM (1, 1, t^α)	GM (1, 1)	NGM (1, 1, k, c)	GM (1, 1, t^2)	DGM (1, 1)	DGM (1, 1, t)	DGM (1, 1, t^2)	DGM (1, 1, t^α)
训练集									
2011	209	209	209	209	209	209	209	209	209
2012	268	319.90	302.76	386.23	343.61	308.99	357.14	367.26	291.44
2013	507	512.08	445.16	531.45	529.63	456.32	447.78	457.34	433.10
2014	798	680.47	654.53	752.24	798.59	673.89	663.30	666.52	703.24
2015	972	884.18	962.38	1 087.92	1 203.94	995.19	1 030.87	1 027.59	1 117.23
2016	1 479	1 401.07	1 415.01	1 598.30	1 833.57	1 469.70	1 489.35	1 466.79	1 483.62
2017	2 110	2 126.89	2 080.53	2 374.28	2 832.01	2 170.45	2 212.74	2 194.03	2 166.20
2018	3 333	3 258.82	3 059.07	3 554.08	4 436.94	3 205.32	3 265.81	3 287.47	3 272.17
测试集									
2019	5 484	4 651.75	4 497.84	5 347.84	12 584.52	4 733.61	4 957.90	5 120.25	5 485.79
2020	6 520	6 827.38	6 613.32	8 075.09	20 675.80	6 990.58	7 498.98	8 048.04	9 907.94

表 8-7 案例二：不同模型的误差值

误差	TDDGM (1, 1, t^α)	GM (1, 1)	NGM (1, 1, k, c)	GM (1, 1, t^2)	DGM (1, 1)	DGM (1, 1, t)	DGM (1, 1, t^2)	DGM (1, 1, t^α)
训练集								
RMSE	71.82	122.89	152.62	524.5	75.81	83.01	68.25	**65.57**
MAE	**61.62**	88.15	129.86	358.76	62.34	74.60	77.44	78.34
MAPE (%)	**7.49**	8.30	13.40	21.13	7.50	10.78	10.74	7.85
测试集								
RMSE	**627.35**	700.44	1 103.82	11 198.3	626.31	752.54	945.90	1 694.87
MAE	569.81	**539.74**	845.62	10 628.16	610.49	785.87	1 110.68	2 395.64
MAPE (%)	9.95	**9.71**	13.17	173.30	10.45	12.30	15.03	26.00

从表 8-7 可以看出，在训练阶段，TDDGM (1, 1, t^α) 模型的 *MAE* 和 *MAPE* 最小，而 *RMSE* 略高于 DGM (1, 1, t^α) 模型；在测试阶段，TDDGM (1, 1, t^α) 模型的 *RMSE* 最小，而 *MAE* 和 *MAPE* 略高于 GM (1, 1) 模型，这两种模型的拟合和预测精度都较高。然而，GM (1, 1) 模型的时间响应式是单调的指数函数，仅适用于齐次指数序列拟合建模，预测时间越长，误差越大，且预测值高于实际值。虽然 DGM (1, 1) 模型和 DGM (1, 1, t^α) 模型有较强的拟合能力，但它们的预测效果较差。另外，除了 TDDGM (1, 1, t^α) 和 GM (1, 1) 模型外，其余模型在测试集的 *MAPE* 均大于 10%，尤其是 GM (1, 1, t^2) 模型，其预测误差超过 1，因此它们均无法适应非线性较强的复杂时间序列预测。综上所述，TDDGM (1, 1, t^α) 模型相对最优。

8.2.3.3 案例总结

基于以上两个算例研究，我们可以发现 TDDGM (1, 1, t^α) 模型具有其他七个灰色模型所不具备的优势。无论在训练阶段还是测试阶段，TDDGM (1, 1, t^α) 模型均具有较高的预测精度。且 TDDGM (1, 1, t^α) 模型的预测效果比 DGM (1, 1, t^α) 模型好，表明时滞效应对系统输出具有较大的影响。此外，利用遗传算法求解该模型中的非线性参数，不仅提高了 TDDGM (1, 1, t^α) 模型的泛化能力，而且提高了模型的预测精度。综上所述，本节提出的模型具有较强的优越性，可以适用于复杂的非线性时间数据序列。

8.3 本章小结

本章在传统 GM（1，1，t^{α}）模型的基础上，提出两种改进含时间幂次的灰色预测模型，分别是含三角函数的时间幂次 SGM（1，1，t^{α} | sin）模型和含延迟时间幂次项的离散灰色 TDDGM（1，1，t^{α}）模型。

在章节 8.1 中，将三角函数和时间趋势项共同引入传统的非线性 GM（1，1，t^{α}）模型中，提出一种新的季节灰色 SGM（1，1，t^{α} | sin）模型。通过利用该模型对中国季度用电量进行模拟和预测，验证了该模型对于复杂非线性和季度周期性的数据序列预测具有较强的适应性。

在章节 8.2 中，构建了一种新的 TDDGM（1，1，t^{α}）模型，并对该模型的建模过程、参数寻优进行研究。该模型适用于非线性和复杂性的小样本时间序列的预测建模问题，特别是在不确定和信息不足的情况下，能在一定程度上提取数据序列的时间趋势性、非线性和复杂随机性的特征。通过实证分析，TDDGM（1，1，t^{α}）模型能够有效识别我国太阳能发电量数据的非线性和复杂性。

9 GM（1，N）模型的优化研究

9.1 考虑未知因素作用的多变量灰色模型（GMU（1，N））

传统 GM（1，N）模型在建模过程中存在理想化的建模条件，且其只考虑了可识别的影响因素对主系统行为序列的作用，忽视了其余不可识别的未知因素（干扰项）对主系统行为序列的影响。本章节以解决该问题为导向，引入指数型灰色作用量来刻画未知因素对主系统行为序列的作用效果，同时舍去理想化建模条件来提升模型白化方程与灰色方程的匹配性，进而提出了考虑未知因素作用的 GMU（1，N）模型。在此基础上，定义了 GMU（1，N）模型的派生模型 GMU（1，N，$x_1^{(1)}$），两个模型等价，且 GMU（1，N，$x_1^{(1)}$）模型能够有效避免传统 GM（1，N）模型存在的跳跃性误差问题。

9.1.1 GMU（1，N）模型的构建

为了有效解决传统 GM（1，N）模型存在的三个缺陷，本节通过舍去理想化的建模条件，引入指数型灰色作用量的方式，构建了考虑未知因素作用的多变量 GMU（1，N）灰色预测模型，并通过定义 GMU（1，N）模型的派生形式来避免传统 GM（1，N）模型存在的跳跃性误差。最后，本节采用河南省粮食产量预测的算例来检验模型的有效性和实用性。

定义 9.1 设系统特征行为序列为 $X_1^{(0)}=(x_1^{(0)}(1), x_1^{(0)}(2), \cdots, x_1^{(0)}(n))$，相关因素序列为 $X_i^{(0)}=(x_i^{(0)}(1), x_i^{(0)}(2), \cdots, x_i^{(0)}(n))$，$i=2$，

$3,\cdots,n$，$X_i^{(1)}$ 为 $X_i^{(0)}$ 的 1-AGO 序列，$Z_i^{(1)}$ 为 $X_i^{(1)}$ 的紧邻均值生成序列，则称：

$$x_1^{(0)}(k)+az_1^{(1)}(k)=\sum_{i=2}^{N}b_iz_i^{(1)}(k)+\beta e^{\alpha(k-1)} \tag{9.1}$$

为考虑未知因素作用的多变量灰色预测模型（Multi-Variable Grey Prediction Model Considering Unknown Factors，记为 GMU（1，N）模型）。

在 GMU（1，N）模型中，$\sum_{i=2}^{N}b_iz_i^{(1)}(k)$ 为驱动项，刻画驱动因素序列对系统特征序列的作用，$\beta e^{\alpha(k-1)}$ 为未知因素作用项，反映未知因素（干扰项）对系统特征序列的作用。本节选用指数函数 $\beta e^{\alpha(k-1)}$ 的形式而并非固定参数 β 或线性形式 βk 作为未知因素作用项的原因有以下三点：①未知因素（干扰项）对系统特征序列的作用随时间的变化而变化，因此不选用固定参数 β；②$\beta e^{\alpha(k-1)}$ 的线性近似为 $\beta(1+\alpha(k-1))$，βk 是该线性近似的特殊情况。因此，本节选用指数函数 $\beta e^{\alpha(k-1)}$ 的形式代表未知因素作用项，其不仅能够反映未知因素（干扰项）随时间的变化规律，同时具有一般性特征；③该模型选取一阶累加算子来弱化原始序列的随机性，使得原始序列呈现近似齐次指数的变化规律，同理，未知影响因素（干扰项）也将呈现此种变化规律，因此可采用指数函数来表示未知因素（干扰项）的作用效果。

定义 9.2 设 $\hat{b}=[a, b_2, b_3, \cdots, \beta]^{\mathrm{T}}$ 为参数列，则称：

$$\frac{dx_1^{(1)}(t)}{dt}+ax_1^{(1)}(t)=\sum_{i=2}^{N}b_ix_i^{(1)}(t)+\mu e^{\alpha t} \tag{9.2}$$

为 GMU（1，N）模型的白化方程，其中，$\mu=\dfrac{\beta\alpha}{e^{\alpha}-1}$。

对白化方程式（9.2）两侧进行积分，可知本节所提出的 GMU（1，N）模型能够实现灰色方程与白化方程相匹配。

9.1.2 GMU（1，N）模型的派生模型

定义 9.3 设系统特征数据序列为 $X_1^{(0)}=(x_1^{(0)}(1),x_1^{(0)}(2),\cdots,x_1^{(0)}(n))$，相关因素序列为 $X_i^{(0)}=(x_i^{(0)}(1),x_i^{(0)}(2),\cdots,x_i^{(0)}(n)),i=2,3,\cdots,n$，$Z_i^{(1)}$ 为 $X_i^{(1)}$ 的紧邻均值生成序列，称：

$$x_1^{(1)}(k)=\mu_1x_1^{(1)}(k-1)+\sum_{i=2}^{N}\mu_iz_i^{(1)}(k)+\eta e^{\alpha(k-1)} \tag{9.3}$$

为 GMU（1，N，$x_1^{(1)}$）模型，其中：

$$\mu_1=\frac{1-0.5a}{1+0.5a},\mu_i=\frac{b_i}{1+0.5a},\eta=\frac{\beta}{1+0.5a} \quad (9.4)$$

定理 9.1 GMU（1，N，$x_1^{(1)}$）模型是 GMU（1，N）模型的派生形式，两种模型等价。

证明 将 $x_1^{(0)}(k)=x_1^{(1)}(k)-x_1^{(1)}(k-1)$ 和 $z_1^{(1)}(k)=\frac{1}{2}[x_1^{(1)}(k)+x_1^{(1)}(k-1)]$ 代入式（9.1），可得：

$$(x_1^{(1)}(k)-x_1^{(1)}(k-1))+a\left(\frac{x_1^{(1)}(k)+x_1^{(1)}(k-1)}{2}\right)=\sum_{i=2}^{N}b_iz_i^{(1)}(k)+\beta e^{\alpha(k-1)}$$

$$(1+0.5a)x_1^{(1)}(k)-(1-0.5a)x_1^{(1)}(k-1)=\sum_{i=2}^{N}b_iz_i^{(1)}(k)+\beta e^{\alpha(k-1)}$$

$$x_1^{(1)}(k)-\frac{(1-0.5a)}{(1+0.5a)}x_1^{(1)}(k-1)=\sum_{i=2}^{N}\frac{b_i}{(1+0.5a)}z_i^{(1)}(k)+\frac{\beta}{(1+0.5a)}e^{\alpha(k-1)} \quad (9.5)$$

化简得：

$$x_1^{(1)}(k)=\frac{(1-0.5a)}{(1+0.5a)}x_1^{(1)}(k-1)+\sum_{i=2}^{N}\frac{b_i}{(1+0.5a)}z_i^{(1)}(k)+\frac{\beta}{(1+0.5a)}e^{\alpha(k-1)} \quad (9.6)$$

令 $\mu_1=\frac{1-0.5a}{1+0.5a}$，$\mu_i=\frac{b_i}{1+0.5a}$，$\eta=\frac{\beta}{1+0.5a}$，可得：

$$x_1^{(1)}(k)=\mu_1x_1^{(1)}(k-1)+\sum_{i=2}^{N}\mu_iz_i^{(1)}(k)+\eta e^{\alpha(k-1)} \quad (9.7)$$

9.1.3 GMU（1，N）模型的参数估计及求解

定理 9.2 设 $X_1^{(0)}$、$X_1^{(1)}$ 和 $Z_i^{(1)}$ 如定义 9.1 所示，则参数列 $\hat{b}=[a，b_2，b_3，\cdots，\beta]^T$ 的最小二乘法估计满足：

$$\hat{b}=[a,b_2,b_3,\cdots,\beta]^T=(B^TB)^{-1}B^TY \quad (9.8)$$

其中：

$$B=\begin{bmatrix}-z_1^{(1)}(2) & z_2^{(1)}(2) & z_3^{(1)}(2) & \cdots & z_N^{(1)}(2) & e^{\alpha} \\ -z_1^{(1)}(3) & z_2^{(1)}(3) & z_3^{(1)}(3) & \cdots & z_N^{(1)}(2) & e^{2\alpha} \\ \vdots & \vdots & \vdots & \ddots & \vdots & \vdots \\ -z_1^{(1)}(n) & z_2^{(1)}(n) & z_3^{(1)}(n) & \cdots & z_N^{(1)}(2) & e^{(n-1)\alpha}\end{bmatrix},Y=\begin{bmatrix}x_1^{(0)}(2) \\ x_1^{(0)}(3) \\ \cdots \\ x_1^{(0)}(n)\end{bmatrix}$$

由于GMU（1，N，$x_1^{(1)}$）模型是GMU（1，N）模型的派生形式，且根据式（9.4）可知两个模型的参数具有关联性，因此，GMU（1，N，$x_1^{(1)}$）模型与GMU（1，N）模型的时间响应式相互等价。本节通过对GMU（1，N，$x_1^{(1)}$）模型进行求解，利用递推迭代法得到GMU（1，N，$x_1^{(1)}$）模型的时间响应式，从而可以有效避免传统GM（1，N）模型存在的跳跃性误差问题。

定理9.3 GMU（1，N，$x_1^{(1)}$）模型的时间响应式为：

$$\hat{x}_1^{(1)}(k)=\mu_1^{k-1}\hat{x}_1^{(1)}(1)+\sum_{\tau=2}^{k}\mu_1^{k-\tau}\sum_{i=2}^{N}\mu_i z_i^{(1)}(\tau)+\sum_{m=0}^{k-1}\mu_1^{m}\eta e^{(k-1-m)\alpha},k=2,3,\cdots,n \tag{9.9}$$

其中，$\mu_1=\frac{1-0.5a}{1+0.5a}$，$\mu_i=\frac{b_i}{1+0.5a}$，$\eta=\frac{\beta}{1+0.5a}$，$\hat{x}_1^{(1)}(1)=x_1^{(1)}(1)$。

证明 设$X_i^{(0)}$、$X_i^{(1)}$、$Z_i^{(1)}$、B、Y如定义9.1和定理9.2所述，根据派生模型GMU（1，N，$x_1^{(1)}$）可得：

当$k=2$时，

$$\hat{x}_1^{(1)}(2)=\mu_1\hat{x}_1^{(1)}(1)+\sum_{i=2}^{N}\mu_i z_i^{(1)}(2)+\eta e^{\alpha} \tag{9.10}$$

当$k=3$时，

$$\hat{x}_1^{(1)}(3)=\mu_1\hat{x}_1^{(1)}(2)+\sum_{i=2}^{N}\mu_i z_i^{(1)}(3)+\eta e^{2\alpha} \tag{9.11}$$

将式（9.10）代入式（9.11），可得：

$$\hat{x}_1^{(1)}(3)=\mu_1^2\hat{x}_1^{(1)}(1)+\mu_1\sum_{i=2}^{N}\mu_i z_i^{(1)}(2)+\mu_1\eta e^{\alpha}+\sum_{i=2}^{N}\mu_i z_i^{(1)}(3)+\eta e^{2\alpha} \tag{9.12}$$

当$k=4$时，

$$\hat{x}_1^{(1)}(4)=\mu_1\hat{x}_1^{(1)}(3)+\sum_{i=2}^{N}\mu_i z_i^{(1)}(4)+\eta e^{3\alpha} \tag{9.13}$$

将式（9.12）代入式（9.13），可得：

$$\begin{aligned}\hat{x}_1^{(1)}(4)=&\mu_1^3\hat{x}_1^{(1)}(1)+\mu_1^2\sum_{i=2}^{N}\mu_i z_i^{(1)}(2)+\mu_1^2\eta e^{\alpha}+\mu_1\sum_{i=2}^{N}\mu_i z_i^{(1)}(3)\\&+\mu_1\eta e^{2\alpha}+\sum_{i=2}^{N}\mu_i z_i^{(1)}(4)+\eta e^{3\alpha}\end{aligned} \tag{9.14}$$

同理，依次递推迭代可得，GMU（1，N，$x_1^{(1)}$）模型的时间响应式为：

$$\hat{x}_1^{(1)}(k)=\mu_1^{k-1}\hat{x}_1^{(1)}(1)+\sum_{\tau=2}^{k}\mu_1^{k-\tau}\sum_{i=2}^{N}\mu_i z_i^{(1)}(\tau)+\sum_{m=0}^{k-1}\mu_1^{m}\eta e^{(k-1-m)\alpha},k=2,3,\cdots,n \tag{9.15}$$

定义 9.4 GMU（1，N，$x_1^{(1)}$）模型的累减还原值为：

$$\begin{cases}\hat{x}_1^{(0)}(1)=x_1^{(0)}(1),k=1\\ \hat{x}_1^{(0)}(k)=\hat{x}_1^{(1)}(k)-\hat{x}_1^{(1)}(k-1),k\neq 1\end{cases} \tag{9.16}$$

未知因素作用项参数 α 是探索未知因素对主系统行为序列作用强度的基础。由于系统结构的不确定性，未知因素的作用方式难以阐明，给模型预测带来困难。在未知因素作用项参数 α 未知的情况下，本节以平均相对误差最小化作为优化目标，构建关于参数 α 的非线性约束条件，同时选取 MATLAB 中的遗传算法工具箱对参数 α 寻优。所构建的非线性约束条件如下：

$$\min_{\alpha} MAPE=\frac{1}{n-1}\sum_{k=2}^{n}\frac{\left|\hat{x}_1^{(0)}(k)-x_1^{(0)}(k)\right|}{x_1^{(0)}(k)},$$

$$\text{s. t.}\begin{cases}\hat{x}_1^{(1)}(k)=\mu_1^{k-1}\hat{x}_1^{(1)}(1)+\sum_{\tau=2}^{k}\mu_1^{k-\tau}\sum_{i=2}^{N}\mu_i z_i^{(1)}(\tau)+\sum_{m=0}^{k-2}\mu_1^{m}\eta e^{(k-1-m)\alpha}\\ \hat{x}_1^{(0)}(k)=\hat{x}_1^{(1)}(k)-\hat{x}_1^{(1)}(k-1),k=2,3,\cdots,n\\ \hat{b}=[a,b_2,b_3,\cdots,\beta]^{\mathrm{T}}=(B^{\mathrm{T}}B)^{-1}B^{\mathrm{T}}Y\\ \mu_1=\frac{1-0.5a}{1+0.5a},\mu_i=\frac{b_i}{1+0.5a},\eta=\frac{\beta}{1+0.5a},i=2,3,\cdots,N\\ 0<\alpha<1\end{cases} \tag{9.17}$$

结合上述建模过程，整理 GMU（1，N）模型的建模步骤如下：

步骤 1：收集初始建模序列。收集主系统行为序列 $X_1^{(0)}$ 和影响因素序列 $X_i^{(0)}$，计算 $X_1^{(0)}$ 与 $X_i^{(0)}$ 之间的关联度，并筛选出强相关因素序列。

步骤 2：模型建立及参数估计。根据式（9.1）建立 GMU（1，N）模型，结合遗传算法、最小二乘法、式（9.8）和式（9.17）求得参数 α 的值和参数列 $\hat{b}=[a,b_2,b_3,\cdots,\beta]^{\mathrm{T}}$ 的值。

步骤 3：模拟预测。将步骤 2 中的参数值代入式（9.9），给出模型的时间响应式，计算拟合值。

步骤 4：精度检验。分别计算拟合值和预测值的平均相对误差。

步骤 5：预测主系统行为序列。

9.1.4 GMU（1，N）模型的性质

性质 9.1 当 $\alpha=0$，$\beta\neq0$ 时，GMU（1，N）模型可转化为 GMC（1，N）模型[85]，基本形式为：

$$x_1^{(0)}(k)+az_1^{(1)}(k)=\sum_{i=2}^{N}b_iz_i^{(1)}(k)+\beta \tag{9.18}$$

性质 9.1 表明当未知因素（扰动项）对系统特征序列的作用不变，即为固定值时，本节所构建的考虑未知因素作用的 GMU（1，N）模型与多变量 GMC（1，N）模型[85]等价。

性质 9.2 当 GMU（1，N）模型中驱动因素 $x_i^{(1)}(k)$ 变化范围很小时，白化方程中的驱动项 $\sum_{i=2}^{N}b_ix_i^{(1)}(k)$ 可被视为灰常量，此时得到的灰色微分方程形式与传统 GM（1，N）模型[1]等价，基本形式为：

$$x_1^{(0)}(k)+az_1^{(1)}(k)=\sum_{i=2}^{N}b_ix_i^{(1)}(k) \tag{9.19}$$

性质 9.2 表明当驱动因素 $x_i^{(1)}(k)$ 的变化范围很小，达到灰色系统建模的理想状态时，GMU（1，N）模型与传统 GM（1，N）模型[1]等价。

性质 9.3 当 $N=1$，$\alpha=0$，$\beta\neq0$ 时，GMU（1，N）模型可转化为 GM（1，1）模型[1]，基本形式为：

$$x_1^{(0)}(k)+az_1^{(1)}(k)=\beta \tag{9.20}$$

性质 9.3 表明通过调节系统中的变量个数以及干扰项的作用形式，可将未知因素（干扰项）时变的多变量 GMU（1，N）模型与将外在扰动视为不变的单变量 GM（1，1）模型进行相互转换。

性质 9.4 当 $N=1$，$\beta\neq0$ 且 $\alpha=a$ 时，GMU（1，N）模型可转化为 GM（1，1，e^{at}）模型[86]，基本形式为：

$$x_1^{(0)}(k)+az_1^{(1)}(k)=\beta e^{ak} \tag{9.21}$$

性质 9.4 表明通过调节系统中的变量个数以及 GMU（1，N）模型中未知因素（干扰项）作用项参数 α 的取值，可以实现考虑未知因素作用的多变

量 GMU（1，N）模型与考虑灰色作用量时变作用的单变量 GM（1，1，e^{at}）模型的相互转换。

9.1.5 算例分析

本节选取河南省粮食产量作为研究对象进行建模预测，从而检验模型的建模效果。根据已有文献研究可知，制约粮食产量多少的影响因素有很多，如化肥施用量、粮食播种面积、耕地灌溉面积及农用机械总动力等[157]。通过河南省统计年鉴[203]获取 2013—2019 年的粮食产量及影响因素数据，同时采用 GM（1，1）模型[1]、GM（1，N）模型[1]和 GMU（1，N）模型建模。各因素的测量值如表 9-1 所示，记粮食产量（万吨）为 X_1，化肥施用量（万吨）、粮食播种面积（千公顷）、耕地灌溉面积（千公顷）及农用机械总动力（万千瓦）依次记为 X_2、X_3、X_4、X_5。由于不同指标数据之间的量纲差异会导致模型建模效果不佳，因此在建模前对所有的数据进行无量纲化处理。为同时检验本节模型的模拟和预测效果，本节将样本数据分为两部分。前五组数据（2013—2017 年）用于模型建立，最后两组数据（2018—2019 年）用于模型预测。

步骤 1：计算关联度。由于各影响因素对主系统行为序列的作用强度各不相同，为避免影响因素变量的冗余，在建模前首先利用灰色关联分析法计算各影响因素变量和主系统行为变量之间的相关度。关联度计算结果见表 9-1。

表 9-1 2013—2019 年河南省粮食产量及影响因素

年份	X_1（万吨）	X_2（万吨）	X_3（千公顷）	X_4（千公顷）	X_5（万千瓦）
2013	6 023.80	696.37	10 697.43	4 969.11	11 149.96
2014	6 133.60	705.75	10 944.97	5 101.74	11 476.81
2015	6 470.22	716.09	11 126.30	5 210.64	11 710.08
2016	6 498.01	715.03	11 219.55	5 244.49	9 858.82
2017	6 524.25	706.70	10 915.13	5 273.63	10 038.32
2018	6 648.91	692.79	10 906.08	5 288.69	10 204.46
2019	6 695.36	666.72	10 734.54	5 328.94	10 356.97
X_i 与 X_1 的关联度		0.701 7	0.720 6	0.791 8	0.552 6

观察表 9-1 发现，以关联度大于 0.7 为判断标准，$X_2 \sim X_4$ 与 X_1 具有较强的关联性，可以列为强相关因素。为避免强相关因素变量之间产生多重共线性问题，对变量 $X_2 \sim X_4$ 进行聚类分析。结果表明，变量 X_3 和 X_4 属于同一类变量，变量 X_4 可以舍去。最终，选取变量 $X_1 \sim X_3$ 进行建模。

步骤 2：求解模型参数。根据式（9.17），构建求解最优参数 α 的非线性约束条件，并利用遗传算法工具箱进行寻优。非线性约束条件如下所示，遗传算法的迭代过程如图 9-1 和图 9-2 所示。

$$\min_{\alpha} MAPE = \frac{1}{5-1}\sum_{k=2}^{5}\frac{\left|\hat{x}_1^{(0)}(k) - x_1^{(0)}(k)\right|}{x_1^{(0)}(k)},$$

$$\text{s. t.}\begin{cases} \hat{x}_1^{(1)}(k) = \mu_1^{k-1}x_1^{(1)}(1) + \sum\limits_{\tau=2}^{k}\mu_1^{k-\tau}\sum\limits_{i=2}^{3}\mu_i z_i^{(1)}(\tau) + \sum\limits_{m=0}^{k-2}\mu_1^m \eta e^{(k-1-m)\alpha} \\ \hat{x}_1^{(0)}(k) = \hat{x}_1^{(1)}(k) - \hat{x}_1^{(1)}(k-1), k \neq 1 \\ \hat{b} = [a, b_2, b_3, \beta]^{\mathrm{T}} = (B^{\mathrm{T}}B)^{-1}B^{\mathrm{T}}Y \\ \mu_1 = \dfrac{1-0.5a}{1+0.5a}, \mu_2 = \dfrac{b_2}{1+0.5a}, \mu_3 = \dfrac{b_3}{1+0.5a}, \eta = \dfrac{\beta}{1+0.5a} \end{cases}$$

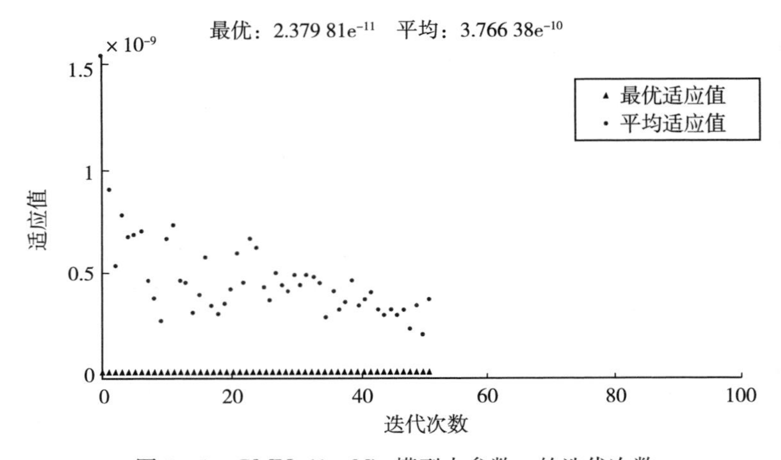

图 9-1　GMU（1，N）模型中参数 α 的迭代次数

由图 9-1 和图 9-2 可知，在经过 52 次迭代后，最优参数 α 的取值为 0.248。进而，模型中其余参数的最小二乘法估计值为：

$$\hat{b} = [a, b_2, b_3, \beta]^{\mathrm{T}} = [8.8111, -0.8354, 9.4746, 0.9773]^{\mathrm{T}},$$

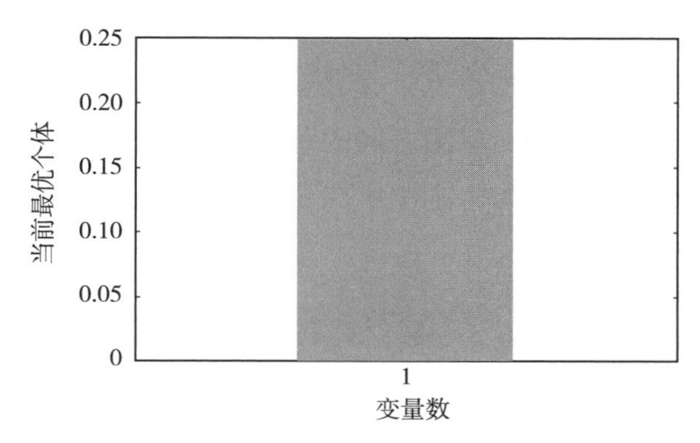

图 9-2 GMU（1，N）模型中参数 α 的最优值

$$\mu_1=\frac{1-0.5a}{1+0.5a}=-0.6300,\mu_2=\frac{b_2}{1+0.5a}=-0.1545,$$

$$\mu_3=\frac{b_3}{1+0.5a}=1.7528,\eta=\frac{\beta}{1+0.5a}=0.1808$$

步骤 3：求解时间响应式。结合步骤 2 的参数值，可得 GMU（1，N）模型的时间响应式为：

$$\begin{cases}\hat{x}_1^{(1)}(k)=-0.6300^{(k-1)}-\sum\limits_{\tau=2}^{k}0.6300^{(k-\tau)}\times(-0.1545z_2^{(1)}(\tau)\\ \qquad\qquad +1.7528z_3^{(1)}(\tau))+\sum\limits_{m=0}^{k-1}0.1808\times(-0.6300)^m e^{0.248(k-1-m)}\\ \hat{x}_1^{(0)}(k)=x_1^{(1)}(k)-x_1^{(1)}(k-1),k=2,3,\cdots,n\end{cases}$$

为说明本节模型的有效性，同时建立传统 GM（1，1）模型[1]和 GM（1，N）模型[1]进行对比分析。三个模型的模拟和预测结果见表 9-2。

观察表 9-2 可知，GMU（1，N）模型模拟值和预测值的平均相对误差分别为 0.00%和 0.81%，几乎实现了完全拟合，建模精度远高于 GM（1，1）模型和 GM（1，N）模型。这主要是由于 GM（1，1）模型在建模过程中未考虑相关因素序列对粮食产量变化趋势的影响，而在实际系统中粮食产量受到多种因素的作用；GM（1，N）模型在建模过程中弥补了 GM（1，1）模型的缺陷，考虑到了相关因素序列对粮食产量序列的影响，然而 GM（1，N）模型未能考虑到系统中未知因素（干扰项）对粮食产量序列的作用，同时存在参数求解与应用的跳跃性误差，从而导致建模精度较低。为弥补传统 GM（1，1）模型及 GM（1，N）模型存在的缺陷，本节提出了考虑未知因素作用的多变量 GMU（1，N）预测模型，同时定义了 GMU（1，N）模型的派生形式，采用递推迭代法求得模型的时间响应式，有效避免了参数求解与应用之间的跳跃性误差。综上所述，从理论研究以及算例分析中可以看出，本节所构建的 GMU（1，N）模型建模精度较高，实用性较强。

表 9-2　河南省 2013—2019 年粮食产量的模拟和预测结果

单位：万吨

年份	原始值	GM（1，1）模型		GM（1，N）模型		GMU（1，N）模型	
		模拟值	相对误差	模拟值	相对误差	模拟值	相对误差
2013	6 023.80	6 023.80	—	6 023.80	—	6 023.80	—
2014	6 133.60	6 229.26	1.56%	5 498.56	10.35%	6 133.60	0.00%
2015	6 470.22	6 345.86	1.92%	7 410.35	14.53%	6 470.22	0.00%
2016	6 498.01	6 464.65	0.51%	6 871.52	5.75%	6 498.01	0.00%
2017	6 524.25	6 585.66	0.94%	6 641.05	1.79%	6 524.25	0.00%
模拟值平均相对误差			1.23%		8.11%		0.00%
年份	原始值	预测值	相对误差	预测值	相对误差	预测值	相对误差
2018	6 648.91	6 708.39	0.90%	6 288.03	5.43%	6 549.45	1.50%
2019	6 695.36	6 834.52	2.08%	5 870.46	12.32%	6 703.84	0.13%
预测值平均相对误差			1.49%		8.87%		0.81%

步骤 4：预测 2020—2024 年的河南省粮食产量。

若要预测 2020—2024 年的河南省粮食产量，则需要首先计算各影响因素的预测值。在此，本节利用新陈代谢 GM（1，1）模型[1]预测影响因素在 2020—2024 年的数值。进一步，代入基于河南省粮食产量预测的 GMU（1，N）模型的时间响应式，即可求得 2020—2024 年粮食产量的预测值。各影响因素的预测值见表 9-3，粮食产量的预测值见表 9-4。

表 9-3　2020—2024 年影响因素 $X_2^{(0)}$ 和 $X_3^{(0)}$ 初值化后的预测结果

年份	$\hat{X}_2^{(0)}$	$\hat{X}_3^{(0)}$
2020	0.968	1.007
2021	0.946	0.993

（续）

年份	$\hat{X}_2^{(0)}$	$\hat{X}_3^{(0)}$
2022	0.928	0.983
2023	0.912	0.978
2024	0.900	0.970

表 9-4　2020—2024 年河南省粮食产量的预测结果

单位：万吨

年份	2020	2021	2022	2023	2024
$\hat{X}_1^{(0)}$	6 852.945	7 093.480	7 319.737	7 741.164	8 224.014

由表 9-4 可知，2020—2024 年间河南省粮食产量将会呈现平稳增长趋势，该预测结果可以为相关部门的政策制定提供参考。

9.2　优化的多变量灰色伯努利模型（ONGBM（1，N））

基于灰色伯努利模型，考虑到系统行为序列的非线性特征，以及影响因素序列的变化趋势对系统行为序列的影响，构建优化的非线性灰色伯努利模型。

9.2.1　ONGBM（1，N）模型的构建与求解

定义 9.5　设原始序列 $X_i^{(0)}$，其中 $X_1^{(0)}$ 为系统行为序列，$X_i^{(0)}(i=2,3,\cdots,N)$ 为影响因素序列。$X_i^{(1)}$ 为 $X_i^{(0)}$ 的一次累加序列，即 $X_i^{(1)}=\sum_{i=2}^{N}X_i^{(0)}$，称：

$$\frac{\mathrm{d}x_1^{(1)}(t)}{\mathrm{d}t}+ax_1^{(1)}(t)=\left(\sum_{i=2}^{N}b_ix_i^{(1)}(t)+\sum_{i=2}^{N}c_ix_i^{(1)}(t)\mathrm{e}^{\alpha t}+u\right)\left(x_1^{(1)}(t)\right)^{\gamma} \tag{9.22}$$

为优化的非线性灰色伯努利模型（ONGBM（1，N）模型）的白化方程。$\hat{\beta}=[a,b_2,b_3,\cdots,b_n,c_2,c_3,\cdots,c_n,u]^{\mathrm{T}}$ 为 ONGBM（1，N）模型的参数列，$\sum_{i=2}^{N}c_ix_i^{(1)}(t)\mathrm{e}^{\alpha t}$ 为修正项，用于修正系统特征序列的变化趋势，γ 是

ONGBM（1，N）模型的非线性参数，$\gamma\neq0$ 且 $\gamma\neq1$。则称：

$$
\begin{aligned}
&(x_1^{(1)}(k+1))^{1-\gamma}-(x_1^{(1)}(k))^{1-\gamma}+a(1-\gamma)z_1^{(1)}(k+1)= \\
&(1-\gamma)\sum_{i=2}^{N}b_iz_i^{(1)}(k+1)+(1-\gamma)\sum_{i=2}^{N}c_iz_i^{(1)}(k+1)\mathrm{e}^{\alpha(k)}+u(1-\gamma)
\end{aligned} \tag{9.23}
$$

为优化的非线性灰色伯努利模型（ONGBM（1，N）模型）。$z_j^{(1)}$（$j=1$，2，…，N）为模型的背景值，其中：

$$
z_1^{(1)}(k+1)=\frac{(x_1^{(1)}(k+1))^{1-\gamma}-(x_1^{(1)}(k-1))^{1-\gamma}}{2},
$$

$$
z_i^{(1)}(k+1)=\frac{x_1^{(1)}(k+1)+x_1^{(1)}(k)}{2}
$$

$$
(i=2,3,\cdots,N,k=2,3,\cdots,N)
$$

公式（9.22）右端用 $\sum_{i=2}^{N}z_i^{(1)}$ 代替 $\sum_{i=2}^{N}x_i^{(1)}$，可以避免把 $\sum_{i=2}^{N}x_i^{(1)}$ 当作灰常数时带来的误差。

定理 9.4 根据定义 9.5，ONGBM（1，N）模型的离散时间响应式可表示为：

$$
\begin{aligned}
(x_1^{(1)}(k+1))^{1-\gamma}=&\frac{\beta_1}{1+\beta_2}\sum_{i=2}^{N}b_iz_i^{(1)}(k+1)+\frac{\beta_1}{1+\beta_2}\sum_{i=2}^{N}c_iz_i^{(1)}(k+1)\mathrm{e}^{\alpha k} \\
&+\frac{u}{1+\beta_2}\beta_1+(x_1^{(1)}(k))^{1-\gamma}
\end{aligned} \tag{9.24}
$$

证明 为了简化 ONGBM（1，N）模型中非线性微分方程的计算，将非线性方程转化为线性方程。令：

$$
y_1^{(1)}(t)=(x_1^{(1)}(t))^{1-\gamma} \tag{9.25}
$$

对公式（9.25）两边求导，得：

$$
\frac{\mathrm{d}y_1^{(1)}(t)}{\mathrm{d}t}=(1-\gamma)\,(x_1^{(1)}(t))^{-\gamma}\frac{\mathrm{d}x_1^{(1)}(t)}{\mathrm{d}t} \tag{9.26}
$$

将公式（9.25）和公式（9.26）代入公式（9.22），即可得到 ONGBM（1，N）模型的线性表达形式。

$$
\begin{aligned}
\frac{\mathrm{d}y_1^{(1)}(t)}{\mathrm{d}t}+a(1-\gamma)y_1^{(1)}(t)=&(1-\gamma)\sum_{i=2}^{N}b_iz_i^{(1)}(t)+ \\
&(1-\gamma)\sum_{i=2}^{N}c_iz_i^{(1)}(t)\mathrm{e}^{\alpha t}+u(1-\gamma)
\end{aligned} \tag{9.27}
$$

为了提高参数的准确性，$\frac{dy_1^{(1)}(t)}{dt}$ 和背景值定义如下：

$$\frac{dy_1^{(1)}(t)}{dt}=\lim_{\Delta t\to 0}\frac{y_1^{(1)}(t+\Delta t)-y_1^{(1)}(t)}{\Delta t}=\frac{\Delta y_1^{(1)}(t)}{\Delta t}$$

$$=\frac{y_1^{(1)}(t)-y_1^{(1)}(t-1)}{\Delta t}=y_1^{(0)}(k+1) \tag{9.28}$$

$$z_1^{(1)}=\frac{y_1^{(1)}(k+1)+y_1^{(1)}(k)}{2} \tag{9.29}$$

将公式（9.28）和公式（9.29）代入公式（9.27）得：

$$y_1^{(0)}(k+1)=\frac{2(1-\gamma)}{2+a(1-\gamma)}\sum_{i=2}^{N}b_i z_i^{(1)}(k+1)+\frac{2(1-\gamma)}{2+a(1-\gamma)}\sum_{i=2}^{N}c_i z_i^{(1)}(k+1)e^{\alpha k}$$
$$+u\frac{2(1-\gamma)}{2+a(1-\gamma)}-\frac{2a(1-\gamma)}{2+a(1-\gamma)}y_1^{(1)}(k+1) \tag{9.30}$$

令 $\beta_1=\frac{2(1-\gamma)}{2+a(1-\gamma)}$，$\beta_2=\frac{2a(1-\gamma)}{2+a(1-\gamma)}$，代入公式（9.30）得：

$$y_1^{(0)}(k+1)=\beta_1\sum_{i=2}^{N}b_i z_i^{(1)}(k+1)+\beta_1\sum_{i=2}^{N}c_i z_i^{(1)}(k+1)e^{\alpha k}+u\beta_1-\beta_2 y_1^{(1)}(k+1) \tag{9.31}$$

根据灰色系统中累加算子的逆过程和 $x_1^{(1)}(k)$ 的恢复值可得：

$$\begin{cases}\hat{x}_1^{(0)}(k)=\hat{x}_1^{(1)}(k)-\hat{x}_1^{(1)}(k-1)\\ \hat{y}_1^{(0)}(k)=\hat{y}_1^{(1)}(k)-\hat{y}_1^{(1)}(k-1)\\ \hat{x}_1^{(1)}(k)=(\hat{y}_1^{(1)}(k))^{\frac{1}{1-\gamma}}\end{cases} \tag{9.32}$$

定理 9.4 得证。

9.2.2 ONGBM（1，N）模型的参数估计

定理 9.5 设 $X_i^{(0)}$、$X_i^{(1)}$ 和 $Z_i^{(1)}$ 由定义 9.5 所示，$\hat{\beta}=[a, b_2, b_3, \cdots, b_n, c_2, c_3, \cdots, c_n, u]^{\mathrm{T}}$ 为模型参数列，且：

$$B=(1-\gamma)\begin{bmatrix}-z_1^{(1)}(2) & z_2^{(1)}(2) & z_3^{(1)}(2) & \cdots & z_N^{(1)}(2) & z_2^{(1)}(2)e^{\alpha} & \cdots & z_N^{(1)}(2)e^{\alpha} & 1\\ -z_1^{(1)}(3) & z_2^{(1)}(3) & z_3^{(1)}(2) & \cdots & z_N^{(1)}(3) & z_2^{(1)}(3)e^{2\alpha} & \cdots & z_N^{(1)}(3)e^{2\alpha} & 1\\ \vdots & \vdots & \vdots & \vdots & \vdots & \vdots & \vdots & \vdots & \vdots\\ -z_1^{(1)}(n) & z_2^{(1)}(n) & z_3^{(1)}(2) & \cdots & z_N^{(1)}(n) & z_2^{(1)}(n)e^{(n-1)\alpha} & \cdots & z_N^{(1)}(n)e^{(n-1)\alpha} & 1\end{bmatrix},$$

$$Y=[y_1^{(0)}(2),y_1^{(0)}(3),\cdots,y_1^{(0)}(n-1),y_1^{(0)}(n)]^{\mathrm{T}} \tag{9.33}$$

证明　由公式（9.33）可得：

$$\begin{cases}y_1^{(1)}(2)=-a(1-\gamma)z_1^{(1)}(2)+(1-\gamma)\sum_{i=2}^{N}b_iz_i^{(1)}(2)+(1-\gamma)\sum_{i=2}^{N}c_iz_i^{(1)}(2)\mathrm{e}^{\alpha(k)}+u(1-\gamma)\\y_1^{(1)}(3)=-a(1-\gamma)z_1^{(1)}(3)+(1-\gamma)\sum_{i=2}^{N}b_iz_i^{(1)}(3)+(1-\gamma)\sum_{i=2}^{N}c_iz_i^{(1)}(3)\mathrm{e}^{\alpha(k)}+u(1-\gamma)\\\vdots\\y_1^{(1)}(n)=-a(1-\gamma)z_1^{(1)}(n)+(1-\gamma)\sum_{i=2}^{N}b_iz_i^{(1)}(n)+(1-\gamma)\sum_{i=2}^{N}c_iz_i^{(1)}(n)\mathrm{e}^{\alpha(k)}+u(1-\gamma)\end{cases} \tag{9.34}$$

则 ONGBM（1，N）模型的最小二乘法估计参数列 $\hat{\beta}=[a,b_2,b_3,\cdots,b_n,c_2,c_3,\cdots,c_n,u]^{\mathrm{T}}$ 满足：

（1）当 $n=2N+1$ 且 $|B|\neq 0$ 时，B 是可逆的方阵，可得到 $Y=B\hat{\beta}$，即 $\hat{\beta}=B^{-1}Y$；

（2）当 $n>2N+1$ 且 B 为列满秩矩阵时，可以将 B 满秩分解为 $B=DC$，可以得到 B 的广义矩阵 $B^{+}=C^{\mathrm{T}}(CC^{\mathrm{T}})^{-1}(D^{\mathrm{T}}D)^{-1}D^{\mathrm{T}}$，$\hat{\beta}=C^{\mathrm{T}}(CC^{\mathrm{T}})^{-1}(D^{\mathrm{T}}D)^{-1}D^{\mathrm{T}}Y$，由于 B 为列满秩矩阵，C 可以取为单位矩阵 I_{2N}，即 $B=DI_{2N}$；

$$\hat{\beta}=C^{\mathrm{T}}(CC^{\mathrm{T}})^{-1}(D^{\mathrm{T}}D)^{-1}D^{\mathrm{T}}Y=(D^{\mathrm{T}}D)^{-1}D^{\mathrm{T}}Y=(B^{\mathrm{T}}B)^{-1}B^{\mathrm{T}}Y \tag{9.35}$$

（3）当 $n<2N+1$ 且 B 为行满秩矩阵时，D 可以取为单位矩阵 I_{n-1}，即 $B=I_{n-1}C$。

$$\hat{\beta}=C^{\mathrm{T}}(CC^{\mathrm{T}})^{-1}(D^{\mathrm{T}}D)^{-1}D^{\mathrm{T}}Y=C^{\mathrm{T}}(CC^{\mathrm{T}})^{-1}Y=B^{\mathrm{T}}(BB^{\mathrm{T}})^{-1}Y \tag{9.36}$$

修正项中的参数 α 的确定，反映出影响因素序列的变化趋势对系统行为序列的影响。非线性参数 γ 反应系统行为序列的非线性特征变化。为了提高参数的准确性和模型的精度，利用 MATLAB 中的遗传算法工具箱搜索最优参数 α 和 γ。本节将平均绝对误差最小化作为目标函数，选择模型参数、时间响应式等已知条件作为约束条件，构建非线性优化模型：

$$\min_{\alpha,\gamma} \operatorname{avg} Q = \frac{1}{n-1}\sum_{k=2}^{n} \frac{|y_1^{(0)}(k) - \hat{y}_1^{(0)}(k)|}{y_1^{(0)}(k)}$$

$$\text{s.t.}\begin{cases} \hat{y}_1^{(0)} = y_1^{(1)}(k+1) - y_1^{(1)}(k) \\ y_1^{(1)}(k) = (X_1^{(1)}(k))^{1-\gamma} \\ \hat{\beta} = [a, b_2, b_3, \cdots, b_n, c_2, c_3, \cdots, c_n, u]^{\mathrm{T}} = (B^{\mathrm{T}} B)^{-1} B^{\mathrm{T}} Y \\ y_1^{(0)}(k+1) = \beta_1 \sum_{i=2}^{N} b_i z_i^{(1)}(k+1) + \beta_1 \sum_{i=2}^{N} c_i z_i^{(1)}(k+1)\mathrm{e}^{\alpha k} + u\beta_1 - \beta_2 y_1^{(1)}(k+1) \\ \beta_1 = \frac{2(1-\gamma)}{2+a(1-\gamma)}, \beta_2 = \frac{2a(1-\gamma)}{2+a(1-\gamma)} \\ \gamma \neq 1 \text{ 且 } \gamma \neq 0 \end{cases}$$

（9.37）

ONGBM（1，N）模型中的参数 α 和 γ 经遗传算法搜寻得到，然后通过最小二乘法求得参数列 $\hat{\beta}=[\mathrm{a}, \mathrm{b}_2, \mathrm{b}_3, \cdots, \mathrm{b}_n, \mathrm{c}_2, \mathrm{c}_3, \cdots, \mathrm{c}_n, \mathrm{u}]^{\mathrm{T}}$，并将其代入模型的时间响应式，即可进行模拟和短期预测。

结合以上推导分析的过程，ONGBM（1，N）模型建模步骤如下：

步骤 1：结合相关资料研究，选择影响系统行为序列的因素 $X_i^{(0)} = (X_2^{(0)}, X_3^{(0)}, \cdots, X_N^{(0)})$，通过灰色关联分析，筛选出与系统行为序列关联程度大的影响因素。

步骤 2：结合定义 9.5 构造 ONGBM（1，N）模型，以平均绝对误差 $MAPE$ 最小为目标函数，利用遗传算法工具箱搜寻最优参数 α 和 γ，然后根据定理 9.5 计算模型参数 $\hat{\beta}=[a, b_2, b_3, \cdots, b_n, c_2, c_3, \cdots, c_n, u]^{\mathrm{T}}$，得到 ONGBM（1，N）模型的时间响应式，计算模拟值。

步骤 3：对步骤 2 所得模拟值进行误差分析，判断 ONGBM（1，N）模型的模拟值是否通过检验。

步骤 4：根据 ONGBM（1，N）模型的时间响应式，计算相应的预测，最后对预测结果的合理性进行分析。

9.2.3 ONGBM（1，N）模型的性质

性质 9.5 当 $c_i=0$，$\gamma=0$，$u=0$ 时，ONGBM（1，N）模型可以转化成 GM（1，N）模型[204]，即：

$$\frac{dx_1^{(1)}(t)}{dt}+ax_1^{(1)}(t)=\sum_{i=2}^{N}b_ix_i^{(1)}(t) \tag{9.38}$$

性质 9.6 当 $c_i=0$，$\gamma=0$ 时，ONGBM（1，N）模型可以转化成 GMC（1，N）模型[205]，即：

$$\frac{dx_1^{(1)}(t)}{dt}+ax_1^{(1)}(t)=\sum_{i=2}^{N}b_ix_i^{(1)}(t)+u \tag{9.39}$$

性质 9.7 当 $c_i=0$ 时，ONGBM（1，N）模型可以转化成 NGBM（1，N）模型[206]，即：

$$\frac{dx_1^{(1)}(t)}{dt}+ax_1^{(1)}(t)=(\sum_{i=2}^{N}b_ix_i^{(1)}(t)+u)(x_1^{(1)}(t))^{\gamma} \tag{9.40}$$

性质 9.8 当 $c_i=0$，$\gamma=0$，$u=0$，$N=1$ 时，ONGBM（1，N）模型可以转化成 GM（1，1）模型[1]，即：

$$x_1^{(0)}(k)+az_1^{(1)}(k)=b \tag{9.41}$$

性质 9.9 当 $\sum_{i=2}^{N}b_ix_i^{(1)}(t)+\sum_{i=2}^{N}c_ix_i^{(1)}(t)e^{\alpha t}+u$ 为常数时，ONGBM（1，N）模型可以转化成 NGBM（1，1）模型[207]，即：

$$\frac{dx_1^{(1)}(t)}{dt}+ax_1^{(1)}(t)=\beta(x_1^{(1)}(t))^{\gamma} \tag{9.42}$$

9.2.4 算例分析

为了更准确地描述能源消耗的变化趋势，并及时对能源消耗结构进行优化，本节通过构造 ONGBM（1，N）模型对中国能源消耗量进行模拟预测。然后，结合其他对比模型的结果，验证本节模型的适用性。

能源的消耗贯穿于社会活动中，受到多方面因素的影响。本节选取 GDP（亿元）、人口（万人）、二氧化碳排放量（百万吨）、R&D（亿元）、城镇居民可支配收入（元）和农村居民可支配收入（元）作为能源消耗的影响因素，记能源消耗为 X_1，其影响因素分别记为 X_2，X_3，X_4，X_5，X_6，X_7。二氧化碳排放量来源 BP 世界能源年鉴（https：//www.bp.com），其余数据来源《中国统计年鉴 2021》[208]，统计数据如表 9－5 所示。将统计数据分为训练集和测试集：将 2010—2017 年的数据作为训练集，将 2018—2020 年的数据作为测试集。为避免因原始数据量纲的不一致，而影响模型的模拟预测精度，在建模之前对原始数据进行均值化处理。

在建模的过程中，为了避免变量冗余对模型精度的影响，用灰色关联度对各个变量进行筛选，并选取关联度大于0.6的驱动因素用于建模。各驱动因素与能源消耗之间的关联度分别为，$\lambda_{1,2}=0.621$，$\lambda_{1,3}=0.891$，$\lambda_{1,4}=0.951$，$\lambda_{1,5}=0.563$，$\lambda_{1,6}=0.647$，$\lambda_{1,7}=0.596$。由各关联度结果可知，X_5，X_7 对能源消耗的影响程度较小，所以选择关联度较高的 X_2，X_3，X_4，X_6 作为模型的主要驱动因素。同时，为了避免多个因素间的高度相关性影响建模效果，需要对各因素之间进行关联分析，其关联结果如表9-6所示。

表9-5 中国能源消耗及其影响因素

年份	X_1	X_2	X_3	X_4	X_5	X_6	X_7
2010	326 747	412 119.3	134 091	8 122	7 062.6	19 109.4	5 919.0
2011	354 531	487 940.2	134 916	8 793	8 687.0	21 809.8	6 977.3
2012	363 131	538 580.0	135 922	8 979	10 298.4	24 564.7	7 916.6
2013	374 388	592 963.2	136 726	9 219	11 846.6	26 955.1	8 895.9
2014	379 932	643 563.1	137 646	9 257	13 015.6	28 843.9	10 488.9
2015	382 019	688 858.2	138 326	9 226	14 169.9	31 194.8	11 421.7
2016	384 098	746 395.1	139 232	9 234	15 676.7	33 616.2	12 363.4
2017	393 835	832 035.9	140 011	9 445	17 606.1	36 396.2	13 432.4
2018	403 496	919 281.1	140 541	9 676	19 677.9	39 250.8	14 617.0
2019	412 902	986 515.2	141 008	9 869	22 143.6	42 358.8	16 020.7
2020	418 818	1 015 986.2	141 212	9 974	24 393.1	43 833.8	17 131.5

表9-6 各驱动因素间的关联程度

	X_2	X_3	X_4	X_6
X_2	1	0.532	0.547	0.9
X_3	—	1	0.932	0.645
X_4	—	—	1	0.655
X_6	—	—	—	1

由表9-6关联结果可知 $\lambda_{2,6}=0.9$，$\lambda_{3,4}=0.932$，X_2 与 X_6、X_3 与 X_4 关联程度比较高，对能源消耗分别有着相同的作用效果，X_2 与 X_3 的关联程度最低，且小于0.6，所以将 X_2 代替 X_6、X_3 代替 X_4，选择 X_2 和 X_3 作

为主驱动因素用于建立模型。

以平均绝对误差最小为目标函数，结合构造的非线性模型并利用遗传算法工具箱，搜寻到最优参数值 α 和 γ，然后运用最小二乘法估计模型的结构参数 $\beta_1=[a, b_2, b_3, c_2, c_3, u]$，ONGBM（1，N）模型参数值如表 9－7 所示。

表 9－7　ONGBM（1，N）模型的参数

参数	a	b_2	b_3	c_2	c_3	u	γ	α
参数值	－0.01	－1 298.50	936.49	1 221.55	－849.03	－34.23	－4.031	0.152

根据参数值可以得到 ONGBM（1，N）模型的线性表达式，然后经还原得到模型的时间响应式，最后将时间响应式计算的结果进行还原处理，得到 ONGBM（1，N）模型的模拟预测值。

$$\beta_1=\frac{2(1-\gamma)}{2+a(1-\gamma)}=5.160\ 8, \beta_2=\frac{2a(1-\gamma)}{2+a(1-\gamma)}=-0.051\ 6 \tag{9.43}$$

$$\begin{aligned} y_1^{(0)}(k+1)=&\ 5.160\ 8(-1\ 298.5\times z_2^{(1)}(k+1)+936.49\times z_3^{(1)}(k+1)) \\ &+5.160\ 8(1\ 221.55\times z_2^{(1)}(k+1)-849.03\times z_3^{(1)}(k+1)) \\ &e^{0.152k}-176.654\ 2+0.051\ 6y_1^{(1)}(k+1) \end{aligned} \tag{9.44}$$

通过对比其他灰色模型和非灰色模型的模拟预测效果，来验证 ONGBM（1，N）模型的优越性。灰色模型包括 GM（1，N）模型、DGM（1，N）模型和 GM（1，1）模型，非灰色模型包括 ARIMA 模型。五种模型还原后的模拟预测结果如表 9－8 所示。

由表 9－8 可知，ONGBM（1，N）模型在模拟和预测阶段的误差最小，分别为 0.19％和 0.22％，表现出较好的模拟预测效果。GM（1，N）模型在模拟和预测误差最大，分别为 2.29％和 1.77％。对于离散多变量灰色模型来说其 *MAPE* 值偏低，分别为 0.49％和 0.37％。在单变量模型的预测中，GM（1，1）模型相比 ARIMA 模型的 *MAPE* 值较低，两个模型的模拟误差分别为 0.66％和 2.01％，预测误差分别为 0.26％和 0.4％。GM（1，N）模型在计算过程中，通常把 $\sum_{i=2}^{N} x_i^{(1)}$ 视为常数，不能考虑到影响因素的变化对系统行为因素的影响，从而造成计算上的误差，使得模拟预测结果偏离真实值。DGM（1，N）模型通过迭代的方式进行模拟预测，避免从微分

表 9-8 五种模型的模拟预测结果

年份	$x_1^{(0)}(k)$	ONGBM（1，N）		GM（1，N）		DGM（1，N）		GM（1，1）		ARIMA	
		$\hat{x}_1^{(0)}(k)$	*APE*（%）	$\hat{x}_1^{(0)}(k)$	*APE*（%）	$\hat{x}_1^{(0)}(k)$	*APE*（%）	$\hat{x}_1^{(0)}(k)$	*APE*（%）	$\hat{x}_1^{(0)}(k)$	*APE*（%）
2010	326 747	326 747	0.00	326 747	0.00	326 747	0.00	326 747	0.00	344 310	5.38
2011	354 531	355 201	0.19	315 427	11.03	356 607	0.59	356 937	0.68	334 931	5.53
2012	363 131	364 435	0.36	351 504	3.20	362 606	0.14	363 245	0.03	362 715	0.11
2013	374 388	371 904	0.66	373 629	0.20	370 022	1.17	369 665	1.26	371 315	0.82
2014	379 932	380 757	0.22	374 721	1.37	378 766	0.31	376 198	0.98	382 572	0.69
2015	382 019	381 710	0.08	378 416	0.94	384 142	0.56	382 846	0.22	388 116	1.60
2016	384 098	384 146	0.01	382 736	0.35	388 532	1.15	389 612	1.44	390 203	1.59
2017	393 835	393 829	0.00	389 002	1.23	393 865	0.01	396 498	0.68	392 282	0.39
$MAPE_{\text{Train}}$（%）			**0.19**		2.29		0.49		0.66		2.01
2018	403 496	402 895	0.15	397 222	1.55	402 810	0.17	403 505	0.00	402 019	0.37
2019	412 902	413 020	0.03	404 961	1.92	410 859	0.49	410 636	0.55	411 680	0.30
2020	418 818	420 812	0.48	411 091	1.85	416 985	0.44	417 893	0.22	421 086	0.54
$MAPE_{\text{Test}}$（%）			**0.22**		1.77		0.37		0.26		0.40

方程到差分方程的跳跃性误差，模拟预测误差值相对较小。GM（1，1）模型和 ARIMA 模型只关注数据的时间变化，并不考虑影响因素的影响，不能准确把握数据信息，所以模拟预测效果不佳。ARIMA 模型需要足够多的数据才能使预测更加精准，所以相比 GM（1，1）模型其误差值较大。ONGBM（1，N）模型考虑到系统行为因素的非线性特征，以及影响因素的变化趋势对系统行为因素的影响，并且通过引入修正项 $\sum_{i=2}^{N} c_i x_i^{(1)}(t) \mathrm{e}^{\alpha t}$ 中非线性参数，增强了模型预测的灵活性，提高了模型精度，使模型能更有效地描述能源消耗的变化趋势。

为了更直观地反映不同模型的模拟预测效果，绘制折线对比图和误差分布图，分别如图 9－3、图 9－4、图 9－5 所示。由图 9－3 可以看出 GM（1，

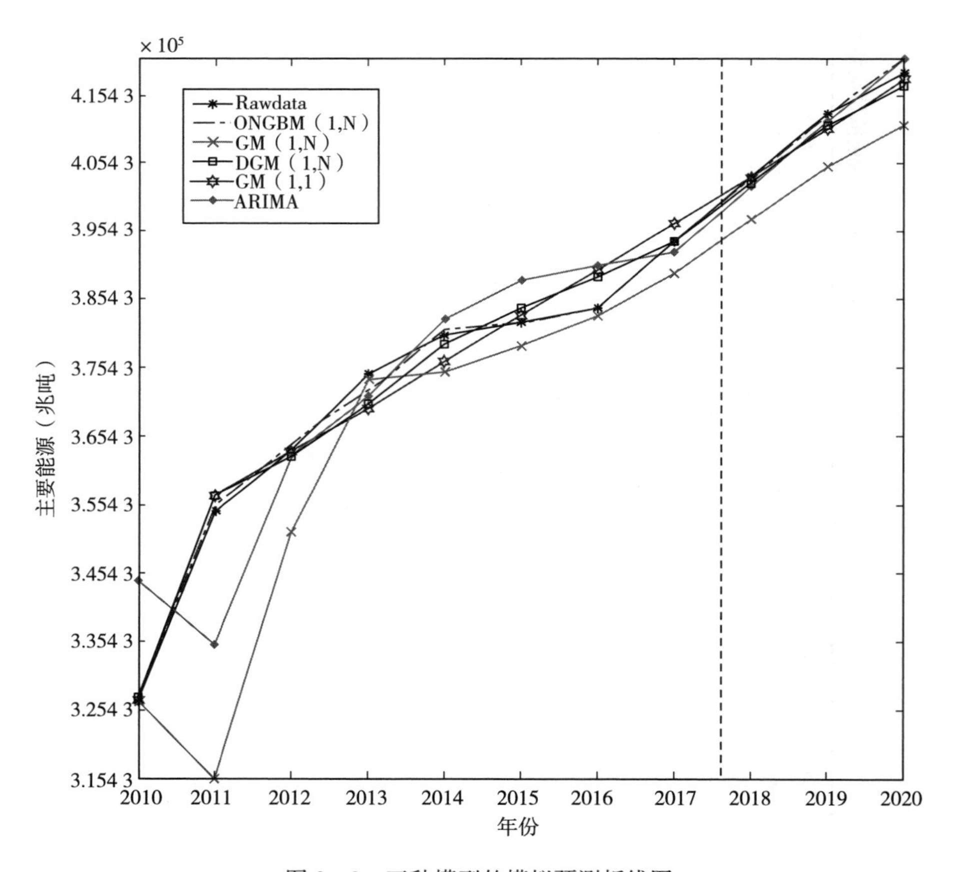

图 9－3　五种模型的模拟预测折线图

N）模型得到的结果偏离实际值的程度较大，模拟、预测效果较差。其余灰色模型相比于ARIMA模型，能较准确地反映系统行为序列的变化。根据图9-4和图9-5的误差分布，GM（1，N）模型和ARIMA模型在模拟阶段误差相对较大，说明这两种模型不能准确预测能源的消耗情况。本节模型的模拟预测误差最小，根据优化的建模机制，能够用于能源消耗的模拟预测。

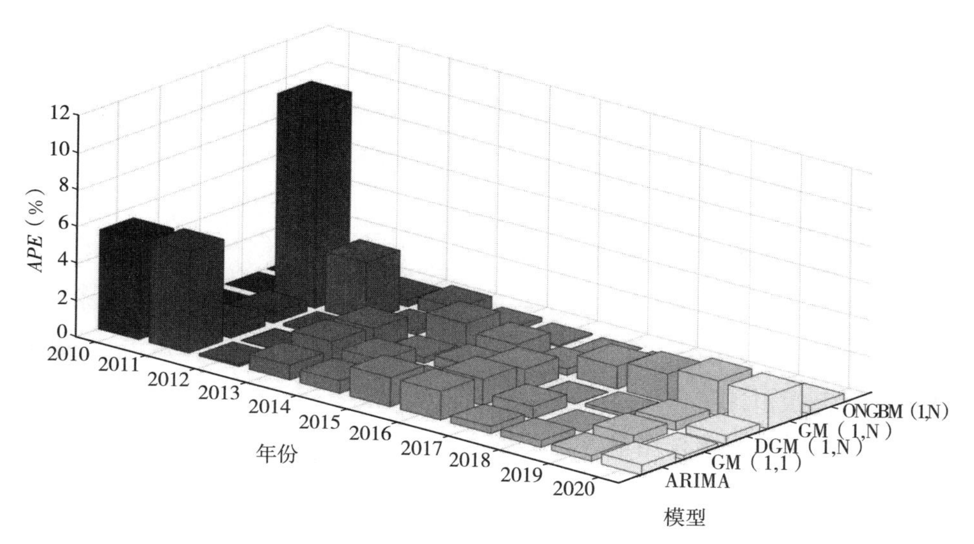

图9-4 五种模型的APE值分布图

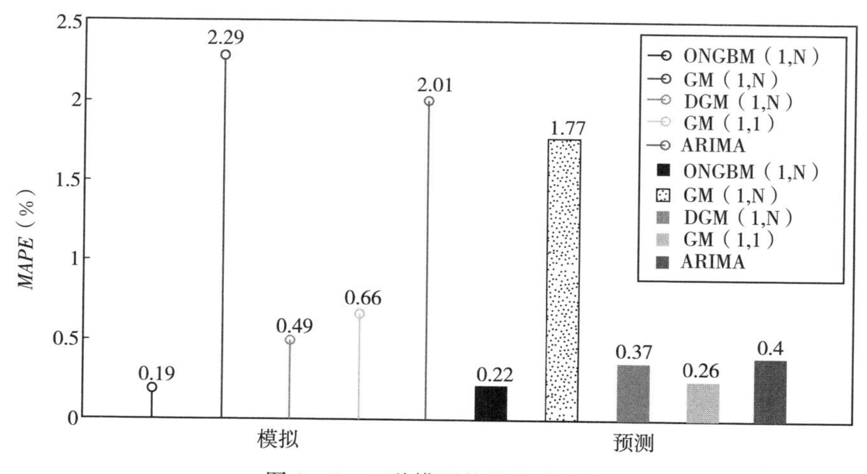

图9-5 五种模型的误差对比图

9.3 本章小结

单变量 NGM（1，1）模型在建模过程中未能考虑影响因素序列对主系统行为序列发展趋势的影响，是单一时间序列预测模型。然而，在实际的经济社会系统中，主系统行为序列的变化趋势往往受到多重因素影响。GM（1，N）模型是多变量灰色预测模型的基本模型，它能够相对准确地刻画受多因素影响的主系统行为序列的发展趋势。然而，传统的多变量 GM（1，N）模型在模型结构、建模条件、建模机理方面存在一些局限性。本章在传统 GM（1，N）模型的基础上，提出两种改进的多变量灰色预测模型，分别是考虑未知因素作用的多变量 GMU（1，N）预测模型和优化的多变量灰色伯努利 ONGBM（1，N）模型。

在章节 9.1 中，针对传统 GM（1，N）模型存在理想化的建模条件，未能考虑系统未知因素（干扰项）对主系统行为序列变化趋势的影响，以及参数估计与模拟预测之间存在跳跃性误差的问题，采取舍去理想化的建模条件，引入指数型灰色作用量，定义派生模型的形式对 GM（1，N）模型进行优化，提出了考虑未知因素作用的多变量 GMU（1，N）预测模型。

在章节 9.2 中，针对传统 GM（1，N）模型未考虑驱动因素非线性变化的问题，在多变量灰色伯努利模型中引入修正项，提出优化的多变量灰色伯努利 ONGBM（1，N）模型，并通过参数 α 的取值，反映影响因素的变化强度。

10　DGM（1，N）模型的优化研究

10.1　基于交互作用的非线性灰色模型（INDGM（1，N））

考虑到系统行为变量与相关因素变量的交互项存在非线性关系，在DGM（1，N）模型基础上，对交互项引入幂指数 α，构造具有交互效应的非线性多变量 INDGM（1，N）模型。

10.1.1　INDGM（1，N）模型的构建与求解

定义 10.1　设系统行为序列 $X_1^{(0)}=(x_1^{(0)}(1), x_1^{(0)}(2), \cdots, x_1^{(0)}(n))$，相关因素序列 $X_i^{(0)}=(x_i^{(0)}(1), x_i^{(0)}(2), \cdots, x_i^{(0)}(n))$，$i=2, 3, \cdots, n$。$X_1^{(1)}$ 为系统行为序列 $X_1^{(0)}$ 的 1-AGO 序列，$X_i^{(1)}$ 为相关因素序列 $X_i^{(0)}$ 的 1-AGO序列，则称：

$$x_1^{(1)}(k)+\beta_1 x_1^{(1)}(k-1)=\sum_{i=2}^{N}\beta_i x_i^{(1)}(k)+\sum_{r,s\in I,r\neq s}\beta_{rs}(x_r^{(1)}(k)x_s^{(1)}(k))^{\alpha}+\beta_{N+1},k=2,3,\cdots,n \tag{10.1}$$

为具有交互效应的非线性多变量 INDGM（1，N）模型。α 为交互项的幂指数，$\beta_1,\beta_2,\cdots,\beta_N,\beta_{23},\beta_{34},\cdots,\beta_{(N-1)N},\beta_{N+1}$ 为 INDGM（1，N）模型的参数。

值得注意的是，INDGM（1，N）模型可以通过改变参数，实现不同灰色模型的转换。

（1）当 $\beta_{rs}=0$，INDGM（1，N）模型可以转变成 DGM（1，N）

模型[1]。

$$x_1^{(1)}(k)+\beta_1 x_1^{(1)}(k-1)=\sum_{i=2}^{N}\beta_i x_i^{(1)}(k)+\beta_{N+1} \tag{10.2}$$

（2）当 $\beta_{rs}=0$，$\beta_{N+1}=0$，公式（10.1）可以写成：

$$x_1^{(1)}(k)+\beta_1 x_1^{(1)}(k-1)=\sum_{i=2}^{N}\beta_i x_i^{(1)}(k) \tag{10.3}$$

假设 $\beta_1=\dfrac{b_1-2}{2+b_1}$，公式（10.3）可以写成：

$$x_1^{(0)}(k)+\frac{2b_1}{2+b_1}x_1^{(1)}(k-1)=\sum_{i=2}^{N}\beta_i x_i^{(1)}(k) \tag{10.4}$$

假设 $z_1^{(1)}$ 为模型背景值，即 $z_1^{(1)}=\dfrac{x_1^{(1)}(k-1)+x_1^{(1)}(k)}{2}$。假设 $a=\dfrac{2b_1}{2+b_1}$，GM（1，N）模型[1]记作：

$$x_1^{(0)}(k)+az_1^{(1)}(k)=\sum_{i=2}^{N}\beta_i x_i^{(1)}(k) \tag{10.5}$$

（3）当 $\beta_{rs}=0$，$N=1$，INDGM（1，N）模型可以转变成 DGM（1，1）模型[1]。

$$x_1^{(1)}(k)+\beta_1 x_1^{(1)}(k-1)=\beta_2 \tag{10.6}$$

（4）当 $\beta_{rs}=0$，$N=1$，INDGM（1，N）模型可以转变成 GM（1，1）模型[1]。即：

$$x_1^{(1)}(k)+\beta_1 x_1^{(1)}(k-1)=\beta_2 \tag{10.7}$$

假设 $\beta_1=\dfrac{b_1-2}{2+b_1}$，公式（10.7）可以写成：

$$x_1^{(0)}(k)+\frac{2b_1}{2+b_1}x_1^{(1)}(k-1)=\beta_2 \tag{10.8}$$

假设 $z_1^{(1)}$ 是模型的背景值，即 $z_1^{(1)}=\dfrac{x_1^{(1)}(k-1)+x_1^{(1)}(k)}{2}$。假设 $a=\dfrac{2b_1}{2+b_1}$，GM（1，1）模型记为：

$$x_1^{(0)}(k)+az_1^{(1)}(k)=\beta_2 \tag{10.9}$$

定理 10.1 取 $\hat{x}_i^{(1)}(1)=x_i^{(1)}(1)$，则有：

（1）模型的时间响应式为：

$$\hat{x}_1^{(1)}(k+1)=\frac{1-(-\beta_1)^k}{1+\beta_1}\beta_{N+1}+(-1)^k\beta_1^k x_1^{(1)}(1)+$$

$$\sum_{l=2}^{k+1}(-1)^{k-l+1}\beta_1^{k-l+1}\sum_{i=1}^{N-1}\beta_{i+1}x_{i+1}^{(1)}(l)+\sum_{l=2}^{k+1}(-1)^{k-l+1}\beta_1^{k-l+1}$$

$$\sum_{r,s\in I,r\neq s}\beta_{rs}\left(x_r^{(1)}(l)x_s^{(1)}(l)\right)^{\alpha} \tag{10.10}$$

(2) 模型的还原值为：

$$\hat{x}^{(0)}(k+1)=x^{(1)}(k+1)-x^{(1)}(k),k=1,2,\cdots,n-1 \tag{10.11}$$

证明 (1) 利用数学归纳法可证明，当 $k=1$ 时有：

$$\hat{x}_1^{(1)}(2)=\beta_{N+1}-\beta_1 x_1^{(1)}(1)+\sum_{i=1}^{N-1}\beta_{i+1}x_{i+1}^{(1)}(2)+\sum_{r,s\in I,r\neq s}\beta_{rs}\left(x_r^{(1)}(1)x_s^{(1)}(1)\right)^{\alpha} \tag{10.12}$$

假设当 $k=m$ 时：

$$\hat{x}_1^{(1)}(m+1)=\frac{1-(-\beta_1)^m}{1+\beta_1}\beta_{N+1}+(-1)^k\beta_1^m x_1^{(1)}(1)+\sum_{l=2}^{m+1}(-1)^{m-l+1}\beta_1^{m-l+1}$$

$$\sum_{i=1}^{N-1}\beta_{i+1}x_{i+1}^{(1)}(l)+\sum_{l=2}^{m+1}(-1)^{m-l+1}\beta_1^{m-l+1}\sum_{r,s\in I,r\neq s}\beta_{rs}\left(x_r^{(1)}(l)x_s^{(1)}(l)\right)^{\alpha} \tag{10.13}$$

根据公式 (10.1)，当 $k=m+2$ 时可以得到：

$$x_1^{(1)}(m+2)=-\beta_1 x_1^{(1)}(m+1)+\sum_{i=2}^{N}\beta_i x_i^{(1)}(m+2)+$$

$$\sum_{r,s\in I,r\neq s}\beta_{rs}\left(x_r^{(1)}(m+2)x_s^{(1)}(m+2)\right)^{\alpha}+\beta_{N+1} \tag{10.14}$$

将 $x_1^{(1)}$ $(m+1)$ 的值代入公式 (10.14) 可得：

$$x_1^{(1)}(m+2)=-\beta_1\Big(\frac{1-(-\beta_1)^m}{1+\beta_1}\beta_{N+1}+(-1)^k\beta_1^m x_1^{(1)}(1)+\sum_{l=2}^{m+1}(-1)^{m-l+1}\beta_1^{m-l+1}$$

$$\sum_{i=1}^{N-1}\beta_{i+1}x_{i+1}^{(1)}(l)+\sum_{l=2}^{m+1}(-1)^{m-l+1}\beta_1^{m-l+1}\sum_{r,s\in I,r\neq s}\beta_{rs}\left(x_r^{(1)}(l)x_s^{(1)}(l)\right)^{\alpha}\Big)+$$

$$\sum_{i=2}^{N}\beta_i x_i^{(1)}(m+2)+\sum_{r,s\in I,r\neq s}\beta_{rs}\left(x_r^{(1)}(m+2)x_s^{(1)}(m+2)\right)^{\alpha}+\beta_{N+1}$$

$$=\frac{1-(-\beta_1)^{m+1}}{1+\beta_1}\beta_{N+1}+(-1)^k\beta_1^{m+1}x_1^{(1)}(1)+\sum_{l=2}^{m+2}(-1)^{m-l+1}\beta_1^{m-l+2}$$

$$\sum_{i=1}^{N-1}\beta_{i+1}x_{i+1}^{(1)}(l)+\sum_{l=2}^{m+2}(-1)^{m-l+1}\beta_1^{m-l+2}\sum_{r,s\in I,r\neq s}\beta_{rs}\left(x_r^{(1)}(l)x_s^{(1)}(l)\right)^{\alpha} \tag{10.15}$$

因此，当 $k=m+1$ 时结论也成立。

（2）根据灰色系统中累加算子的逆过程可得：

$$\hat{x}^{(0)}(k+1)=x^{(1)}(k+1)-x^{(1)}(k),k=1,2,\cdots,n-1 \tag{10.16}$$

定理 10.1 得证。

10.1.2 INDGM（1，N）模型的参数估计

定理 10.2 设 $X_i^{(0)}$、$X_i^{(1)}$ 和 α 由定义 10.1 所示，$\hat{\beta}=[\beta_1,\beta_2,\cdots,\beta_N,\beta_{23},\beta_{34},\cdots,\beta_{(N-1)N},\beta_{N+1}]^{\mathrm{T}}$ 为参数列，且：

$$B=\begin{bmatrix}-x_1^{(1)}(1) & x_2^{(1)}(2)\cdots x_N^{(1)}(2) & (x_2^{(1)}(2)x_3^{(1)}(2))^{\alpha} & (x_3^{(1)}(2)x_4^{(1)}(2))^{\alpha}\cdots & (x_{N-1}^{(1)}(2)x_N^{(1)}(2))^{\alpha} & 1\\ -x_1^{(1)}(2) & x_2^{(1)}(3)\cdots x_N^{(1)}(3) & (x_2^{(1)}(3)x_3^{(1)}(3))^{\alpha} & (x_3^{(1)}(3)x_4^{(1)}(3))^{\alpha}\cdots & (x_{N-1}^{(1)}(3)x_N^{(1)}(3))^{\alpha} & 1\\ \vdots & \vdots\ \vdots\ \vdots & \vdots & \vdots\ \vdots & \vdots & \vdots\\ -x_1^{(1)}(n-1) & x_2^{(1)}(n)\cdots x_N^{(1)}(n) & (x_2^{(1)}(n)x_3^{(1)}(n))^{\alpha} & (x_3^{(1)}(n)x_4^{(1)}(n))^{\alpha}\cdots & (x_{N-1}^{(1)}(n)x_N^{(1)}(n))^{\alpha} & 1\end{bmatrix} \tag{10.17}$$

$$Y=[x_1^{(1)}(2),x_1^{(1)}(3),\cdots,x_1^{(1)}(n-1),x_1^{(1)}(n)]^{\mathrm{T}}$$

证明 公式（10.1）可以得到：

$$\begin{cases}x_1^{(1)}(2)=\beta_1x_1^{(1)}(1)+\sum\limits_{i=2}^{N}\beta_ix_i^{(1)}(2)+\sum\limits_{r,s\in i,r\neq s}\beta_{rs}\left(x_r^{(1)}(2)x_s^{(1)}(2)\right)^{\alpha}+\beta_{N+1}\\ x_1^{(1)}(3)=\beta_1x_1^{(1)}(2)+\sum\limits_{i=2}^{N}\beta_ix_i^{(1)}(3)+\sum\limits_{r,s\in i,r\neq s}\beta_{rs}\left(x_r^{(1)}(3)x_s^{(1)}(3)\right)^{\alpha}+\beta_{N+1}\\ \vdots\\ x_1^{(1)}(n)=\beta_1x_1^{(1)}(n-1)+\sum\limits_{i=2}^{N}\beta_ix_i^{(1)}(n)+\sum\limits_{r,s\in i,r\neq s}\beta_{rs}\left(x_r^{(1)}(n)x_s^{(1)}(n)\right)^{\alpha}+\beta_{N+1}\end{cases} \tag{10.18}$$

则 INGM（1，N）模型的最小二乘法估计参数列 $\hat{\beta}=[\beta_1,\beta_2,\cdots,\beta_N,\beta_{23},\beta_{34},\cdots,\beta_{(N-1)N},\beta_{N+1}]^{\mathrm{T}}$ 满足：

（1）当 $n=2N+1$ 且 $|B|\neq0$ 时，B 是可逆的方阵，可得到 $Y=B\hat{\beta}$，

即 $\hat{\beta}=B^{-1}Y$；

（2）当 $n>2N+1$ 且 B 为列满秩矩阵时，可以将 B 满秩分解为 $B=DC$，可以得到 B 的广义矩阵 $B^{+}=C^{T}(CC^{T})^{-1}(D^{T}D)^{-1}D^{T}$，$\hat{\beta}=C^{T}(CC^{T})^{-1}(D^{T}D)^{-1}D^{T}Y$，由于 B 为列满秩矩阵，C 可以取为单位矩阵 I_{2N}，即$B=DI_{2N}$；

$$\hat{\beta}=C^{T}(CC^{T})^{-1}(D^{T}D)^{-1}D^{T}Y=(D^{T}D)^{-1}D^{T}Y=(B^{T}B)^{-1}B^{T}Y \tag{10.19}$$

（3）当 $n<2N+1$ 且 B 为行满秩矩阵时，D 可以取为单位矩阵 I_{n-1}，即 $B=I_{n-1}C$。

$$\hat{\beta}=C^{T}(CC^{T})^{-1}(D^{T}D)^{-1}D^{T}Y=C^{T}(CC^{T})^{-1}Y=B^{T}(BB^{T})^{-1}Y \tag{10.20}$$

在 INDGM（1，N）模型中，交互项幂指数 α 体现的是主驱动因素交互项与系统行为之间的非线性关系。为了提高模型的预测精度，本节将平均误差最小化作为目标函数，将模型参数、时间响应式等已知条件作为约束条件，构建非线性优化模型：

$$\min \operatorname{avg}(Q(\alpha))=\frac{1}{n-1}\sum_{k=1}^{n-1}\frac{\left|\hat{x}_1^{(0)}(k+1)-\hat{x}_1^{(0)}(k)\right|}{x_1^{(0)}(k+1)}$$

$$\text{s.t.}\begin{cases}\hat{x}_1^{(0)}=x_1^{(1)}(k+1)-x_1^{(1)}(k)\\ \hat{\beta}=[\beta_1,\beta_2,\cdots,\beta_N,\beta_{23},\beta_{34},\cdots,\beta_{(N-1)N},\beta_{N+1}]^{T}\\ x_1^{(1)}(k+1)=\dfrac{1-(-\beta_1)^{k}}{1+\beta_1}\beta_{N+1}+(-1)^{k}\beta_1^{k}x_1^{(1)}(1)+\sum\limits_{l=2}^{k+1}(-1)^{k-l+1}\beta_1^{k-l+1}\\ \qquad\sum\limits_{i=1}^{N-1}\beta_{i+1}x_{i+1}^{(1)}(l)+\sum\limits_{l=2}^{k+1}(-1)^{k-l+1}\beta_1^{k-l+1}\sum\limits_{r,s\in I,r\neq s}\beta_{rs}(x_r^{(1)}(l)x_s^{(1)}\\ \qquad(l))^{\alpha}\\ \alpha\neq 1 \text{ 且 } \alpha\neq 0\end{cases} \tag{10.21}$$

本节采用遗传算法对非线性参数进行优化求解，得到交互项的幂指数后，再将基于最小二乘法求得的参数列 $\hat{\beta}=[\beta_1，\beta_2，\cdots，\beta_N，\beta_{23}，\beta_{34}，\cdots，\beta_{(N-1)N}，\beta_{N+1}]^{T}$ 代入模型时间响应式，即可得到模型模拟预测值。

结合以上推导分析的过程，具有交互效应的非线性多变量 INDGM（1，

N）模型建模步骤如下：

步骤 1：根据相关资料研究，确定主要相关因素 $X_i^{(0)}$，$i=2$，3，…，n，再结合定义 10.1 构造 INDGM（1，N）模型。

步骤 2：由公式（10.21）构造非线性优化模型，结合遗传算法搜寻最优幂指数 α，然后根据定理 10.2 计算模型参数 $\hat{\beta}=[\beta_1,\beta_2,\cdots,\beta_N,\beta_{23},\beta_{34},\cdots,\beta_{(N-1)N},\beta_{N+1}]^{\mathrm{T}}$。

步骤 3：通过迭代得到 INDGM（1，N）模型的时间响应式，求得模拟值。

步骤 4：对模拟值进行误差分析，检验模型精度。

步骤 5：利用 INDGM（1，N）模型预测系统行为序列，并对预测结果的合理性进行分析。

10.1.3 算例分析

二氧化碳的排放是产生温室效应的主要原因，对二氧化碳排放量的准确预测尤为重要。我国在 2010—2014 年间二氧化碳排放量逐年增加，2014—2015 年二氧化碳排放量减少，随后又逐年增加，二氧化碳排放量受多方面因素影响，变化并不稳定。

选取研发强度（%）、化石能源消耗（万吨）作为二氧化碳排放的影响因素。研发强度越高说明对科技投入越高，科技创新促进绿色生产活动的发展，减少化石能源的消耗。面对化石能源的枯竭，以及消耗化石能源对环境的污染，需要进行科技创新，努力发展新能源。明晰研发强度与化石能源消耗之间的相互作用，可以提高二氧化碳排放量的预测效果。将二氧化碳排放量记为 X_1，其影响因素分别记为 X_2、X_3，统计数据如表 10－1所示。为了验证模型的有效性，以 2010—2017 年的数据作为模拟数据，2018—2020 年的数据作为模型预测效果的检验数据。由于原始序列的量纲不一致，为避免各序列量纲差异带来的计算误差，在模型构造之前对原始数据进行均值化处理。最后，将模拟预测结果进行还原处理。二氧化碳排放量来源于 BP 世界能源统计年鉴[201]，其相关因素序列来源于《中国统计年鉴 2021》[208]。

表 10－1　我国二氧化碳排放量及影响因素

年份	X_1（百万吨）	X_2（%）	X_3（万吨）
2010	8 122	0.95	326 747
2011	8 793	0.98	354 531
2012	8 979	1.20	363 131
2013	9 219	1.26	374 388
2014	9 257	1.33	379 932
2015	9 226	1.43	382 019
2016	9 234	1.53	387 578
2017	9 445	1.61	393 835
2018	9 676	1.93	403 496
2019	9 869	2.27	412 902
2020	9 974	2.80	418 818

根据定理 10.2 求解 INDGM（1，N）模型参数，进而求得我国二氧化碳排放量的模拟值和预测值。然后，通过建立 GM（1，N）模型、DGM（1，N）模型、GM（1，1）模型和 SVR 模型进行模拟预测，对比分析五种模型的建模效果，来验证 INDGM（1，N）模型的有效性和适用性。

INDGM（1，N）模型的参数如表 10－2 所示，五种模型的模拟预测结果如表 10－3 所示，五种模型的模拟预测对比情况如图 10－1 所示，五种模型的误差对比情况如图 10－2 所示。

表 10－2　INDGM（1，N）模型的参数

参数	β_1	β_2	β_3	β_{23}	β_5	α
参数值	−0.07	−0.30	1.03	0.52	−0.06	0.83

根据定义 10.1，建立 INDGM（1，N）模型，即：

$$x_1^{(1)}(k)=-0.07x_1^{(1)}(k-1)-0.3x_2^{(1)}(k)+1.03x_3^{(1)}(k)+0.52(x_2^{(1)}(k)x_3^{(1)}(k))^{0.83}-0.06 \tag{10.22}$$

根据表 10－3 中五种模型的计算结果，INDGM（1，N）模型得到的平

表 10-3　五种模型的模拟预测值

年份	INDGM（1，N）			GM（1，N）		DGM（1，N）		GM（1，1）		SVR	
	$\hat{x}_1^{(0)}(k)$	$\hat{x}_1^{(0)}(k)$	$\Delta(k)(\%)$	$\hat{x}_1^{(0)}(k)$	$\Delta(k)(\%)$	$\hat{x}_1^{(0)}(k)$	$\Delta(k)(\%)$	$\hat{x}_1^{(0)}(k)$	$\Delta(k)(\%)$	$\hat{x}_1^{(0)}(k)$	$\Delta(k)(\%)$
2010	8 122	8 122	0.00	8 122	0.00	8 122	0.00	8 122	0.00	8 919	9.81
2011	8 793	8 779	0.16	7 548	16.50	8 793	1.35	8 837	0.50	8 957	1.83
2012	8 979	9 017	0.43	8 554	4.96	8 979	1.32	8 951	0.32	8 969	0.11
2013	9 219	9 199	0.21	8 907	3.50	9 219	1.49	9 066	1.66	8 985	2.60
2014	9 257	9 239	0.20	9 119	1.51	9 257	0.24	9 183	0.80	8 992	2.95
2015	9 226	9 207	0.21	9 226	0.00	9 226	0.98	9 301	0.81	8 995	2.57
2016	9 234	9 300	0.71	9 252	0.19	9 234	1.24	9 421	2.02	9 003	2.57
2017	9 445	9 417	0.30	9 365	0.85	9 445	0.33	9 542	1.03	9 012	4.80
MAPES（%）			0.28		3.44		0.87		0.89		3.41
2018	9 676	9 659	0.18	9 503	1.83	9 676	0.57	9 665	0.11	9 025	7.21
2019	9 869	9 881	0.12	9 665	2.11	9 869	0.34	9 790	0.80	9 038	9.19
2020	9 974	9 974	0.00	9 816	1.61	9 974	0.09	9 916	0.58	9 046	10.26
MAPEP（%）			0.10		1.85		0.33		0.5		8.89

均相对误差值最小，由于该模型考虑到相关因素间的非线性交互作用，在模拟和预测阶段取得较高的精度，模型的误差分别为 0.28%和 0.1%。GM（1，N）模型的模拟预测误差分别为 3.44%和 1.85%，由于 GM（1，N）模型存在从差分到微分的跳跃性误差，在建模效果上处于不利地位。对于 DGM（1，N）模型，可以有效避免 GM（1，N）模型的跳跃性误差，模拟预测误差均低于 GM（1，N）模型，分别为 0.87%和 0.33%，提高了模型模拟预测精度。由于只考虑了系统行为序列随时间的变化而忽略了相关因素的影响，GM（1，1）模型与 DGM（1，N）模型相比具有不准确性，其模拟预测误差分别为 0.89%和 0.5%。因此，GM（1，1）模型无法精确地模拟和预测二氧化碳排放量。如图 10－1 所示，SVR 模型的模拟预测折线图偏离原始数据，无法准确挖掘数据信息，其模拟预测效果劣于 INDGM（1，N）模型，模拟预测误差分别为 3.41%和 8.89%。

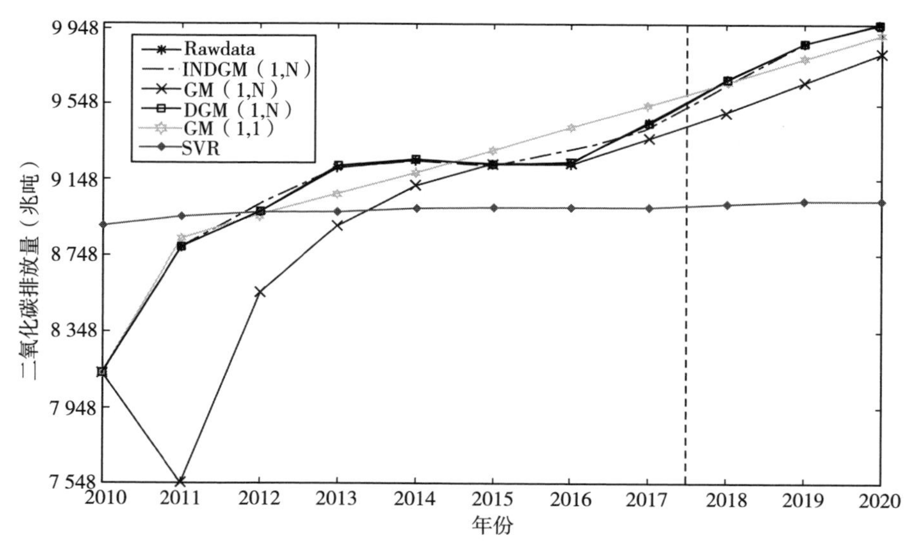

图 10－1 五种模型的模拟预测曲线

本节引入了 R&D 强度、化石能源消耗的非线性交互项，构建了 INDGM（1，N）模型来模拟和预测二氧化碳排放量。在与灰色模型和非灰色模型的对比中，INDGM（1，N）模型有较高的模拟预测精度，降低了模拟预测误差，能够更准确地描述二氧化碳排放量。

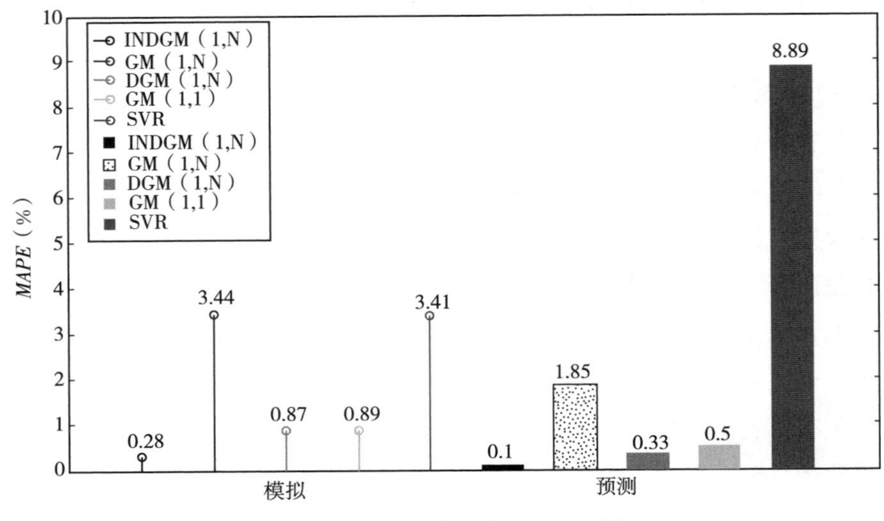

图 10-2　五种模型的误差对比图

10.2　含有时间多项式的多变量灰色模型（DGMTP（1，N，α））

针对传统 GM（1，N）离散灰色预测模型的结构中未能体现主系统行为序列自身的时间发展趋势特征，造成模型结构不完善的问题，本章通过引入时间多项式项，构建了含有时间多项式的多变量 DGMTP（1，N，α）模型。

10.2.1　DGMTP（1，N，α）模型的构建及参数估计

在 DGM（1，N）模型的基础上引入时间多项式项，可以有效地反映主系统行为序列自身的时间发展趋势特征，同时也完善了 DGM（1，N）模型的结构，从理论上看有利于模型预测精度的提升。因此，本节将在 DGM（1，N）模型的基础上，构建含有时间多项式的多变量 DGMTP（1，N，α）模型。

定义 10.2　设系统特征数据序列为 $X_1^{(0)}=(x_1^{(0)}(1),x_1^{(0)}(2),\cdots,x_1^{(0)}(n))$，相关因素序列为 $X_i^{(0)}=(x_i^{(0)}(1),x_i^{(0)}(2),\cdots,x_i^{(0)}(n)),i=2,$

$3,\cdots,N$。$X_1^{(1)}$ 为 $X_1^{(0)}$ 的 1 - AGO 序列，$X_i^{(1)}$ 为 $X_i^{(0)}$ 的 1 - AGO 序列，则称：

$$x_1^{(1)}(k)=\beta_1 x_1^{(1)}(k-1)+\sum_{i=2}^{N}\beta_i x_i^{(1)}(k)+c_0+c_1k+c_2k^2+\cdots+c_\alpha k^\alpha \tag{10.23}$$

为含有时间多项式的多变量离散灰色预测模型（Multi - Variable Discrete Grey Prediction Model with Time Polynomial，记作 DGMTP（1，N，α）模型）。

在 DGMTP（1，N，α）模型中，$\sum_{i=2}^{N}\beta_i x_i^{(1)}(k)$ 为驱动因素控制项，刻画驱动因素对主系统行为序列变化趋势的影响；c_0 为灰色作用量，反映主系统行为序列的数据变化规律；$c_1k+c_2k^2+\cdots+c_\alpha k^\alpha$ 为时间多项式项，表明主系统行为序列自身的时间发展趋势。

上述构建的 DGMTP（1，N，α）模型将参数求解和应用统一起来，有效避免了跳跃性误差。通过引入时间多项式项，刻画了主系统行为序列自身固有的时间发展趋势，从而完善了多变量灰色预测模型的结构。

定理 10.3　设 $X_1^{(1)}$、$X_i^{(1)}$ 如定义 10.2 所示，$\hat{p}=[\beta_1,\ \beta_2,\ \beta_3,\ \cdots,\ c_{\alpha-1},\ c_\alpha]^{\mathrm{T}}$ 为参数列，且：

$$B=\begin{bmatrix} x_1^{(1)}(1) & x_2^{(1)}(2) & x_3^{(1)}(2) & \cdots & x_N^{(1)}(2) & 1 & 2 & \cdots & 2^\alpha \\ x_1^{(1)}(2) & x_2^{(1)}(3) & x_3^{(1)}(3) & \cdots & x_N^{(1)}(3) & 1 & 3 & \cdots & 3^\alpha \\ \vdots & \vdots & \vdots & \ddots & \vdots & \vdots & \vdots & \ddots & \vdots \\ x_1^{(1)}(n-1) & x_2^{(1)}(n) & x_3^{(1)}(n) & \cdots & x_N^{(1)}(n) & 1 & n & \cdots & n^\alpha \end{bmatrix},$$

$$Y=[x_1^{(1)}(2),x_1^{(1)}(3),\cdots,x_1^{(1)}(n)]^{\mathrm{T}} \tag{10.24}$$

则参数列的最小二乘法估计满足 $\hat{p}=[\beta_1,\ \beta_2,\ \beta_3,\ \cdots,\ c_{\alpha-1},\ c_\alpha]^{\mathrm{T}}=(B^{\mathrm{T}}B)^{-1}B^{\mathrm{T}}Y$。

10.2.2　DGMTP（1，N，α）模型的求解

定理 10.4　设 DGMTP（1，N，α）模型参数列的最小二乘法辨识值如定理 10.3 所述，给定初值条件 $\hat{x}_1^{(1)}(1)=x_1^{(0)}(1)$，利用递推迭代法可得 DGMTP（1，N，$\alpha$）模型的时间响应式为：

$$\begin{cases}\hat{x}_1^{(1)}(k)=\beta_1^{k-1}\hat{x}_1^{(1)}(1)+\sum_{\tau=2}^{k}\beta_1^{k-\tau}\sum_{i=2}^{N}\beta_i x_i^{(1)}(\tau)+\frac{c_0(1-\beta_1^{k-1})}{1-\beta_1}+\\ \qquad\sum_{\lambda=1}^{\alpha}(\sum_{\tau=2}^{k}\tau^{\lambda}\beta_1^{k-\tau}c_{\lambda})\\ \hat{x}_1^{(0)}(k)=\hat{x}_1^{(1)}(k)-\hat{x}_1^{(1)}(k-1),k=2,3,\cdots,n\end{cases}\tag{10.25}$$

证明 根据式（10.23）可得：

当 $k=2$ 时：

$$\hat{x}_1^{(1)}(2)=\beta_1\hat{x}_1^{(1)}(1)+\sum_{i=2}^{N}\beta_i x_i^{(1)}(2)+c_0+2c_1+2^2c_2+\cdots+2^{\alpha}c_{\alpha}\tag{10.26}$$

当 $k=3$ 时：

$$\hat{x}_1^{(1)}(3)=\beta_1\hat{x}_1^{(1)}(2)+\sum_{i=2}^{N}\beta_i x_i^{(1)}(3)+c_0+3c_1+3^2c_2+\cdots+3^{\alpha}c_{\alpha}\tag{10.27}$$

将式（10.26）代入式（10.27），可得：

$$\begin{aligned}\hat{x}_1^{(1)}(3)=&\beta_1^2\hat{x}_1^{(1)}(1)+\beta_1\sum_{i=2}^{N}\beta_i x_i^{(1)}(2)+\beta_1c_0+2\beta_1c_1+2^2\beta_1c_2+\cdots+2^{\alpha}\beta_1c_{\alpha}+\\&\sum_{i=2}^{N}\beta_i x_i^{(1)}(3)+c_0+3c_1+3^2c_2+\cdots+3^{\alpha}c_{\alpha}\end{aligned}\tag{10.28}$$

当 $k=4$ 时：

$$\hat{x}_1^{(1)}(4)=\beta_1\hat{x}_1^{(1)}(3)+\sum_{i=2}^{N}\beta_i x_i^{(1)}(4)+c_0+4c_1+4^2c_2+\cdots+4^{\alpha}c_{\alpha}\tag{10.29}$$

将式（10.28）代入式（10.29），可得：

$$\begin{aligned}\hat{x}_1^{(1)}(4)=&\beta_1^3\hat{x}_1^{(1)}(1)+\beta_1^2\sum_{i=2}^{N}\beta_i x_i^{(1)}(2)+\beta_1^2c_0+2\beta_1^2c_1+2^2\beta_1^2c_2+\cdots+\\&2^{\alpha}\beta_1^2c_{\alpha}+\beta_1\sum_{i=2}^{N}\beta_i x_i^{(1)}(3)+\beta_1c_0+3\beta_1c_1+3^2\beta_1c_2+\cdots+\\&3^{\alpha}\beta_1c_{\alpha}+\sum_{i=2}^{N}\beta_i x_i^{(1)}(4)+c_0+4c_1+4^2c_2+\cdots+4^{\alpha}c_{\alpha}\end{aligned}\tag{10.30}$$

同理，利用递推迭代法可得 DGMTP（1，N，α）模型的时间响应式为：

$$\begin{cases} \hat{x}_1^{(1)}(k)=\beta_1^{k-1}\hat{x}_1^{(1)}(1)+\sum_{\tau=2}^{k}\beta_1^{k-\tau}\sum_{i=2}^{N}\beta_i x_i^{(1)}(\tau)+\frac{c_0(1-\beta_1^{k-1})}{1-\beta_1}+ \\ \qquad \sum_{\lambda=1}^{\alpha}\left(\sum_{\tau=2}^{k}\tau^{\lambda}\beta_1^{k-\tau}c_{\lambda}\right) \\ \hat{x}_1^{(0)}(k)=\hat{x}_1^{(1)}(k)-\hat{x}_1^{(1)}(k-1), k=2,3,\cdots,n \end{cases} \tag{10.31}$$

根据式（10.25）可知，若要运用 DGMTP（1，N，α）模型进行预测，则首先需要计算时间项参数 α 的值。考虑到高阶多项式的波动性特征和节俭性原则（模型越复杂，出现过拟合的概率越高）[209]，将参数 α 的取值限定为 {0，1，2，3}。在实际应用中，采取调试法，令 α 取遍所有可能取值 {0，1，2，3}，计算不同 α 取值对应的平均相对误差，最终选择使得 DGMTP（1，N，α）模型平均相对误差最小的 α 值。

结合上述建模过程，总结本节 DGMTP（1，N，α）模型的建模步骤如下：

步骤 1：模型变量选取。根据实际案例，初步筛选主系统行为序列变量和影响因素变量。

步骤 2：建立 DGMTP（1，N，α）模型。根据式（10.23）建立 DGMTP（1，N，α）模型，利用调试法选取 α 值，并结合定理 10.3 求解参数。

步骤 3：模拟和预测。结合步骤 2 中的参数取值以及式（10.25），得到模型的时间响应式，进而进行模拟和预测。

步骤 4：精度检验。分别计算模拟值和预测值的平均相对误差。

10.2.3 DGMTP（1，N，α）模型的性质

性质 10.1 当 $\beta_1=0$，$\alpha=0$ 且 $N>1$ 时，DGMTP（1，N，α）模型可转化为 GM（0，N）模型[1]。

证明 根据式（10.23）可知，当 $\beta_1=0$，$\alpha=0$ 且 $N>1$ 时，可得：

$$x_1^{(1)}(k)=\sum_{i=2}^{N}\beta_i x_i^{(1)}(k)+c_0 \tag{10.32}$$

式（10.32）即为零阶灰色预测模型，记为 GM（0，N）模型。

性质 10.2 当 $\alpha=0$，$\beta_1\neq 0$，$c_0=0$ 且 $N>1$ 时，DGMTP（1，N，α）

模型可转化为传统的 GM（1，N）模型[1]。

证明 当 $\alpha=0$，$\beta_1\neq0$，$c_0=0$ 且 $N>1$ 时，式（10－32）可转化为：

$$x_1^{(1)}(k)=\beta_1x_1^{(1)}(k-1)+\sum_{i=2}^{N}\beta_ix_i^{(1)}(k) \tag{10.33}$$

式（10.33）可变形为：

$$x_1^{(1)}(k)-\beta_1x_1^{(1)}(k-1)=\sum_{i=2}^{N}\beta_ix_i^{(1)}(k) \tag{10.34}$$

令 $\beta_1=\dfrac{1-0.5a}{1+0.5a}$，则式（10.34）可进一步转化为：

$$(1+0.5a)x_1^{(1)}(k)-(1-0.5a)x_1^{(1)}(k-1)=(1+0.5a)\sum_{i=2}^{N}\beta_ix_i^{(1)}(k) \tag{10.35}$$

结合背景值 $z_1^{(1)}(k)$ 和一阶累加序列 $x_1^{(1)}(k)$ 的转换关系 $z_1^{(1)}(k)=\dfrac{x_1^{(1)}(k)+x_1^{(1)}(k-1)}{2}$，可得：

$$x_1^{(0)}(k)+az_1^{(1)}(k)=(1+0.5a)\sum_{i=2}^{N}\beta_ix_i^{(1)}(k) \tag{10.36}$$

令 $c_i=(1+0.5a)\beta_i$，则式（10.36）可化简为：

$$x_1^{(0)}(k)+az_1^{(1)}(k)=\sum_{i=2}^{N}c_ix_i^{(1)}(k) \tag{10.37}$$

式（10.37）即为一阶灰色多变量预测模型，记为 GM（1，N）模型。

性质 10.3 当 $\alpha=0$，$\beta_1c_0\neq0$ 且 $N>1$ 时，DGMTP（1，N，α）模型即为 DGM（1，N）模型[1]。

证明 当 $\alpha=0$，$\beta_1c_0\neq0$ 且 $N>1$ 时，式（10.23）即为：

$$x_1^{(1)}(k)=\beta_1x_1^{(1)}(k-1)+\sum_{i=2}^{N}\beta_ix_i^{(1)}(k)+c_0 \tag{10.38}$$

式（10.38）即为一阶离散灰色多变量预测模型，记为 DGM（1，N）模型。

性质 10.4 当 $\alpha=0$，$\beta_1c_0\neq0$ 且 $N=1$ 时，DGMTP（1，N，α）模型即为传统 GM（1，1）模型[2]。

证明 根据式（10.23）可知，当 $\alpha=0$，$\beta_1c_0\neq0$ 且 $N=1$ 时：

$$x_1^{(1)}(k)=\beta_1x_1^{(1)}(k-1)+c_0 \tag{10.39}$$

令 $\beta_1=\dfrac{1-0.5a}{1+0.5a}$，则式（10.39）可进一步转化为：

$$(1+0.5a)x_1^{(1)}(k)=(1-0.5a)x_1^{(1)}(k-1)+(1+0.5a)c_0 \quad (10.40)$$

结合背景值与一阶累加序列的转换关系 $z_1^{(1)}(k)=\frac{x_1^{(1)}(k)+x_1^{(1)}(k-1)}{2}$，可得：

$$x_1^{(0)}(k)+az_1^{(1)}(k)=b \quad (10.41)$$

其中，$b=(1+0.5a)c_0$，式（10.41）即为一阶单变量灰色预测模型，记为GM（1，1）模型。

性质 10.5 当 $\alpha=0$，$\beta_1 c_0\neq 0$ 且 $N=1$ 时，DGMTP（1，N，α）模型可转化为 DGM（1，1）模型[1]。

证明 根据式（10.23）可知，当 $\alpha=0$，$\beta_1 c_0\neq 0$ 且 $N=1$ 时：

$$x_1^{(1)}(k)=\beta_1 x_1^{(1)}(k-1)+c_0 \quad (10.42)$$

在式（10.42）中，令 $\beta_1=h_1$，$c_0=h_2$ 时，即为：

$$x_1^{(1)}(k)=h_1 x_1^{(1)}(k-1)+h_2 \quad (10.43)$$

式（10.43）即为一阶单变量离散灰色预测模型，记为 DGM（1，1）模型。

性质 10.6 当 $\alpha=1$，$\beta_1 c_0 c_1\neq 0$ 且 $N=1$ 时，DGMTP（1，N，α）模型即为 NDGM（1，1）模型[210]。

证明 根据式（10.23）可知，当 $\alpha=1$，$\beta_1 c_0 c_1\neq 0$ 且 $N=1$ 时：

$$x_1^{(1)}(k)=\beta_1 x_1^{(1)}(k-1)+c_0+c_1 k \quad (10.44)$$

在式（10.44）中，令 $\beta_1=h_1$，$c_0=h_2$，$c_1=h_3$ 时，可得：

$$x_1^{(1)}(k)=h_1 x_1^{(1)}(k-1)+h_2+h_3 k \quad (10.45)$$

式（10.45）即为一阶非齐次指数离散灰色预测模型，记为 NDGM（1，1）模型。

10.2.4 算例分析

本节选取郑州市空气质量指数（Air Quality Index，记为 AQI）作为研究对象，对郑州市 2020 年 10 月 16 日至 25 日的 AQI 进行模拟和预测，从而检验本节模型的建模效果。结合已有文献研究可知，影响空气质量指数 AQI（记为 X_1）的因素包括 $PM_{2.5}$、PM_{10}、SO_2、NO_2、O_3、CO（分别记

为 $X_2 \sim X_7$）等[156]。本节通过中国空气质量在线监测分析平台（https：//www.aqistudy.cn/）获取原始数据，原始数据见表 10-4。由于不同指标数据间存在量纲差异，该差异可能会导致模型拟合出现偏差，为此，本节在建模前对所有的数据进行初值化处理。此外，为避免所选取的影响因素变量之间出现冗余以及强相关因素之间出现多重共线性问题，在建模前计算各影响因素变量与主系统行为序列之间的关联度，筛选出强相关变量，然后计算强相关变量之间的关联度，判定是否存在多重共线性问题。

步骤 1：以关联度大于 0.75 为判断标准，发现变量 $X_2 \sim X_6$ 与 X_1 都有着较强的关联性。进一步计算变量 $X_2 \sim X_6$ 之间的关联度，发现均小于 0.75。因此，变量 $X_2 \sim X_6$ 之间不存在多重共线性问题，可用于郑州市空气质量指数预测模型的构建。

步骤 2：选取变量 $X_1 \sim X_6$ 进行 DGMTP（1，N，α）模型的构建，利用调试法求解参数 α，并根据定理 10.3 求解模型参数列 $\hat{p} = [\beta_1, \beta_2, \beta_3, \cdots, c_{\alpha-1}, c_\alpha]^{\mathrm{T}}$，参数结果见表 10-5。

表 10-4　2020 年 10 月 16—26 日郑州市空气质量指数 AQI 及影响因素

日期	X_1	X_2	X_3	X_4	X_5	X_6	X_7
10 月 16 日	69	50	83	9	55	72	1.1
10 月 17 日	84	62	106	11	54	90	1.0
10 月 18 日	80	49	96	10	64	79	0.9
10 月 19 日	79	54	97	12	63	114	0.9
10 月 20 日	72	52	89	10	52	98	0.8
10 月 21 日	98	39	146	10	52	90	0.7
10 月 22 日	151	75	251	12	70	74	0.7
10 月 23 日	95	38	140	10	56	69	0.5
10 月 24 日	91	64	132	15	72	81	0.6
10 月 25 日	98	73	135	13	70	121	0.7
10 月 26 日	125	95	195	17	94	122	1.1
各因素与 X_1 的关联度	0.810 0	0.832 5	0.809 6	0.822 2	0.767 2	0.623 7	

表 10-5 DGMTP（1，N，α）模型的参数值

参数	估计值	参数	估计值
β_1	−0.005 9	β_6	0.093 7
β_2	−0.001 9	c_0	0.053 9
β_3	0.562 3	c_1	0.212 1
β_4	−0.266 3	α	1
β_5	0.428 8		

步骤 3：将表 10-5 中的参数值代入式（10.31）可得，模型的时间响应式为：

$$\begin{aligned}\hat{x}_1^{(1)}(k) =& -0.005\ 9^{k-1}x_1^{(1)}(1) + \sum_{\tau=2}^{k}(-0.005\ 9^{k-\tau}) \times [(-0.001\ 9x_2^{(1)}(\tau))\\ &+(0.562\ 3x_3^{(1)}(\tau)) + (-0.266\ 3x_4^{(1)}(\tau)) + (0.428\ 8x_5^{(1)}(\tau))\\ &+(0.093\ 7x_6^{(1)}(\tau))] + \frac{0.053\ 9 \times (1-(-0.005\ 9)^{k-1})}{1-(-0.005\ 9)}\\ &+0.212\ 1\sum_{\tau=2}^{k}\tau(-0.005\ 9)^{k-\tau}\end{aligned}$$

步骤 4：根据步骤 3 中的时间响应式可以对主系统行为序列进行模拟和预测。为说明本节模型的建模效果，同时建立 GM（1，1）模型[1]、GM（1，N）模型[1]、ARIMA（1，1，1）模型[195]进行比较。计算结果见表 10-6。各模型拟合值与真实值的关联度检验结果见表 10-7。

从表 10-6 可以看出，四种模型的建模精度从高到低依次为：DGMTP（1，N，α）模型、GM（1，N）模型、GM（1，1）模型、ARIMA（1，1，1）模型。传统 GM（1，1）模型模拟和预测的平均相对误差均大于 10%，主要是由于 GM（1，1）模型在建模过程中没有考虑影响因素对主系统行为序列的作用，并且 GM（1，1）模型适用于齐次指数序列的模拟，而该实例中的样本数据为波动序列，因此传统 GM（1，1）模型是残差不合格模型；ARIMA（1，1，1）模型的模拟和预测误差分别为 17.28%和 11.05%，误差较大，这是因为该实例中的样本数据较少，在使用 ARIMA（1，1，1）模型进行预测时难以挖掘数据内在规律，从而导致误差较大；由于是在初值化后的数据序列基础上建模，经典 GM（1，N）模型也展现出了良好的模拟和预测效果，模拟和预测误差分别是 5.11%和 9.30%，然而，由于其在

表 10-6 郑州市 10 月 16—25 日的空气质量指数 AQI 模拟和预测结果

日期	原始值	GM（1，1）模型[1]		GM（1，N）模型[1]		ARIMA（1，1，1）模型[195]		DGMTP（1，N，α）模型（$\alpha=1$）	
		模拟值	相对误差	模拟值	相对误差	模拟值	相对误差	模拟值	相对误差
10 月 16 日	69	69.00	—	69.00	—	69.00	—	69.00	—
10 月 17 日	84	79.86	4.93%	70.19	16.44%	77.28	8.00%	84.00	0.00%
10 月 18 日	80	83.49	4.36%	88.60	10.75%	88.32	10.40%	80.00	0.00%
10 月 19 日	79	87.28	10.48%	82.92	4.96%	90.39	14.42%	79.00	0.00%
10 月 20 日	72	91.25	26.74%	72.19	0.26%	91.77	27.46%	72.00	0.00%
10 月 21 日	98	95.4	2.65%	95.39	2.66%	90.39	7.77%	98.00	0.00%
10 月 22 日	151	99.74	33.95%	152.79	1.18%	97.98	35.11%	151.00	0.00%
10 月 23 日	95	104.27	9.76%	92.92	2.19%	113.85	19.84%	95.00	0.00%
10 月 24 日	91	109.01	19.79%	93.19	2.41%	104.88	15.25%	91.00	0.00%
模拟值平均模拟误差			14.08%		5.11%		17.28%		0.00%
日期	原始值	预测值	相对误差	预测值	相对误差	预测值	相对误差	预测值	相对误差
10 月 25 日	98	113.97	16.30%	103.57	5.68%	102.81	4.91%	99.00	1.02%
10 月 26 日	125	119.15	4.68%	141.14	12.91%	103.50	17.20%	131.79	5.43%
预测值平均预测误差			10.49%		9.30%		11.05%		3.23%

表 10-7 各模型建模效果的关联度检验

模型	GM（1，1）模型	GM（1，N）模型	ARIMA（1，1，1）模型	DGMTP（1，N，α）模型（$\alpha=1$）
关联度	0.739 1	0.857 2	0.691 3	0.978 2

计算过程中存在跳跃性误差，从而导致建模效果处于劣势。本节所提出的 DGMTP（1，N，α）（$\alpha=1$）模型模拟值的平均相对误差为 0.00%，实现了完全拟合，预测值平均相对误差为 3.23%，明显优于另外三种模型，充分说明了考虑主系统行为序列自身的时间发展趋势对于提升建模精度的重要性。根据表 10-7 中的关联度检验结果可以看出，DGMTP（1，N，α）（$\alpha=1$）模型的拟合序列与原始序列的关联度最高，进一步说明了本节模型的建模效果较好。

10.3 考虑驱动因素作用机制的线性时变灰色模型（DLDGM（1，N））

在建模机理方面，针对传统 GM（1，N）离散灰色预测模型默认参数固定不变且认为驱动因素自始至终产生作用的问题，本节引入线性时变参数来描述模型参数的时变特征，引入驱动因素作用机制控制函数来辨析驱动因素的作用时段，从而构建考虑驱动因素作用机制的线性时变参数 DLDGM（1，N）模型。

10.3.1 DLDGM（1，N）模型构建及参数估计

定义 10.3 设主系统行为序列为 $X_1^{(0)}=(x_1^{(0)}(1),x_1^{(0)}(2),\cdots,x_1^{(0)}(n))$，驱动因素序列为 $X_i^{(0)}=(x_i^{(0)}(1),x_i^{(0)}(2),\cdots,x_i^{(0)}(n))$，$i=2，3，\cdots，N$。$X_1^{(1)}$ 为主系统行为序列 $X_1^{(0)}$ 的 1-AGO 序列，$X_i^{(1)}$ 为驱动因素序列 $X_i^{(0)}$ 的 1-AGO 序列，称：

$$x_1^{(1)}(k)=(\beta_1+\beta_2(k-1))x_1^{(1)}(k-1)+\sum_{i=2}^{N}(b_{i1}+b_{i2}k)P_i(k)x_i^{(1)}(k)+\beta_3(k-1)+\beta_4 \tag{10.46}$$

为考虑驱动因素作用机制的线性时变参数离散 GM（1，N）模型（Multi-Variable Discrete Grey Prediction Model Based on the Action Mechanism of Driving Factors and Linear Time-Varying Parameters，记为 DLDGM（1，N）模型）。其中，$P_i(k)$ 为驱动因素作用机制控制项，具体表达式为 $P_i(k)=\mu(k-\gamma_{i,1})-\mu(k-\gamma_{i,2})$，$(0\leqslant\gamma_{i,1}\leqslant\gamma_{i,2})$。$\mu(k)$ 为阶跃函数，$\gamma_{i,1}$ 和 $\gamma_{i,2}$ 分别为

驱动因素 $X_i(i=2, 3, \cdots, N)$ 的开始和结束作用时间。

定理 10.5 设 $X_1^{(1)}$、$X_i^{(1)}$ 如定义 10.3 所示，$\hat{\vartheta}=[\beta_1, \beta_2, b_{21}, b_{22}, \cdots, b_{N1}, b_{N2}, \beta_3, \beta_4]^{\mathrm{T}}$ 为参数列，则参数列的最小二乘法估计满足 $\hat{\vartheta}=(B^{\mathrm{T}}B)^{-1}B^{\mathrm{T}}Y$。其中：

$$B=\begin{bmatrix} x_1^{(1)}(1) & x_1^{(1)}(1) & P_2(2)x_2^{(1)}(2) & \cdots & 2P_N(2)x_N^{(1)}(2) & 1 & 1 \\ x_1^{(1)}(2) & 2x_1^{(1)}(2) & P_2(3)x_2^{(1)}(3) & \cdots & 3P_N(3)x_N^{(1)}(3) & 2 & 1 \\ \vdots & \vdots & \vdots & \ddots & \vdots & \vdots & \vdots \\ x_1^{(1)}(n-1) & (n-1)x_1^{(1)}(n-1) & P_2(n)x_2^{(1)}(n) & \cdots & nP_N(n)x_N^{(1)}(n) & n-1 & 1 \end{bmatrix}$$

$$Y=[x_1^{(1)}(2), x_1^{(1)}(3), \cdots, x_1^{(1)}(n)]^{\mathrm{T}} \tag{10.47}$$

定义 10.4 设 DLDGM（1，N）模型的参数估计值如定理 10.5 所述，取 $\hat{x}_1^{(1)}(1)=x_1^{(0)}(1)$，结合递推迭代法，可得主系统行为序列 $X_1^{(0)}$ 模拟值的时间响应式为：

$$\begin{cases} \hat{x}_1^{(1)}(k)=(\beta_1+\beta_2(k-1))\hat{x}_1^{(1)}(k-1)+\sum_{i=2}^{N}(b_{i1}+b_{i2}k) \\ \qquad P_i(k)x_i^{(1)}(k)+\beta_3(k-1)+\beta_4 \\ \hat{x}_1^{(0)}(k)=\hat{x}_1^{(1)}(k)-x_1^{(1)}(k-1) \end{cases}$$

$$k=2,3,\cdots,n \tag{10.48}$$

相对于多变量 GM（1，N）灰色预测模型来说，本节所提出的 DLDGM（1，N）模型在离散形式的基础上，既可以结合最小二乘法估计参数，又可以利用递推迭代法求得时间响应式，该模型能够有效防止参数求解和应用不一致的跳跃性误差的产生。相对于 GM（1，N）模型的离散形式 DGM（1，N）模型来说，本节所构建的 DLDGM（1，N）模型具有以下两方面的优势：①结构优势：DLDGM（1，N）模型选取线性时变结构来构建新的参数形式，改善了已有模型参数固定的现状，有效刻画了参数自身可能存在的随时间变化的动态特征；②建模机理优势：传统 GM（1，N）模型认为驱动因素序列自始至终对主系统行为序列产生作用，这与实际变化情况不符，DLDGM（1，N）模型在原有的驱动因素作用项中引入驱动因素作用机制控制项参数，从而能够反映出各驱动因素的有效作用时段。

10.3.2 DLDGM（1，N）模型驱动因素控制项参数识别

根据式（10.48）可知，若要利用 DLDGM（1，N）模型进行模拟预测，则首先需要识别驱动因素作用机制控制项参数。受系统复杂性、不确定性以及信息获取的难易程度影响，系统信息的采集可能出现完全采集或部分采集的现象。当所需要的系统信息能够完全采集时，称为系统白化信息充分，反之，则为系统白化信息匮乏。基于现有的两种信息采集情况，本节将分别研究系统白化信息充分和匮乏两种情况下的驱动因素作用机制控制项参数识别方法。

（1）白化信息充分：按照时间段将主系统行为序列和驱动因素序列划分为若干子序列，并计算各时间段内的主系统行为序列与驱动因素序列之间的灰色关联度。取灰色关联度的阈值为 $\varepsilon=0.85$，若主系统行为序列与驱动因素序列之间的关联度大于 0.85，则判断该驱动因素为此时间段内影响主系统行为序列发展趋势的强驱动因素，反之，则为弱驱动因素。最终，通过分析灰色关联度的大小，即可判定各驱动因素的作用机制控制项参数。

定义 10.5 将主系统行为序列 X_1 和驱动因素序列 $X_i(i=1, 2, \cdots, N)$ 等分为 $s+1$ 个子序列，分别为：

$$
X_1 \Rightarrow \begin{cases} X_{1,1} = \{x_1^{(0)}(1), X_1^{(0)}(2), \cdots, X_1^{(0)}(m)\} \\ \quad\vdots \\ X_{1,j} = \{x_1^{(0)}(v), X_1^{(0)}(v+1), \cdots, X_1^{(0)}(p)\} \\ \quad\vdots \\ X_{1,s+1} = \{x_1^{(0)}(q), X_1^{(0)}(q+1), \cdots, X_1^{(0)}(n)\} \end{cases}
$$

$$
X_i \Rightarrow \begin{cases} X_{i,1} = \{x_i^{(0)}(1), X_i^{(0)}(2), \cdots, X_i^{(0)}(m)\} \\ \quad\vdots \\ X_{i,j} = \{x_i^{(0)}(v), X_i^{(0)}(v+1), \cdots, X_i^{(0)}(p)\} \\ \quad\vdots \\ X_{i,s+1} = \{x_i^{(0)}(q), X_i^{(0)}(q+1), \cdots, X_i^{(0)}(n)\} \end{cases} \quad (10.49)
$$

根据序列分组的结果以及灰色关联度的大小，可得白化信息充分条件下驱动因素作用机制控制项参数的三种表达形式，如式（10.50）至式

(10.52) 所示：

①根据式 (10.49) 中的序列分组情况，若驱动因素 X_i 仅在第 j 段中与主系统行为序列 X_1 之间的灰色关联度大于 0.85，则判定该驱动因素仅为第 j 段中主系统行为序列的主驱动因素序列，可得，X_i 的驱动因素作用机制控制项参数的表达式为：

$$P_i(k)=\mu(k-v)-\mu(k-p),k=2,3,\cdots,n \quad (10.50)$$

其中，$\mu(k)=\begin{cases}1, & k-v\geqslant 0\\ 0, & k-p\leqslant 0\end{cases}$

②根据式 (10.49) 中的序列分组情况，若驱动因素 X_i 在第 j，$j+1$，…，$s+1$ 段中与主系统行为序列 X_1 的灰色关联度均大于 0.85，则称该驱动因素为第 j，$j+1$，…，$s+1$ 段中主系统行为序列的主驱动因素序列，进而，可得该驱动因素变量的作用机制控制项参数表达式为：

$$P_i(k)=\mu(k-v)-\mu(k-n),k=2,3,\cdots,n \quad (10.51)$$

其中，$\mu(k)=\begin{cases}1, & k-v\geqslant 0\\ 0, & k-n\leqslant 0\end{cases}$

③根据式 (10.49) 中的序列分组情况，若驱动因素 X_i 在第 1 至第 $s+1$ 段中与主系统行为序列 X_1 的灰色关联度均大于 0.85，则称该驱动因素始终都是主系统行为序列的主驱动因素序列，进而，可得该驱动因素变量的作用机制控制项参数表达式为：

$$P_i(k)=\mu(k-1)=1,k=2,3,\cdots,n \quad (10.52)$$

其中，$\mu(k)=\begin{cases}1, & k-1\geqslant 0\\ 0, & k-1\leqslant 0\end{cases}$

(2) 白化信息匮乏：当系统白化信息匮乏时，无法通过序列分组以及灰色关联分析的思想进行主驱动因素的识别。此时，采取构建非线性约束条件，并借助遗传算法求解的方式，实现最优驱动因素作用机制控制项参数的识别。本节将以平均相对误差最小为准则建立目标函数，考虑到新信息在提升建模精度中的重要地位，对各时刻点的相对误差赋权，权重随时刻点的增大而增大。目标函数及非线性约束条件的构建过程如下：

定义 10.6 设第 k 项平均相对误差对应的时间权重为 $\theta(k)$，其中：

$$\theta(k)=\frac{\sum_{i=1}^{k} i}{\sum_{i=1}^{n} i}, k=1,2,\cdots,n \tag{10.53}$$

可见，$\theta(k)$ 的取值随时刻点的增大逐渐增大，体现了新信息优先原理。

设 $\{\gamma_{2,1}, \gamma_{2,2}, \cdots, \gamma_{N,1}, \gamma_{N,2}\}$ 为各驱动因素项的待估参数序列，$\hat{x}_1^{(0)}(k)$为 DLDGM（1，N）模型的模拟值，构建基于时间权重的平均相对误差最小的目标函数为：

$$\min P(\gamma)=\frac{1}{n-1}\sum_{k=2}^{n}\theta(k)\left|\frac{\hat{x}_1^{(0)}(k)-x_1^{(0)}(k)}{x_1^{(0)}(k)}\right|$$
$$\text{s. t.}\begin{cases}\hat{\vartheta}=(B^{\mathrm{T}}B)^{-1}B^{\mathrm{T}}Y\\ 0\leqslant\gamma_{i,1}\leqslant\gamma_{i,2}\end{cases} \tag{10.54}$$

结合式（10.54），借助遗传算法，即可求得最优的驱动因素控制项参数。

参照上述 DLDGM（1，N）模型的建立及求解过程，将该模型的建模过程总结为以下 6 个步骤：

步骤 1：变量选取。结合理论研究以及经验分析，确定主系统行为变量及驱动因素变量。

步骤 2：模型建立。结合式（10.46），建立 DLDGM（1，N）模型。

步骤 3：驱动因素作用机制控制项参数识别。依据式（10.49）至式（10.52）识别并求解白化信息充分时的主要驱动因素和驱动因素作用机制控制项参数；依据式（10.54）及遗传算法求解白化信息匮乏时的最优驱动因素作用机制控制项参数。

步骤 4：参数估计及模拟预测。根据最小二乘法估计求解模型参数；并根据式（10.48），列出 DLDGM（1，N）模型的时间响应式，进而求解主系统行为序列的模拟值和预测值。

步骤 5：精度检验。计算各模拟值和预测值的相对误差，并求解它们的平均相对误差。

步骤 6：预测主系统行为序列。当驱动因素未知时，应首先预测驱动因素的未来取值，进而代入步骤 5 的时间响应式中求解主系统行为序列的预测值。

10.3.3 DLDGM（1，N）模型的性质

调整 DLDGM（1，N）模型变量个数以及参数 $\hat{\vartheta}=[\beta_1，\beta_2，b_{21}，b_{22}，\cdots，b_{N1}，b_{N2}，\beta_3，\beta_4]^{T}$ 的取值，发现 DLDGM（1，N）模型能够与多变量 DCDGM（1，N）、DGM（1，N）模型和单变量 TDGM（1，1）、NDGM（1，1）、DGM（1，1）、GM（1，1）模型实现相互转化。

性质 10.7 当 $N>1$ 且 $\beta_2=b_{i2}=\beta_3=0$ 时，DLDGM（1，N）模型与 DCDGM（1，N）模型[59]等价，即：

$$x_1^{(1)}(k)=\beta_1 x_1^{(1)}(k-1)+\sum_{i=2}^{N} b_{i1} P_i(k) x_i^{(1)}(k)+\beta_4 \quad (10.55)$$

根据性质 10.7 可知，通过调节 DLDGM（1，N）模型线性时变参数的取值，可实现参数时变与参数固定的多变量预测模型的相互转化。

性质 10.8 当 $N>1$、$\beta_2=b_{i2}=\beta_3=0$ 且不考虑驱动因素的作用时段时，DLDGM（1，N）模型等价于 DGM（1，N）模型[1]，即：

$$x_1^{(1)}(k)=\beta_1 x_1^{(1)}(k-1)+\sum_{i=2}^{N} b_{i1} x_i^{(1)}(k)+\beta_4 \quad (10.56)$$

根据性质 10.8 可知，通过调节 DLDGM（1，N）模型线性时变参数的取值以及忽略驱动因素的作用时段特征，可实现驱动因素分段产生作用的参数时变的系统与驱动因素始终产生作用的参数固定的系统的互相转换。

性质 10.9 当 $N=1$，其余参数不等于 0 时，DLDGM（1，N）模型等价于 TDGM（1，1）模型[58]，即：

$$x^{(1)}(k)=(\beta_1+\beta_2(k-1))x^{(1)}(k-1)+\beta_3(k-1)+\beta_4 \quad (10.57)$$

由性质 10.9 可知，通过调节 DLDGM（1，N）模型的系统变量个数，可将 DLDGM（1，N）模型转化为单变量线性时变参数灰色预测模型。

性质 10.10 当 $N=1$，$\beta_2=0$ 时，DLDGM（1，N）模型等价于 NDGM（1，1）[211]，即：

$$x^{(1)}(k)=\beta_1 x^{(1)}(k-1)+\beta_3(k-1)+\beta_4 \quad (10.58)$$

在此基础上，当 $\beta_3=0$ 时，NDGM（1，1）模型等价于 DGM（1，1）模型[1]，即：

$$x^{(1)}(k)=\beta_1 x^{(1)}(k-1)+\beta_4 \tag{10.59}$$

进一步的，当 $\beta_1=\dfrac{1-0.5a}{1+0.5a}$，结合背景值与原始序列的转换关系，可得 DGM（1，1）模型等价于 GM（1，1）模型[1]，即：

$$x^{(0)}(k)+az^{(1)}(k)=\beta_4 \tag{10.60}$$

根据性质 10.10 可知，DLDGM（1，N）模型通过调整系统变量个数以及时变参数取值，可以实现参数时变的多变量灰色预测模型与参数固定的非齐次指数灰色预测模型、单变量离散灰色预测模型以及经典 GM（1，1）模型的相互转换。

10.3.4 算例分析

本节将选取河南省粮食产量为预测对象，检验 DLDGM（1，N）模型的建模效果。

步骤 1：变量筛选。

结合已有研究成果[157]，共筛选出 4 种粮食产量的影响因素，分别是：耕地灌溉面积（千公顷）、农用机械总动力（万千瓦）、化肥施用量（万吨）和粮食播种面积（千公顷）。各指标原始数据均来源于河南省统计年鉴[203]，原始数据如表 10－8 所示。为便于表达，将粮食产量（万吨）简记为 X_1，其余影响因素变量简记为 X_2、X_3、X_4、X_5。

步骤 2：模型建立。

根据式（10.46）建立 DLDGM（1，N）模型，即：

$$x_1^{(1)}(k)=(\beta_1+\beta_2(k-1))x_1^{(1)}(k-1)+\sum_{i=2}^{5}(b_{i1}+b_{i2}k)$$
$$P_i(k)x_i^{(1)}(k)+\beta_3(k-1)+\beta_4$$

表 10－8　2004—2018 年河南省粮食产量及影响因素

年份	X_1（万吨）	X_1 增长率	X_2（千公顷）	X_3（万千瓦）	X_4（万吨）	X_5（千公顷）
2004	4 260	—	4 829.1	7 521.1	493.16	8 970.1
2005	4 582	7.56%	4 864.12	7 934.2	518.14	9 153.4
2006	5 112.3	11.57%	4 918.8	8 309.1	540.43	9 455.8

（续）

年份	X_1（万吨）	X_1 增长率	X_2（千公顷）	X_3（万千瓦）	X_4（万吨）	X_5（千公顷）
2007	5 245.22	2.60%	4 955.84	8 718.70	569.68	9 468.03
2008	5 365.48	2.29%	4 989.2	9 429.30	601.68	9 699.00
2009	5 389.00	0.44%	5 033.03	9 817.90	628.67	9 683.61
2010	5 581.82	3.58%	5 080.96	10 195.88	655.15	10 027.00
2011	5 733.92	2.72%	5 150.44	10 515.79	673.71	10 244.43
2012	5 898.38	2.87%	5 205.63	10 872.73	684.43	10 434.56
2013	6 023.80	2.13%	4 969.11	11 149.96	696.37	10 697.43
2014	6 133.60	1.82%	5 101.74	11 476.81	705.75	10 944.97
2015	6 470.22	5.49%	5 333.90	11 710.08	716.09	11 126.30
2016	6 498.01	0.43%	5 360.30	9 858.82	715.03	11 219.55
2017	6 524.25	0.40%	5 389.79	10 038.32	706.70	10 915.13
2018	6 648.91	1.91%	5 408.31	10 204.46	692.79	10 906.08

步骤 3：驱动因素作用机制控制项参数识别。

由表 10－8 可得，本节建模所需要的数据信息均可从表中获取，此时系统白化信息充分，可采用定义 10.5 中的序列分组以及灰色关联分析法求解驱动因素作用机制控制项参数。为确保各时间段划分的均等性，以 2010 年作为分界年份，将 2004—2010 年作为第一个时间段，2011—2017 年作为第二个时间段，进而研究驱动因素在这两个时间段的作用效果。由于驱动因素数量多，各因素之间可能出现多重共线性问题，因此，在识别各阶段的主要驱动因素之前，需要先对各时间段内的各驱动因素间的关联度进行计算，关联度计算结果如表 10－9、表 10－10 所示。

为保证变量筛选标准的一致性，以关联度阈值大于 0.85 为判断标准，认为各驱动因素之间的关联度小于此阈值时，即不存在多重共线性问题，可进行建模，反之，则存在多重共线性问题，需要重新筛选变量。根据表 10－9可知，不论是在第一个时间段（2004—2010 年）还是第二个时间段（2011—2017 年），变量之间的相关度均小于 0.85，可以用于模型构建。

进而，分别计算两个时间段内各驱动因素与主系统行为序列的关联度。结果见表 10－10。

表 10-9 2004—2010 年各驱动因素的指标关联矩阵

	X_2	X_3	X_4	X_5
X_2	1	0.546 7	0.819 6	0.618 2
X_3		1	0.529 9	0.697 6
X_4			1	0.575 6
X_5				1

表 10-10 2011—2017 年各驱动因素的指标关联矩阵

	X_2	X_3	X_4	X_5
X_2	1	0.575 2	0.745 3	0.547 9
X_3		1	0.536 9	0.818 3
X_4			1	0.523 5
X_5				1

表 10-11 各驱动因素与粮食产量关联度的计算结果

年份	X_2	X_3	X_4	X_5
2004—2010	0.693 8	0.961 2	0.933 1	0.751 9
2011—2017	0.748 9	0.848 9	0.864 8	0.890 4

根据表 10-11 发现，机械总动力 X_3 在第一阶段（2004—2010 年）与粮食产量强相关；化肥施用量 X_4 在第一阶段（2004—2010 年）和第二阶段（2011—2017 年）均与粮食产量强相关；播种面积 X_5 则在第二阶段（2011—2017 年）与粮食产量强相关。进而，可得各驱动因素的作用机制控制项参数表达式为：

$$
\begin{cases}
P_2(k)=0 \\
P_3(k)=\mu(k-1)-\mu(k-7) \\
P_4(k)=\mu(k-1) \\
P_5(k)=\mu(k-8)-\mu(k-14)
\end{cases}
$$

步骤 4：参数估计及模拟预测。

将各驱动因素作用机制控制项参数代入 DLDGM（1，N）模型，结合最小二乘法求得剩余参数的估计值。为更好地说明本节模型的建模效果，同时建立传统 GM（1，N）模型[1]和 DGM（1，N）模型[1]对粮食产量进行对比分析。三种模型的模拟、预测及误差结果如表 10－12 所示。

表 10－12　河南省 2004—2018 年粮食产量的模拟和预测结果

单位：万吨

年份	原始值	DLDGM（1，N）模型		DGM（1，N）模型[56]		传统 GM（1，N）模型[1]	
		模拟值	相对误差	模拟值	相对误差	模拟值	相对误差
2004	4 260	4 260	—	4 260	—	4 260	—
2005	4 582	4 579.31	0.06%	4 605.09	0.50%	4 203.26	8.89%
2006	5 112.3	5 117.00	0.09%	5 047.73	1.26%	6 026.85	19.96%
2007	5 245.22	5 257.00	0.22%	5 268.09	0.44%	5 762.56	10.12%
2008	5 365.48	5 325.57	0.74%	5 392.86	0.51%	5 612.34	4.71%
2009	5 389	5 431.83	0.79%	5 411.31	0.41%	5 459.89	1.32%
2010	5 581.82	5 561.52	0.36%	5 560.72	0.38%	5 667.87	1.60%
2011	5 733.92	5 754.23	0.35%	5 720.93	0.23%	5 785.52	0.92%
2012	5 898.38	5 855.62	0.72%	5 846.29	0.88%	5 867.32	0.54%
2013	6 023.8	6 024.85	0.02%	6 095.64	1.19%	6 163.39	2.37%
2014	6 133.6	6 217.94	1.38%	6 218.47	1.38%	6 262.16	2.13%
2015	6 470.22	6 388.36	1.27%	6 283.61	2.88%	6 285.43	3.01%
2016	6 498.01	6 516.41	0.28%	6 620.13	1.88%	6 714.27	3.34%
2017	6 524.25	6 529.87	0.09%	6 458.15	1.01%	6 397.98	1.94%
模拟值平均相对误差			0.49%		1.00%		4.68%
年份	原始值	预测值	相对误差	预测值	相对误差	预测值	相对误差
2018	6 648.91	6 730.65	1.23%	6 441.29	3.12%	6 299.82	5.25%
预测值平均相对误差			1.23%		3.12%		5.25%

观察表 10－12 发现，三种模型的建模效果从优到劣依次为：DLDGM（1，N）模型、DGM（1，N）模型、GM（1，N）模型。本节 DLDGM（1，N）模型的误差波动范围较小，建模精度显著优于 DGM（1，N）和 GM（1，N）模型。相对于 GM（1，N）模型，该模型在建模及求解过程中不存在跳跃性误差；相对于 DGM（1，N）模型，该模型将参数可能存在的时变特征以及驱动因素作用机制考虑在内，模型结构较为完善。最终，DLDGM（1，N）模型的模拟误差和预测误差仅为 0.49%和 1.23%，充分

说明了本节模型的优越性。

步骤 5：2019—2022 年河南省粮食产量预测。

首先选取 GM（1，1）模型预测 2019—2022 年主驱动因素序列的值，然后结合 DLDGM（1，N）模型的时间响应式，可得粮食产量的预测值，具体计算结果见表 10 - 13。

表 10 - 13　2019—2022 年河南省粮食产量预测

年份	2019	2020	2021	2022
粮食产量（万吨）	6 707.47	6 825.69	6 914.30	7 019.76
增长率	0.88%	1.76%	1.30%	1.53%

表 10 - 13 表明，河南省粮食产量在 2019—2022 年之间呈现连续增长趋势，增长率明显高于 2016—2018 年，但仍低于 2004—2016 年之间的增长率。

10.4　本章小结

本章在传统 DGM（1，N）模型的基础上，提出三种改进的离散多变量灰色预测模型，分别是基于交互作用的非线性 INDGM（1，N）模型、含有时间多项式的多变量 DGMTP（1，N，α）模型和考虑驱动因素作用机制的线性时变参数 DLDGM（1，N）模型。

在章节 10.1 中，在具有交互作用的 GM（1，N）模型的基础上，考虑到相关因素序列的交互项与系统行为序列间的非线性关系，构造基于交互作用的非线性 INDGM（1，N）模型，并结合智能优化算法得出模型非线性参数。最后，应用我国二氧化碳排放量的实例来验证模型的建模效果。

在章节 10.2 中，将时间多项式项引入离散 GM（1，N）模型中，构建了含有时间多项式的多变量 DGMTP（1，N，α）模型。该模型能够与一般的灰色预测模型进行相互转化，具有兼容性。

在章节 10.3 中，提出考虑驱动因素作用机制的线性时变参数 DLDGM（1，N）模型，通过引入线性时变参数和驱动因素作用机制控制项参数，来描述参数的时变特征及区分驱动因素的作用时段，从而完善了传统多变量灰色预测模型的结构，增强模型结构与系统演变规律的匹配性。

11　MGM（1，m）模型的优化研究

GM（1，N）模型刻画的是受多因素影响的主系统行为序列的变化趋势，然而，实际系统中还存在一类变量，它们之间相互影响、相互制约、共同发展。为刻画此类变量之间的关系，翟军等[162]在 1997 年提出了多变量 MGM（1，m）模型，该模型不仅可以从系统的角度实现各变量的统一描述，同时还可以实现多个变量的同时预测。针对 MGM（1，m）模型在求解过程中由差分方程向微分方程跳跃而导致误差，以及未考虑系统行为序列自身的时间发展趋势问题，本章对多变量 MGM（1，m）模型进行了优化研究。结合背景值与原始序列的转换关系，提出了多变量 DMGM（1，m）直接预测模型，该模型有效避免了传统 MGM（1，m）模型的跳跃性误差。在此基础上，通过引入时间多项式项的方式，刻画系统变量的时间发展趋势特征，从而构建考虑时间因素作用的多变量 TPDMGM（1，m，γ）直接预测模型，并给出了预测模型的建模步骤。最后，通过算例分析验证模型的有效性。

11.1　多变量灰色直接预测模型（DMGM（1，m））

多变量 MGM（1，m）灰色预测模型通常采用差分方程估计模型参数，采用连续微分方程组的形式求解时间响应式，参数估计和参数应用之间存在跳跃性误差，从而可能导致模型建模精度较低。因此，本节构建一个能够将参数估计与模拟预测统一起来的多变量 MGM（1，m）直接预测模型。

11.1.1 DMGM（1，m）模型的构建及参数估计

定义 11.1 设原始数据序列矩阵为 $X^{(0)}=(X_1^{(0)}, X_2^{(0)}, \cdots, X_m^{(0)})$，$X_i^{(0)}$ 为第 i 个变量在时刻 $k=1, 2, \cdots, n$ 的观测序列，即 $X_i^{(0)}=(x_i^{(0)}(1), x_i^{(0)}(2), \cdots, x_i^{(0)}(n))$，$i=1, 2, \cdots, m$；$X^{(1)}=(X_1^{(1)}, X_2^{(1)}, \cdots, X_m^{(1)})$ 为原始数据序列矩阵 $X^{(0)}$ 的一阶累加生成矩阵，$X_i^{(1)}$ 为原始数据序列 $X_i^{(0)}$ 的一阶累加生成序列，$Z_i^{(1)}=(z_i^{(1)}(2), z_i^{(1)}(3), \cdots, z_i^{(1)}(n)), i=1,2,\cdots,m$ 为 $X_i^{(1)}$ 的紧邻均值生成序列，则：

$$\begin{cases} x_1^{(0)}(k)=\beta_{11}x_1^{(1)}(k-1)+\beta_{12}z_2^{(1)}(k)+\cdots+\beta_{1m}z_m^{(1)}(k)+\omega_1 \\ x_2^{(0)}(k)=\beta_{21}z_1^{(1)}(k)+\beta_{22}x_2^{(1)}(k-1)+\cdots+\beta_{2m}z_m^{(1)}(k)+\omega_2 \\ \cdots \\ x_m^{(0)}(k)=\beta_{m1}z_1^{(1)}(k)+\beta_{m2}z_2^{(1)}(k)+\cdots+\beta_{mm}x_m^{(1)}(k-1)+\omega_m \end{cases} \tag{11.1}$$

为多变量 MGM（1，m）直接预测模型（Multi - Variable Direct Grey Prediction Model with First Order Ordinary Differential Equation System，记作 DMGM（1，m）模型）。

定理 11.1 设 $X^{(0)}$、$X^{(1)}$、$X_i^{(0)}$、$X_i^{(1)}$、$Z_i^{(1)}$ 如定义 11.1 所示，$\hat{Q}_i=[\beta_{i1}, \beta_{i2}, \cdots, \beta_{im}, \omega_i]^{\mathrm{T}}$，$i=1, 2, \cdots, m$，则参数向量的最小二乘法辨识值为：

$$\hat{Q}_i=[\beta_{i1},\beta_{i2},\cdots,\beta_{im},\omega_i]^{\mathrm{T}}=(R_i{}^{\mathrm{T}}R_i)^{-1}R_i{}^{\mathrm{T}}S_i, i=1,2,\cdots,m \tag{11.2}$$

以 $i=1$ 为例，$\hat{Q}_1=[\beta_{11}, \beta_{12}, \cdots, \beta_{1m}, \omega_1]^{\mathrm{T}}=(R_1{}^{\mathrm{T}}R_1)^{-1}R_1{}^{\mathrm{T}}S_1$。

其中：

$$R_1=\begin{bmatrix} x_1^{(1)}(1) & z_2^{(1)}(2) & \cdots & z_m^{(1)}(2) & 1 \\ x_1^{(1)}(2) & z_2^{(1)}(3) & \cdots & z_m^{(1)}(3) & 1 \\ \cdots & \cdots & \cdots & \cdots & \cdots \\ x_1^{(1)}(n-1) & z_2^{(1)}(n) & \cdots & z_m^{(1)}(n) & 1 \end{bmatrix}, \tag{11.3}$$

$$S_1=[x_1^{(0)}(2),x_1^{(0)}(3),\cdots,x_1^{(0)}(n)]^{\mathrm{T}}$$

同理，当 $i=2, 3, \cdots, m$ 时，可得各个参数的估计值。

11.1.2 DMGM（1，m）模型的求解

定理 11.2 设 DMGM（1，m）模型中各个参数的估计值如定义 11.1 所示，给定初值条件 $\hat{x}_i^{(1)}(1)=x_i^{(0)}(1)$，$i=1, 2, \cdots, m$，递推可得 DMGM（1，m）模型的时间响应式为：

$$\begin{cases}\hat{x}_1^{(0)}(k)=\beta_{11}x_1^{(1)}(k-1)+\beta_{12}z_2^{(1)}(k)+\cdots+\beta_{1m}z_m^{(1)}(k)+\hat{\omega}_1\\ \hat{x}_2^{(0)}(k)=\beta_{21}z_1^{(1)}(k)+\beta_{22}x_2^{(1)}(k-1)+\cdots+\beta_{2m}z_m^{(1)}(k)+\hat{\omega}_2\\ \cdots\\ \hat{x}_m^{(0)}(k)=\beta_{m1}z_1^{(1)}(k)+\beta_{m2}z_2^{(1)}(k)+\cdots+\beta_{mm}x_m^{(1)}(k-1)+\hat{\omega}_m\end{cases},$$

$$k=2,3,\cdots,n \tag{11.4}$$

结合 MGM（1，m）模型的定义和 DMGM（1，m）模型的定义可知，将背景值 $z_i^{(1)}(k)=\frac{x_i^{(1)}(k)+x_i^{(1)}(k-1)}{2}=0.5x_i^{(0)}(k)+x_i^{(1)}(k-1)$ 代入传统 MGM（1，m）预测模型的离散形式，即可得到 DMGM（1，m）模型的定义式。通过观察 DMGM（1，m）模型的定义式及参数向量求解过程发现，该模型能够将参数求解和时间响应式求解统一为离散形式，有效避免了跳跃性误差，从理论上提升了建模精度。

综合上述建模分析过程，总结多变量 DMGM（1，m）直接预测模型的建模步骤如下：

步骤 1：变量筛选。筛选具有相互制约、相互联系、共同发展关系的系统变量 $X_i^{(0)}$。

步骤 2：模型建立。根据式（11.1）建立 DMGM（1，m）模型。

步骤 3：参数估计。基于定义 11.2 估计模型参数。

步骤 4：时间响应式求解。将步骤 3 中的参数值代入式（11.4），求得 DMGM（1，m）模型的时间响应式。

步骤 5：模拟预测。根据式（11.4）求得系统变量的拟合值。

步骤 6：精度检验。计算拟合值与原始值之间的平均相对误差。

11.1.3 算例分析

为验证本节所构建的多变量 DMGM（1，m）直接预测模型的模拟预测效

果，本节选取了文献［176］中的算例进行建模，原始数据序列为 $x_1^{(0)}(k)=e^{0.4k}$ 和 $x_2^{(0)}(k)=e^{0.6k}$，$k=1$，2，…，7。

步骤 1：根据表 11－1，选取 $k=1$ 至 $k=5$ 时刻的数据作为模拟数据，$k=6$、7时刻的数据作为模型预测效果的检验数据。

步骤 2：观察表 11－1，该预测系统共有两个变量。建立 DMGM（1，m）模型如下：

$$\begin{cases} x_1^{(0)}(k)=\beta_{11}x_1^{(1)}(k-1)+\beta_{12}z_2^{(1)}(k)+\omega_1 \\ x_2^{(0)}(k)=\beta_{21}z_1^{(1)}(k)+\beta_{22}x_2^{(1)}(k-1)+\omega_2 \end{cases}$$

记参数矩阵为 $Q=\begin{bmatrix}\beta_{11} & \beta_{12} & \omega_1 \\ \beta_{21} & \beta_{22} & \omega_2\end{bmatrix}_{2\times3}$。

表 11－1 两组原始数据序列

k	1	2	3	4	5	6	7
$x_1^{(0)}(k)$	1.49	2.23	3.32	4.95	7.39	11.02	16.44
$x_2^{(0)}(k)$	1.82	3.32	6.05	11.02	20.09	36.60	66.69

步骤 3：参数求解。根据最小二乘法来估计参数矩阵，可得各参数值分别为：

$$\hat{Q}=\begin{bmatrix}0.4918 & 0.0000 & 1.4918 \\ 0.0000 & 0.8221 & 1.8221\end{bmatrix}$$

步骤 4：根据步骤 3 中的参数值，可得模型的时间响应式为：

$$\begin{cases} \hat{x}_1^{(0)}(k)=0.4918x_1^{(1)}(k-1)+1.4918 \\ \hat{x}_2^{(0)}(k)=0.8221x_2^{(1)}(k-1)+1.8221 \end{cases}$$

步骤 5：模拟预测。根据步骤 4 中的时间响应式可得本节模型对原始数据序列的模拟预测值如表 11－2 和表 11－3 所示。同时，建立 MGM（1，m）模型[162]进行建模效果的对比，两个模型的模拟预测结果见表 11－2 和表 11－3。

根据表 11－2 和表 11－3 的建模结果可知，DMGM（1，m）模型的模拟和预测精度显著优于 MGM（1，m）模型。其中，MGM（1，m）模型的最大模拟误差为 8.70%，最大预测误差为 11.82%；而 DMGM（1，m）模型可以实现完全拟合。这主要是由于传统的 MGM（1，m）模型在参数估计和模型求解中存在跳跃性误差，从而导致建模精度相对较低。为避免跳跃性误差，本节利用背景值与一阶累加序列的转化关系，将模型的参数估计和模型求解统一为离散形式，通过优化模型的基本表达式来改善建模精度。综上所述，多变量 DMGM（1，m）直接预测模型的建模精度较高，具有有效性和实用性。

表 11-2　MGM（1，m）和 DMGM（1，m）模型的模拟预测结果及相对误差

k	MGM（1，m）模型				DMGM（1，m）模型			
	$\hat{x}_1^{(0)}(k)$	相对误差	$\hat{x}_2^{(0)}(k)$	相对误差	$\hat{x}_1^{(0)}(k)$	相对误差	$\hat{x}_2^{(0)}(k)$	相对误差
1	1.49	—	1.82	—	1.49	—	1.82	—
2	2.19	1.59%	3.19	3.82%	2.23	0.00%	3.32	0.00%
3	3.25	2.10%	5.72	5.47%	3.32	0.00%	6.05	0.00%
4	4.82	2.62%	10.24	7.10%	4.95	0.00%	11.02	0.00%
5	7.16	3.13%	18.34	8.70%	7.39	0.00%	20.09	0.00%
6	11.02	3.63%	36.60	10.28%	11.02	0.00%	36.60	0.00%
7	16.44	4.14%	66.69	11.82%	16.44	0.00%	66.69	0.00%

表 11-3　MGM（1，m）和 DMGM（1，m）模型的平均模拟、预测相对误差

误差	MGM（1，m）模型		DMGM（1，m）模型	
	x_1	x_2	x_1	x_2
平均模拟误差	1.89%	5.02%	0.00%	0.00%
	3.46%		0.00%	
平均预测误差	3.89%	11.05%	0.00%	0.00%
	7.47%		0.00%	

11.2　考虑时间因素作用的灰色预测模型（TPDMGM（1，m，γ））

11.1 节中所构建的 DMGM（1，m）直接预测模型结合背景值序列与原始序列的转换关系，将模型的参数求解和应用统一在一个表达式上，有效避免了 MGM（1，m）模型及其优化模型在参数求解和应用中的跳跃性误差。然而，通过观察传统 MGM（1，m）模型及 DMGM（1，m）模型的基本形式可知，它们在建模过程中忽略了系统变量自身固有的时间发展趋势特征，导致模型结构不完善。为此，本节将在多变量DMGM（1，m）直接预测模型的基础上，通过引入时间多项式项的方式来描述系统变量自身固有的时间发展趋势特征，构建考虑时间因素作用的TPDMGM（1，m，γ）直接预测模型，并通过算例来检验模型的建模效果。

11.2.1 TPDMGM（1，m，γ）模型的构建及参数估计

定义 11.2 设原始数据序列矩阵为 $X^{(0)}=(X_1^{(0)},X_2^{(0)},\cdots,X_m^{(0)})$，$X_i^{(0)}$ 为第 i 个变量在时刻 $k=1,2,\cdots,n$ 的观测序列，即 $X_i^{(0)}=(x_i^{(0)}(1),x_i^{(0)}(2),\cdots,x_i^{(0)}(n))$，$i=1,2,\cdots,m$；$X^{(1)}=(X_1^{(1)},X_2^{(1)},\cdots,X_m^{(1)})$ 为原始数据序列矩阵 $X^{(0)}$ 的一阶累加生成矩阵，$X_i^{(1)}$ 为原始数据序列 $X_i^{(0)}$ 的一阶累加生成序列，$Z_i^{(1)}=(z_i^{(1)}(2),z_i^{(1)}(3),\cdots,z_i^{(1)}(n))$，$i=1,2,\cdots,m$ 为 $X_i^{(1)}$ 的紧邻均值生成序列，则：

$$\begin{cases}
x_1^{(0)}(k)=\gamma_{11}x_1^{(1)}(k-1)+\gamma_{12}z_2^{(1)}(k)+\cdots+\gamma_{1m}z_m^{(1)}(k)+\theta_{10} \\
\qquad +\theta_{11}k+\theta_{12}k^2+\cdots+\theta_{1\gamma}k^{\gamma} \\
x_2^{(0)}(k)=\gamma_{21}z_1^{(1)}(k)+\gamma_{22}x_2^{(1)}(k-1)+\cdots+\gamma_{2m}z_m^{(1)}(k)+\theta_{20} \\
\qquad +\theta_{21}k+\theta_{22}k^2+\cdots+\theta_{2\gamma}k^{\gamma} \\
\vdots \\
x_m^{(0)}(k)=\gamma_{m1}z_1^{(1)}(k)+\gamma_{m2}z_2^{(1)}(k)+\cdots+\gamma_{mm}x_m^{(1)}(k-1)+\theta_{m0} \\
\qquad +\theta_{m1}k+\theta_{m2}k^2+\cdots+\theta_{m\gamma}k^{\gamma}
\end{cases} \tag{11.5}$$

为考虑时间因素作用的MGM（1，m）直接预测模型（Multi - Variable Direct Grey Prediction Model with First Order Ordinary Differential Equation System and Time Polynomial Terms，记作TPDMGM（1，m，γ）模型）。

定理 11.3 设 $X^{(0)}$、$X^{(1)}$、$X_i^{(0)}$、$X_i^{(1)}$、$Z_i^{(1)}$ 如定义11.2所示，$\hat{\xi}_i=[\gamma_{i1},\gamma_{i2},\cdots,\gamma_{im},\theta_{i0},\theta_{i1},\cdots,\theta_{i\gamma}]^{\mathrm{T}}$，$i=1,2,\cdots,m$，则参数向量的最小二乘法辨识值为：

$$\hat{\xi}_i=[\gamma_{i1},\gamma_{i2},\cdots,\gamma_{im},\theta_{i0},\theta_{i1},\cdots,\theta_{i\gamma}]^{\mathrm{T}}=(G_i^{\mathrm{T}}G_i)^{-1}G_i^{\mathrm{T}}F_i,i=1,2,\cdots,m \tag{11.6}$$

以 $i=1$ 为例，$\hat{\xi}_1=[\gamma_{11},\ \gamma_{12},\ \cdots,\ \gamma_{1m},\ \theta_{10},\ \theta_{11},\ \cdots,\ \theta_{1\gamma}]^{\mathrm{T}}=(G_1^{\mathrm{T}}G_1)^{-1}G_1{}^{\mathrm{T}}F_1$。

其中：

$$G_1=\begin{bmatrix} x_1^{(1)}(1) & z_2^{(1)}(2) & \cdots & z_m^{(1)}(2) & 1 & 2 & 2^2 & \cdots & 2^{\gamma} \\ x_1^{(1)}(2) & z_2^{(1)}(3) & \cdots & z_m^{(1)}(3) & 1 & 3 & 3^2 & \cdots & 3^{\gamma} \\ \vdots & \vdots & \ddots & \vdots & \vdots & \vdots & \vdots & \ddots & \vdots \\ x_1^{(1)}(n-1) & z_2^{(1)}(n) & \cdots & z_m^{(1)}(n) & 1 & n & n^2 & \cdots & n^{\gamma} \end{bmatrix},$$

$$F_1=[x_1^{(0)}(2),x_1^{(0)}(3),\cdots,x_1^{(0)}(n)]^{\mathrm{T}} \qquad (11.7)$$

同理，当 $i=2,\ 3,\ \cdots,\ m$ 时，可得各个参数的估计值。

观察式（11.7）可知，若想解得各个参数的估计值，则需要先明确时间多项式项中的 γ 值。考虑到高阶多项式的波动性特征和节俭性原则（模型越复杂，出现过拟合的概率越高）[209]，将参数 γ 的取值范围固定为 {0，1，2，3}。在实际应用中，采用调试法，令 γ 取遍所有可能取值 {0，1，2，3}，以平均相对误差最小为判断标准，选择平均相对误差最小的情况下对应的 γ 值。

11.2.2 TPDMGM（1，m，γ）的求解

定理 11.4 设 TPDMGM（1，m，γ）模型中参数向量的最小二乘法辨识值如定理 11.3 所示，给定初值条件 $x_i^{(1)}(1)=x_i^{(0)}(1)$，$i=1,\ 2,\ \cdots,\ m$，则 TPDMGM（1，m，$\gamma$）模型的递推公式为：

$$\begin{cases} \hat{x}_1^{(0)}(k)=\gamma_{11}x_1^{(1)}(k-1)+\gamma_{12}z_2^{(1)}(k)+\cdots+\gamma_{1m}z_m^{(1)}(k)+ \\ \qquad\qquad \theta_{10}+\theta_{11}k+\theta_{12}k^2+\cdots+\theta_{1\gamma}k^{\gamma} \\ \hat{x}_2^{(0)}(k)=\gamma_{21}z_1^{(1)}(k)+\gamma_{22}x_2^{(1)}(k-1)+\cdots+\gamma_{2m}z_m^{(1)}(k)+\theta_{20}+ \\ \qquad\qquad \theta_{21}k+\theta_{22}k^2+\cdots+\theta_{2\gamma}k^{\gamma} \\ \vdots \\ \hat{x}_m^{(0)}(k)=\gamma_{m1}z_1^{(1)}(k)+\gamma_{m2}z_2^{(1)}(k)+\cdots+\gamma_{mm}x_m^{(1)}(k-1)+\theta_{m0}+ \\ \qquad\qquad \theta_{m1}k+\theta_{m2}k^2+\cdots+\theta_{m\gamma}k^{\gamma} \end{cases}$$

$$k=2,3,\cdots,n \qquad (11.8)$$

根据 TPDMGM（1，m，γ）模型的基本形式和求解过程可知，TPD-

MGM（1，m，γ）模型不仅能够实现参数估计和模型求解的统一，避免了跳跃性误差，同时依靠自身动态特性，通过调节时间多项式项的γ值，有效刻画系统变量与时间的变化关系，弥补了现有 MGM（1，m）模型的理论缺陷和结构缺陷。

综合上述建模分析过程，总结 TPDMGM（1，m，γ）直接预测模型的建模步骤如下：

步骤 1：变量筛选。筛选具有相互制约、相互联系、共同发展关系以及时间发展趋势特征的系统变量 $X_i^{(0)}$。

步骤 2：模型建立。根据式（11.5）建立 TPDMGM（1，m，γ）模型。

步骤 3：参数求解。基于调试法求解参数γ，基于定理 11.3 求解模型剩余参数。

步骤 4：时间响应式求解。将步骤 3 的参数值代入式（11.8），求得 TPDMGM（1，m，γ）模型的时间响应式。

步骤 5：模拟预测。根据式（11.8）求得系统变量的拟合值。

步骤 6：精度检验。计算各拟合值与模拟值之间的平均相对误差。

11.2.3 算例分析

为验证本节所构建的考虑时间因素作用的 TPDMGM（1，m，γ）直接预测模型的模拟预测效果，本节选取了文献［212］中三组真实的基坑变形数据进行建模，原始数据见表 11-4。

步骤 1：根据表 11-4，选取 $k=1$ 至 $k=7$ 时刻的数据作为模拟数据，$k=8$，9时刻的数据作为模型预测效果的检验数据。

表 11-4　三组基坑变形原始数据序列

单位：毫米

k	$x_1^{(0)}(k)$	$x_2^{(0)}(k)$	$x_3^{(0)}(k)$
1	8.48	9.29	10.07
2	12.77	13.67	14.52
3	15.1	16.23	17.28
4	17.87	19	20.05
5	19.66	20.84	21.84

（续）

k	$x_1^{(0)}(k)$	$x_2^{(0)}(k)$	$x_3^{(0)}(k)$
6	22.3	23.33	24.28
7	24.32	25.39	26.34
8	26.1	27.22	28.15
9	28.9	29.35	30.4

步骤 2：观察表 11－4，该预测系统共有三个变量。建立 TPDMGM（1，m，γ）模型如下：

$$\begin{cases} x_1^{(0)}(k)=\gamma_{11}x_1^{(1)}(k-1)+\gamma_{12}z_2^{(1)}(k)+\gamma_{13}z_3^{(1)}(k)+\theta_{10}+ \\ \qquad \theta_{11}k+\theta_{12}k^2+\cdots+\theta_{1\gamma}k^{\gamma} \\ x_2^{(0)}(k)=\gamma_{21}z_1^{(1)}(k)+\gamma_{22}x_2^{(1)}(k-1)+\gamma_{23}z_3^{(1)}(k)+\theta_{20}+ \\ \qquad \theta_{21}k+\theta_{22}k^2+\cdots+\theta_{2\gamma}k^{\gamma} \\ x_3^{(0)}(k)=\gamma_{31}z_1^{(1)}(k)+\gamma_{32}z_2^{(1)}(k)+\gamma_{33}x_3^{(1)}(k-1)+\theta_{30}+ \\ \qquad \theta_{31}k+\theta_{32}k^2+\cdots+\theta_{3\gamma}k^{\gamma} \end{cases}$$

记参数矩阵为 $G=\begin{bmatrix} \gamma_{11} & \gamma_{12} & \gamma_{13} & \theta_{10} & \theta_{11} & \theta_{12} & \cdots & \theta_{1\gamma} \\ \gamma_{21} & \gamma_{22} & \gamma_{23} & \theta_{20} & \theta_{21} & \theta_{22} & \cdots & \theta_{2\gamma} \\ \gamma_{31} & \gamma_{32} & \gamma_{33} & \theta_{30} & \theta_{31} & \theta_{32} & \cdots & \theta_{3\gamma} \end{bmatrix}_{3\times(\gamma+4)}$。

步骤 3：参数求解。以平均相对误差最小为判断标准，结合调试法求解 γ 值，并使用最小二乘法来估计参数矩阵，可得各参数值分别为：

$$\gamma=1,\hat{G}=\begin{bmatrix} -2.0444 & 4.6613 & -2.6307 & -0.6517 & 0.5927 \\ 0.8438 & -1.9399 & 1.1005 & 0.4461 & -0.1841 \\ -1.5581 & 3.6237 & -2.0742 & -0.7375 & 0.4348 \end{bmatrix}$$

步骤 4：根据步骤 3 中的参数值，可得模型的时间响应式为：

$$\begin{cases} \hat{x}_1^{(0)}(k)=-2.0444x_1^{(1)}(k-1)+4.6613z_2^{(1)}(k)-2.6307z_3^{(1)}(k)- \\ \qquad 0.6517+0.5927k \\ \hat{x}_2^{(0)}(k)=0.8438z_1^{(1)}(k)-1.9399x_2^{(1)}(k-1)+1.1005z_3^{(1)}(k)+ \\ \qquad 0.4461-0.1841k \\ \hat{x}_3^{(0)}(k)=-1.5581z_1^{(1)}(k)+3.6237z_2^{(1)}(k)-2.0742x_3^{(1)}(k-1)- \\ \qquad 0.7375+0.4348k \end{cases}$$

步骤 5：模拟预测。根据步骤 4 中的时间响应式可得基坑变形系统的模拟预测值如表 11-5 和表 11-6 所示。同时，建立 MGM（1，m）模型[162]进行建模效果的对比，两个模型的模拟预测结果见表 11-5 和表 11-6。

根据表 11-5 和表 11-6 中的建模结果可知，TPDMGM（1，m，γ）模型的模拟和预测精度显著优于 MGM（1，m）模型。其中，MGM（1，m）模型的最大模拟误差为 1.62%，最大预测误差为 3.22%；而 TPDMGM（1，m，γ）模型的最大模拟误差仅为 0.16%和最大预测误差仅为 2.48%。这主要是由于传统的 MGM（1，m）模型在参数估计和模型求解中存在跳跃性误差，从而导致建模精度相对较低。同时，传统的 MGM（1，m）模型的模型结构未能展现系统变量自身固有的时间发展趋势，导致模型结构不完善。为此，本节在多变量 DMGM（1，m）直接预测模型的基础上，通过引入时间多项式项的方式来刻画各系统变量自身固有的时间发展趋势，构建了考虑时间因素作用的 TPDMGM（1，m，γ）直接预测模型，该模型不仅能够刻画系统内各个变量相互制约、相互影响、共同发展的关系，同时还能刻画出各系统变量自身的时间发展趋势，符合系统变量的实际变化规律。综上所述，TPDMGM（1，m，γ）模型的建模精度较高，具有有效性和实用性。

表 11-5　MGM（1，m）和 TPDMGM（1，m，γ）模型的模拟预测结果及相对误差

k		2	3	4	5	6	7	8	9
MGM（1，m）模型	模拟预测结果	12.82	15.18	17.58	19.90	22.09	24.22	26.49	29.17
		13.77	16.26	18.72	21.03	23.16	25.24	27.50	30.29
		14.66	17.26	19.76	22.04	24.11	26.15	28.44	31.36
	相对误差	0.40%	0.55%	1.62%	1.20%	0.96%	0.41%	1.49%	0.95%
		0.70%	0.21%	1.45%	0.91%	0.73%	0.61%	1.03%	3.22%
		0.98%	0.10%	1.45%	0.91%	0.69%	0.74%	1.01%	3.17%
TPDMGM（1，m，γ）模型	模拟预测结果	12.77	15.11	17.84	19.65	22.33	24.30	26.12	28.18
		13.67	16.22	19.01	20.85	23.32	25.40	27.21	29.65
		14.52	17.30	20.03	21.83	24.30	26.33	28.17	29.87
	相对误差	0.00%	0.09%	0.15%	0.03%	0.16%	0.07%	0.07%	2.48%
		0.01%	0.04%	0.03%	0.04%	0.06%	0.02%	0.03%	1.01%
		0.03%	0.09%	0.08%	0.05%	0.10%	0.03%	0.08%	1.75%

表 11-6　MGM（1，m）和 TPDMGM（1，m，γ）模型的平均模拟、预测相对误差

误差	MGM（1，m）模型			TPDMGM（1，m，γ）模型		
	x_1	x_2	x_3	x_1	x_2	x_3
平均模拟误差	0.86%	0.77%	0.81%	0.08%	0.03%	0.06%
		0.81%			0.06%	
平均预测误差	1.22%	2.13%	2.09%	1.28%	0.52%	0.92%
		1.81%			0.90%	

11.3　本章小结

本章在传统 MGM（1，m）模型的基础上，提出两种改进的 MGM（1，m）模型，分别是多变量 DMGM（1，m）直接预测模型和考虑时间因素作用的 TPDMGM（1，m，γ）直接预测模型。

多变量 MGM（1，m）灰色预测模型是从系统的角度实现多个变量同时预测的重要途径。由于多变量 MGM（1，m）模型存在参数求解与应用不一致的跳跃性误差，章节 11.1 以避免该误差为导向，从离散灰色建模的思想出发，利用背景值与原始序列的转换关系，将模型的参数估计与模拟预测统一为离散形式，构建了多变量 DMGM（1，m）直接预测模型。同时，考虑到系统内各个变量自身固有的时间发展趋势特征，通过引入时间多项式项，章节 11.2 提出了考虑时间因素作用的 TPDMGM（1，m，γ）直接预测模型，并利用调试法求解时间项参数，体现了优化模型的动态适应性。

12 研究结论与展望

12.1 研究总结

本研究基于传统灰色预测模型，结合现有关于灰色预测模型的研究成果，从八个角度对传统灰色预测模型进行优化研究。具体的研究内容可以总结如下。

（1）区间灰数预测模型的优化研究。主要构建了五种区间灰数预测模型，即基于核和认知程度的区间灰数 Verhulst 预测模型、考虑白化权函数的区间灰数预测模型、初始条件优化的正态分布区间灰数 NGM（1，1）模型、基于区间灰数序列的 NGM（1，1）直接预测模型和新信息优先的无偏区间灰数预测模型。本研究主要采用灰色属性法，从核和认知程度两个维度提取区间灰数蕴含的灰信息，实现数据序列的转化，并在此基础上建立灰色 Verhulst 预测模型，得到基于核和认知程度的区间灰数 Verhulst 预测模型。考虑到灰数取值可能性大小对建模的影响，研究白化权函数已知的区间灰数预测模型构建问题。对区间灰数标准化得到白部和灰部，将白化权函数映射到二维坐标平面上，提取其面积信息并计算白化权函数已知的区间灰数的核。对白部、灰部、核和面积序列建立预测模型，并逆推区间灰数上下界的计算公式及其白化权函数，进而得到考虑白化权函数的区间灰数预测模型。该方法与现有求面积平均值来估计预测值的方法相比，当灰数取值可能性变化波动较大时，可以避免放大或缩小预测值在给定区间的取值可能性，使模型精度更高。此外，本研究提出了基于信息充分利用以及新信息优先的

NGM（1，1）模型初始条件优化方法，该方法在假设每一个拟合值均有可能与原始值重合的前提下，以各点初始条件的加权值作为优化后的初始条件，并基于正态分布的参数特征实现区间灰数的白化。该优化方法既提升了数据信息的利用效率，又体现了新信息优先原理，优化效果较好。另外，通过定义区间灰数 NGM（1，1）直接预测模型的基本形式，基于遗传算法定义新的参数的求解方法，提出了基于区间灰数序列的 NGM（1，1）直接预测模型，该模型无需将区间灰数白化为实数便可进行预测，具有建模过程简单、建模精度较高的优点。针对区间灰数预测模型在求解时由差分方程到微分方程跳跃带来的误差问题，以无偏 NGM（1，1，k）模型为基础，采用克莱姆法则求解模型参数。根据新信息优先原理，选取 $x^{(1)}(n)$ 为初值条件，得到时间响应式。最后逆推区间灰数上下界，得到新信息优先的无偏区间灰数预测模型。

（2）三参数区间灰数预测模型的优化研究。构建了基于核和双信息域的三参数区间灰数预测模型和基于可能度函数的三参数区间灰数预测模型。本书考虑灰数取值可能性最大的点，将灰色预测模型的建模对象拓展到三参数区间灰数。为了体现“重心”与上下界点的偏离程度，以“重心”点为分界点将灰数取值区间分解为上下两个小区间，得到上、下信息域，并计算三参数区间灰数的核。在此基础上分别对核和上、下信息域序列构建预测模型，最后推导得到基于核和双信息域的三参数区间灰数预测模型。为了进一步分析灰数取值可能性对模型精度的影响，研究了三参数区间灰数可能度函数，且已知具有简单线性分布特征时的预测模型构建问题。根据可能度函数的几何特征，将其映射到二维坐标平面上，计算其与坐标轴所围图形的面积和几何中心。提取灰数的核信息，通过几何和灰色属性两方面实现灰信息的有效挖掘。对白化后的序列建立预测模型，并逆推迭代得到三参数区间灰数参数点模拟值表达式和可能度函数，从而建立了基于可能度函数的三参数区间灰数预测模型。

（3）分数阶灰色预测模型的优化研究。构建了含时滞多项式的分数阶离散灰色模型（FTDP-DGM（1，1））。考虑时滞效应对灰色系统的影响，将时滞多项式纳入分数阶离散灰色模型中，提出 FTDP-DGM（1，1）模型。该模型能在一定程度上提取数据序列的时滞性和随机波动性的特征，对具有不确定性特征的复杂非线性数据序列预测具有良好的性能。此外，该模型时间响应式的求解克服了传统模型的缺陷。采用遗传算法确定最优分数阶参数值，进一步提高了模型精度。利用所提模型对中国 2011—2021 年的水力发电、风力发电和核能发电量进行模拟和预测，证明了模型的有效性和适应性。结果表明，与 GM（1，1）、DGM（1，1）和 FGM（1，1）模型相比，本书所提出的模型具有明显的优势，其 *RMSE*、*MAPE* 和 *MRE* 均相对较小。

（4）灰色伯努利模型的优化研究。提出两种改进的灰色伯努利模型，分别是含虚拟变量的时滞灰色伯努利模型（DTD-NGBM（1，1））和含三角函数的灰色伯努利模型（SNGBM（1，1，sin））。通过将政策影响作为虚拟变量引入灰色伯努利模型中，同时考虑系统时滞效应，构建 DTD-NGBM（1，1）模型。该模型适用于含有多次突变的非线性小样本时间序列的建模预测问题，能在一定程度上识别数据序列的突变性、非线性和复杂随机性的特征，且具有良好的预测性能。由于时滞项的存在，可直接利用模型的基本方程求解其时间响应式，避免了传统灰色模型的跳跃性误差。利用调试法求解时滞参数的最优值，利用遗传算法寻找非线性参数的最优值，进一步提高了模型的模拟和预测精度。通过对中美两国的太阳能发电量的模拟和预测发现，DTD-NGBM（1，1）模型的建模效果显著优于四种对比模型，验证了本书模型的有效性和优越性。通过对 SNGBM（1，1，sin）模型的建模机理分析发现，SNGBM（1，1，sin）模型适用于含时间趋势性的小样本振荡序列的预测建模问题，能在一定程度上提取数据序列的时间趋势性和振荡性特征。借助调试法求解模型中的时间延迟参数，并利用遗传算法寻找时间作用参数和幂指数的最优值，通过结构参数的协调变化，模型可以更好地适应原始数据序列的时间趋势性和振荡性，提高了预测精度。此外，SNGBM（1，1，sin）模型的预测时间响应式是直接由原始差分方程推导得出的，避免了传统灰色模型由差分到微分的跳跃性误差。通过实证分析表明，时间延迟参数为 1 的 SNGBM（1，1，sin）模型能够有效识别我国季度风电产量数据的时间趋势性和振荡性特征，且预测结果与实际趋势相符。

（5）含时间幂次的灰色预测模型的优化研究。提出两种改进含时间幂

次的灰色预测模型，分别是含三角函数的时间幂次 SGM（1，1，t^{α} | sin）模型和含延迟时间幂次项的离散灰色 TDDGM（1，1，t^{α}）模型。SGM（1，1，t^{α} | sin）模型综合非线性、季度周期性和时间趋势性，并同时考虑延时效应对系统的影响，能够准确描述时间序列的复杂非线性和季度周期性特征，为小样本季度时间序列预测提供了一种高效的预测方法。由于时间延迟参数的存在，该模型可以在不借助白化微分方程的情况下推导出时间响应函数的具体表达式，避免了传统灰色模型的固有误差。此外，利用调试法和遗传算法分别对模型中延迟时间项和非线性参数的最优值动态寻优，进一步提高了模型精度。通过对中国 2017Q1—2022Q4 的季度用电量的模拟和预测，验证了 SGM（1，1，t^{α} | sin）模型的有效性和适用性。结果表明，与 GM（1，1）、DGGM（1，1）和 SGM（1，1）模型相比，延迟参数为 2 的 SGM（1，1，t^{α} | sin）模型具有最优的预测性能。通过对 TDDGM（1，1，t^{α}）模型的建模机理分析发现，TDDGM（1，1，t^{α}）模型适用于非线性和复杂性的小样本时间序列的预测建模问题，特别是在不确定和信息不足的情况下，能在一定程度上提取数据序列的时间趋势性、非线性和复杂随机性的特征，具有良好的预测性能。利用遗传算法寻找时间幂次项指数的最优值，进一步提高了模型的预测精度。此外，求解 TDDGM（1，1，t^{α}）模型的时间响应式无需借助近似的白化微分方程，避免了传统灰色预测模型由差分方程向微分方程跳跃而导致的误差。通过实证分析，TDDGM（1，1，t^{α}）模型能够有效识别我国太阳能发电量数据的非线性和复杂性。

（6）传统多变量灰色预测模型的优化研究。提出两种改进的多变量灰色预测模型，分别是考虑未知因素作用的多变量 GMU（1，N）预测模型和优化的多变量灰色伯努利 ONGBM（1，N）模型。通过舍去理想化的建模条件、引入指数型灰色作用量的形式构建了考虑未知因素作用的多变量 GMU（1，N）预测模型，该模型既能提升白化方程与灰色方程的匹配性，又能刻画系统未知因素对主系统行为序列发展趋势的作用，同时，构建拓展模型 GMU（1，N，$x_1^{(1)}$）来有效避免 GM（1，N）模型的跳跃性误差。ONGBM（1，N）模型考虑到系统行为序列自身的非线性变化，以及影响因素的变化趋势对系统行为序列的影响，使得模型更具有灵活性，更有利于提高模型的模拟预测精度。利用遗传算法得到模型中的非线性参数，优化模型的参数，使得模型更好地适应数据变化。在模拟预测我国能源消耗的应用中，ONGBM（1，N）模型与GM（1，N）模型、DGM（1，N）模型、GM（1，1）模型、ARIMA模型的对比分析中，该模型在模拟预测阶段*MAPE*值最小，有较好的建模和预测效果。

（7）传统离散多变量灰色预测模型的优化研究。提出三种改进的离散多变量灰色预测模型，分别是基于交互作用的非线性INDGM（1，N）模型、含有时间多项式的多变量DGMTP（1，N，α）模型和考虑驱动因素作用机制的线性时变参数DLDGM（1，N）模型。在具有交互作用的GM（1，N）模型的基础上，考虑到相关因素序列的交互项与系统行为序列间的非线性关系，构造基于交互作用的非线性INDGM（1，N）模型，并结合智能优化算法得出模型非线性参数。最后，将该模型应用于我国二氧化碳排放量的实例来验证模型的建模效果，结果表明，INDGM（1，N）模型考虑到交互项对系统行为序列的非线性交互作用，提高了模型精度，并且对含有交互作用的系统能够进行有效的模拟预测。此外，在DGM（1，N）模型的基础上引入时间多项式，构建了含时间多项式的多变量DGMTP（1，N，α）模型，时间多项式能够有效刻画主系统行为序列自身固有的时间发展趋势。另外，针对GMU（1，N）模型及DGMTP（1，N，α）模型中未能考虑到模型参数的时变特征问题，通过在DGM（1，N）模型基础上引入线性时变参数的方式进行优化，构建了考虑驱动因素作用机制的线性时变参数DLDGM（1，N）模型，该模型不仅能够描述参数的时变特征，同时还能刻画驱动因素的作用机制。

（8）传统MGM（1，m）模型的优化研究。提出两种改进的MGM（1，m）模型，分别是多变量DMGM（1，m）直接预测模型和考虑时间因素作用的TPDMGM（1，m，γ）直接预测模型。为避免传统MGM（1，m）模型及其现有的优化模型存在参数求解和应用不一致的跳跃性误差，结合原始序列与背景值的转换关系，对MGM（1，m）模型进行优化，构造了多变量DMGM（1，m）直接预测模型，有效避免了误差的产生。同时，在DMGM（1，m）直接预测模型的基础上，通过引入时间多项式项刻画各系统变量的时间发展趋势，构建了考虑时间因素作用的TPDMGM（1，m，γ）

直接预测模型。

12.2 研究展望

本研究对单变量灰色预测模型以及多变量灰色预测模型所做的优化研究在一定程度上丰富了灰色预测研究的理论体系，对比已有模型，本书优化模型的建模精度有了显著提升，且在建模原理上具有一定的优势，不过仍存在一些有待深入研究的内容。结合自身在研究过程中的文献阅读和思考，提出未来可供继续研究的方向。

（1）灰色预测模型建模机理的改进与优化。本研究所提几种预测模型建模基本原理均是尝试在保证灰数完整性和独立性的条件下，从不同角度对其进行白化，对白化后的序列建立预测模型，并根据相应的计算表达式反推得到灰数上下界（以及“重心”点）模拟值的表达式，进而得到区间灰数预测模型或三参数区间灰数预测模型。如何从模型本身建模机理层面出发，对其参数进行改进和优化，使模型能够直接用于灰数序列的建模，这一问题有待进一步研究。

（2）离散灰数预测模型研究。本研究的预测模型建模对象均为连续型灰数，但在实际生活中存在一些以离散灰数表征的数据形式，如对某人年龄的描述。因此，有必要继续拓展灰色预测模型的建模对象，这值得深入研究。

（3）数据序列包含多种数据类型的预测模型研究。尽管本书分别研究了区间灰数和三参数区间灰数预测模型构建方法，但是所提模型适用的建模序列均只含一种数据类型。然而，在实际生活中由于统计信息时所采用的方法、刻画事物的主体对象等存在差异，即数据来源具有多样性，当建模数据序列中同时存在多种数据类型，如区间灰数、三参数区间灰数和语言变量等。那么，针对此类型建模数据该如何建模，有待进一步深入研究。

（4）循环变动数据序列的灰色预测。将时间序列数据分解为长期趋势、季节变动、循环变动和不规则变动，并加以测定，便于选择预测模型。本书已分别针对含长期趋势、季节变动和不规则变动或两种以上因素的时间序列，建立灰色模型进行预测分析。循环变动在自然现象中广泛存在，如人口增长率和降水量等，认识和掌握其规律，可以事先采取有力措施。然而，循环变动的周期一般在一年以上，且长短不同，没有固定的变动规律，很难事先预知，但每一周期都又呈现盛衰起伏相间的状况。识别循环因子的关键是要有大量的历史数据，通常我们得到的数据相对较短。因此针对少数据循环变动的时间数据序列，建立特定的灰色模型进行预测，还有待进一步研究。

（5）系统灰预测模型的构造及应用。本书模型均是针对时间数据序列进行预测研究，而对于含有多个相互关联因素的系统整体，任何单个模型都不能反映系统的发展变化。系统灰预测是一种多序列预测方法，具有强烈的现实意义。因此，在后续的研究中，可以考虑针对含有多个自主控制变量的复杂系统，发掘其他灰色模型之间的嵌套，构造一系列新的系统灰预测模型，并对实际生产生活中的复杂系统进行预测研究。

（6）多变量区间灰数直接预测模型的构建方法研究。本书研究了单变量区间灰数直接预测模型的构建方法，然而，在实际经济系统中，主系统行为序列的变化往往受到多种因素影响，运用多变量灰色预测模型建模更为合适。现有的多变量区间灰数预测模型依然是基于白化后的实数序列建模，这没有从本质上实现建模对象由实数向区间灰数的拓展。因此，如何构建一个可直接用于区间灰数序列建模的多变量灰色预测模型，有待进一步研究。

（7）考虑符合“解的非唯一性”原理的多变量灰色预测模型构建方法研究。本书提出的多变量灰色预测模型在建模中以实数序列进行建模输入，输出结果也是实数序列，这与灰色系统的六大公理之一的“解的非唯一性”原理相违背。同时，在实际经济系统的预测中，实数形式的输出结果具有唯一性和局限性，可能会导致政策建议的制定产生偏差。研究如何构建以实数的形式输入数据，而以区间灰数的形式输出数据的多变量灰色预测模型，扩大预测结果的参考范围，提升预测结果的可靠性与灵活性，有待进一步研究。

REFERENCES 参考文献

[1] 刘思峰，等．灰色系统理论及其应用［M］．8版．北京：科学出版社，2017.

[2] Deng J L. Introduction to Grey System Theory ［J］. The Journal of Grey System，1989，1（1）：1-24.

[3] Gao H，Yao T X，Kang X R. Population Forecast of Anhui Province Based on the GM（1，1）Model ［J］. Grey Systems：Theory and Application，2017，7（1）：19-30.

[4] Zeng B，Li H，Ma X. A Novel Multi-Variable Grey Forecasting Model and Its Application in Forecasting the Grain Production in China ［J］. Computers & Industrial Engineering，2020，150，Article ID：106915.

[5] Wu W Q，Ma X，Wang Y，Cai W，Zeng B. Predicting China's Energy Consumption Using a Novel Grey Riccati Model ［J］. Applied Soft Computing，2020，95，Article ID：106555.

[6] 曾波，刘思峰，白云，周猛．基于灰色系统建模技术的人体疾病早期预测预警研究［J］．中国管理科学，2020，28（1）：144-152.

[7] 刘震，谢玉梅，党耀国．基于改进GM（1，1）模型的中国脱贫攻坚进展分析［J］．系统工程理论与实践，2019，39（10）：2476-2486.

[8] 谢乃明．灰色系统建模技术研究［D］．南京：南京航空航天大学，2008.

[9] Liu S F，Fang Z G，Forrest J. On Algorithm Rules of Interval Grey Numbers Based on the "Kernel" and the Degree of Greyness of Grey Numbers ［C］. Systems Man and Cybernetics（SMC），2010 IEEE International Conference on. IEEE，2010：756-760.

[10] 杨德岭，刘思峰，曾波．基于核和信息域的区间灰数Verhulst模型［J］．控制与决策，2013，28（2）：264-268.

[11] 曾波．基于核和灰度的区间灰数预测模型［J］．系统工程与电子技术，2011，33（4）：821-824.

[12] 叶璟，党耀国，丁松．基于广义"灰度不减"公理的区间灰数预测模型［J］．控制与决策，2016，31（10）：1831-1836.

[13] 刘解放，刘思峰，方志耕．基于核与灰半径的连续区间灰数预测模型 [J]. 系统工程，2013，31 (2)：61-64.

[14] Zeng B，Li C，Long X J，et al. A Novel Interval Grey Number Prediction Model Given Kernel and Grey Number Band [J]. The Journal of Grey System，2014，26 (3)：65-82.

[15] 罗党，李琳．基于核和测度的区间灰数预测模型 [J]. 数学的实践与认识，2014，44 (8)：96-100.

[16] 袁潮清，刘思峰，张可．基于发展趋势和认知程度的区间灰数预测 [J]. 控制与决策，2011，26 (2)：313-315，319.

[17] 曾波，刘思峰．一种基于区间灰数几何特征的灰数预测模型 [J]. 系统工程学报，2011，26 (2)：174-180.

[18] 曾波，刘思峰，谢乃明，崔杰．基于灰数带及灰数层的区间灰数预测模型 [J]. 控制与决策，2010，25 (10)：1585-1588，1592.

[19] Zeng B，Liu S，Xie N M. Prediction Model of Interval Grey Number Based on DGM (1，1) [J]. Journal of Systems Engineering and Electronics，2010，21 (4)：598-603.

[20] Zeng B，Chen G，Liu S F. A Novel Interval Grey Prediction Model Considering Uncertain Information [J]. Journal of the Franklin Institute，2013，350 (10)：3400-3416.

[21] 方志耕，刘思峰，陆芳，万军，刘斌．区间灰数表征与算法改进及其 GM (1，1) 模型应用研究 [J]. 中国工程科学，2005 (2)：57-61.

[22] 孟伟，刘思峰，曾波．区间灰数的标准化及其预测模型的构建与应用研究 [J]. 控制与决策，2012，27 (5)：773-776.

[23] 王桐远，张军，张琳．基于连续区间灰数 Verhulst 模型的地震救援药品需求预测研究 [J]. 数学的实践与认识，2015，45 (7)：169-175.

[24] Zeng B，Li C，Zhou X Y，et al. Prediction Model of Interval Grey Numbers with a Real Parameter and Its Application [C]. Abstract and Applied Analysis. Hindawi，2014.

[25] Zeng B，Liu S F，Li J. An Error Inspection Method for Interval Grey Number Prediction Model Based on Kernel and Interval Length [C]. Grey Systems and Intelligent Services (GSIS)，2011 IEEE International Conference on. IEEE，2011：318-319.

[26] 张军，曾波，孟伟．区间灰数预测模型误差的检验方法 [J]. 统计与决策，2014 (16)：17-19.

[27] 邓聚龙．灰理论基础 [M]. 武汉：华中科技大学出版社，2002：70-71.

[28] 袁潮清，刘思峰．一种基于灰色白化权函数的灰数灰度 [J]. 江南大学学报（自然

科学版），2007（4）：494－496.

[29] 束慧，王文平，熊萍萍．白化权函数已知的区间灰数的核与灰度［J］．控制与决策，2017，32（12）：2190－2194.

[30] Zhao L M，Zeng B. Prediction Modeling Method of Interval Grey Number Based on Different Type Whitenization Weight Functions［C］．Applied Mechanics and Materials，Trans Tech Publications，2013，411：2074－2080.

[31] 曾波，刘思峰，崔杰．白化权函数已知的区间灰数预测模型［J］．控制与决策，2010，25（12）：1815－1820.

[32] Wu L Y，Wu Z P，Qi Y J. An Improved Prediction Model for Interval Grey Number［C］．Systems Man and Cybernetics（SMC），2016 IEEE International Conference on. IEEE，2016：001730－001734.

[33] 罗党，李钰雯，林培源．基于白化权函数的区间灰数预测模型［J］．数学的实践与认识，2017，47（8）：167－175.

[34] 卜广志，张宇文．基于三参数区间数的灰色模糊综合评判［J］．系统工程与电子技术，2001，23（9）：43－45，62.

[35] 罗党．三参数区间灰数信息下的决策方法［J］．系统工程理论与实践，2009，29（1）：124－130.

[36] 王洁方，刘思峰．三参数区间灰数排序及其在区间 DEA 效率评价中的应用［J］．系统工程与电子技术，2011，33（1）：106－109.

[37] 张东兴，王建平，李晔．基于前景理论的三参数区间灰数信息下多属性灰关联决策方法［J］．数学的实践与认识，2019，49（13）：101－108.

[38] Guo S D，Li Y，Dong F Y，et al. Multi－Attribute Grey Target Decision－Making Based on “Kernel” and Double Degree of Greyness［J］．Journal of Grey System，2019，31（2）.

[39] Fu S. Three－Parameter Interval Grey Number Multi－Attribute Decision Making Method Based on Information Entropy［J］．Mathematical and Computational Applications，2016，21（2）：17.

[40] Li Y，Zhang D X，Liu B. Multi－Attribute Decision－Making Method Based on Cosine Similarity with Three－Parameter Interval Grey Number［J］．Journal of Grey System，2019，31（3）.

[41] 王娜．三参数区间灰数的决策和预测方法研究［D］．郑州：河南农业大学，2015.

[42] 李晔，朱山丽，侯贤敏．基于核和精确度的三参数区间灰数预测模型［J］．河南师

范大学学报（自然科学版），2016，44（6）：165－169，174.

[43] 陈可嘉，陈萍．“互联网＋”环境下基于T－PIGN－TOPSIS的电子商务物流供应商评价［J］．电子科技大学学报（社科版），2018，20（4）：107－112.

[44] Wang Y H，Liu Q，Tang J R，Cao W B，Li X Z. Optimization Approach of Background Value and Initial Item for Improving Prediction Precision of GM（1，1）Model［J］．Journal of Systems Engineering and Electronics，2014，25（1）：77－82.

[45] Liu C，Lao T F，Wu W Z，Xie W L. Application of Optimized Fractional Grey Model－Based Variable Background Value to Predict Electricity Consumption［J］．Fractals，2021，29（2），2150038.

[46] 李凯，张涛．基于组合插值的GM（1，1）模型背景值的改进［J］．计算机应用研究，2018，35（10）：2994－2999.

[47] Chang C J，Li D C，Huang Y H，Chen C C. A Novel Gray Forecasting Model Based on the Box Plot for Small Manufacturing Data Sets［J］．Applied Mathematics and Computation，2015，265：400－408.

[48] Ma X，Wu W Q，Zhang Y Y. Improved GM（1，1）Model Based on Simpson Formula and Its Applications［J］．The Journal of Grey System，2019，31（4）：33－46.

[49] 党耀国，刘思峰，刘斌．以$x^{(1)}(n)$为初始条件的GM模型［J］．中国管理科学，2005，13（1）：133－136.

[50] 吴文泽，张涛．GM（1，1）模型的改进及应用［J］．统计与决策，2019，35（9）：15－18.

[51] 熊萍萍，党耀国，姚天祥．基于初始条件优化的一种非等间距GM（1，1）建模方法［J］．控制与决策，2015，30（11）：2097－2102.

[52] Madhi M，Mohamed N. An Initial Condition Optimization Approach for Improving the Prediction Precision of a GM（1，1）Model［J］．Mathematical and Computational Applications，2017，22（1）：21－28.

[53] 郑坚，陈斌．基于时间权重序列的GM（1，1）初始条件优化模型［J］．控制与决策，2018，33（3）：529－534.

[54] 何承香，曾波，杨乐彬．基于灰色参数组合优化模型的重庆PM 2.5浓度预测与对比分析［J］．系统科学与数学，2021，41（10）：2855－2867.

[55] 卢捷，李峰．基于初始值和背景值改进的GM（1，1）模型优化与应用［J］．运筹与管理，2020，29（9）：27－33.

[56] 郑雪平，王大国，水庆象．基于背景值和初始条件综合优化的GM（1，1）预测模

型 [J]. 统计与决策，2021，37 (9)：25 - 28.

[57] 谢乃明，刘思峰. 离散 GM (1，1) 模型与灰色预测模型建模机理 [J]. 系统工程理论与实践，2005，25 (1)：93 - 99.

[58] 张可，刘思峰. 线性时变参数离散灰色预测模型 [J]. 系统工程理论与实践，2010，30 (9)：1650 - 1657.

[59] 邬丽云，吴正朋，李梅. 二次时变参数离散灰色模型 [J]. 系统工程理论与实践，2013，33 (11)：2887 - 2893.

[60] 蒋诗泉，刘思峰，刘中侠，方志耕. 三次时变参数离散灰色预测模型及其性质 [J]. 控制与决策，2016，31 (2)：279 - 286.

[61] 崔杰，党耀国，刘思峰. 一种新的灰色预测模型及其建模机理 [J]. 控制与决策，2009，24 (11)：1702 - 1706.

[62] Zhou W J，Jiang R R，Ding S，Cheng Y K，Yao L，Tao H H. A Novel Grey Prediction Model for Seasonal Time Series [J]. Knowledge - Based Systems，2021，229，107363.

[63] 吴利丰，刘思峰，刘健. 灰色 GM (1，1) 分数阶累积模型及其稳定性 [J]. 控制与决策，2014，29 (5)：919 - 924.

[64] Liu C，Lao T F，Wu W Z，Xie W L，Zhu H G. An Optimized Nonlinear Grey Bernoulli Prediction Model and Its Application in Natural Gas Production [J]. Expert Systems with Applications，2022，194，116448.

[65] Zhang Y H，Mao S H，Kang Y X，Wen J H. Fractal Derivative Fractional Grey Riccati Model and Its Application [J]. Chaos，Solitons & Fractals，2021，145，110778.

[66] Li S L，Gong K，Zeng B，Zhou W H，Zhang Z Y，Li A X，Zhang，L. Development of the GM (1，1，b) Model with a Trapezoidal Possibility Function and Its Application [J]. Grey Systems：Theory and Application，2022，12 (2)：339 - 356.

[67] Zeng B，Ma X，Shi J J. Modeling Method of the Grey GM (1，1) Model with Interval Grey Action Quantity and Its Application [J]. Complexity，2020，2020，6514236.

[68] Ye J，Dang Y G，Ding S，Yang Y J. A Novel Energy Consumption Forecasting Model Combining an Optimized DGM (1，1) Model with Interval Grey Numbers [J]. Journal of Cleaner Production，2019，229：256 - 267.

[69] Li Y, Li J. Study on Unbiased Interval Grey Number Prediction Model with New Information Priority [J]. Grey Systems: Theory and Application, 2020, 10 (1): 1-11.

[70] 李翀,谢秀萍.基于“灰度不减”公理的改进区间灰数预测模型 [J]. 统计与决策, 2019, 35 (2): 75-78.

[71] 谢乃明,刘思峰.离散 GM (1, 1) 模型与灰色预测模型建模机理 [J]. 系统工程理论与实践, 2005 (1): 93-99.

[72] 谢乃明,刘思峰.离散灰色模型的仿射特性研究 [J]. 控制与决策, 2008 (2): 200-203.

[73] 谢乃明,刘思峰.离散灰色模型的拓展及其最优化求解 [J]. 系统工程理论与实践, 2006 (6): 108-112.

[74] 姚天祥,刘思峰.改进的离散灰色预测模型 [J]. 系统工程, 2007 (9): 103-106.

[75] 张可,刘思峰.线性时变参数离散灰色预测模型 [J]. 系统工程理论与实践, 2010, 30 (9): 1650-1657.

[76] Madhi M, Mohamed N. An Initial Condition Optimization Approach for Improving the Prediction Precision of a GM (1, 1) Model [J]. Mathematical and Computational Applications, 2017, 22 (1): 21.

[77] 刘震,党耀国,魏龙.NGM (1, 1, k) 模型的背景值及时间响应函数优化 [J]. 控制与决策, 2016, 31 (12): 2225-2231.

[78] 童明余,周孝华,曾波.灰色 NGM (1, 1, k) 模型背景值优化方法 [J]. 控制与决策, 2017, 32 (3): 507-514.

[79] 丁松,党耀国,徐宁,魏龙.近似非齐次指数递减序列 NGOM (1, 1) 模型的构建与优化 [J]. 控制与决策, 2017, 32 (8): 1457-1464.

[80] 党耀国,刘震,叶璟.无偏非齐次灰色预测模型的直接建模法 [J]. 控制与决策, 2017, 32 (5): 823-828.

[81] Zhang J, Qin Y P, Zhang X Y, Wang B, Su D X, Duo H Q. Fractional Order Accumulation NGM (1, 1, k) Model with Optimized Background Value and Its Application [J]. Journal of Mathematics, 2021, Article ID 5406547.

[82] 战立青,施化吉.近似非齐次指数数据的灰色建模方法与模型 [J]. 系统工程理论与实践, 2013, 33 (3): 689-694.

[83] 姜爱平,张启敏.非等间距近似非齐次指数序列的灰色建模方法及其优化 [J]. 系统工程理论与实践, 2014, 34 (12): 3199-3203.

[84] 陈芳,魏勇.近非齐次指数序列 GM (1, 1) 模型灰导数的优化 [J]. 系统工程理

论与实践，2013，33（11）：2874-2878.

[85] 崔兴凯，路秀英．基于NGM（1，1，k）模型的农产品产量预测方法［J］．微电子学与计算机，2011，28（8）：201-203，207.

[86] 王健．改进灰导数和时间响应函数的新灰色预测模型［J］．数学的实践与认识，2014，44（2）：12-17.

[87] Ma X，Hu Y S，Liu Z B. A Novel Kernel Regularized Nonhomogeneous Grey Model and Its Applications［J］. Communications in Nonlinear Science and Numerical Simulation，2017，48（JUL）：51-62.

[88] Liu Q Y，Yu D J. Non-Equidistance and Nonhomogeneous Grey Model NNFGM（1，1）with the Fractional Order Accumulation and Its Application［J］. Journal of Interdisciplinary Mathematics，2017，20（6-7）：1423-1426.

[89] 崔立志，刘思峰，李致平．灰色离散Verhulst模型［J］．系统工程与电子技术，2011，33（3）：590-593.

[90] 崔杰，刘思峰，谢乃明，曾波．灰色Verhulst预测模型的病态特性［J］．系统工程理论与实践，2014，34（2）：416-420.

[91] 崔杰，刘思峰．灰色Verhulst拓展模型的病态性问题［J］．控制与决策，2014，29（3）：567-571.

[92] 马红燕，崔杰．灰色Verhulst拓展模型的数乘特性研究［J］．统计与决策，2014（16）：14-16.

[93] 张怡．灰色Verhulst模型的背景值的改进及应用［J］．系统工程理论与实践，2013，33（12）：3168-3171.

[94] 熊萍萍，党耀国，姚天祥，崔杰．灰色Verhulst模型背景值优化的建模方法研究［J］．中国管理科学，2012，20（6）：154-159.

[95] 丁松，党耀国，徐宁，崔杰．灰色Verhulst模型背景值优化及其应用［J］．控制与决策，2015，30（10）：1835-1840.

[96] 吴利丰，刘思峰，刘健．灰色GM（1，1）分数阶累积模型及其稳定性［J］．控制与决策，2014，29（5）：919-924.

[97] 周伟杰，姜慧敏，成雨珂，等．基于可重复性分数阶灰色时间幂模型的中国水电消费预测研究［J］．中国管理科学，2023，31（5）：279-286.

[98] 夏杰，马新，吴文青．基于Simpson公式改进的FAGM（1，1）模型及其应用研究［J］．中国管理科学，2021，29（5）：240-248.

[99] Wu W Q，Ma X，Zeng B，et al. Forecasting Short-Term Renewable Energy Con-

sumption of China Using a Novel Fractional Nonlinear Grey Bernoulli Model [J]. Renewable Energy，2019，140：70-87.

[100] Huang H H，Tao Z F，Liu J P，et al. Exploiting Fractional Accumulation and Background Value Optimization in Multivariate Interval Grey Prediction Model and Its Application [J]. Engineering Applications of Artificial Intelligence，2021，104：104360.

[101] Zheng C L，Wu W Z，Xie W L，et al. A MFO-Based Conformable Fractional Nonhomogeneous Grey Bernoulli Model for Natural Gas Production and Consumption Forecasting [J]. Applied Soft Computing，2021，99：106891.

[102] 吴利丰，刘思峰，姚立根．基于分数阶累加的离散灰色模型 [J]. 系统工程理论与实践，2014，34 (7)：1822-1827.

[103] Duan H，Lei G R，Shao K. Forecasting Crude Oil Consumption in China Using a Grey Prediction Model with an Optimal Fractional-Order Accumulating Operator [J]. Complexity，2018，3869619.

[104] Ma X，Xie M，Wu W Q，et al. The Novel Fractional Discrete Multivariate Grey System Model and Its Applications [J]. Applied Mathematical Modelling，2019，70：402-424.

[105] Chen C I，Chen H L，Chen S P. Forecasting of Foreign Exchange Rates of Taiwan's Major Trading Partners by Novel Nonlinear Grey Bernoulli Model NGBM (1，1) [J]. Communications in Nonlinear Science and Numerical Simulation，2008，13 (6)：1194-1204.

[106] Chen C I. Application of the Novel Nonlinear Grey Bernoulli Model for Forecasting Unemployment Rate [J]. Chaos，Solitons & Fractals，2008，37 (1)：278-287.

[107] 王正新，党耀国，刘思峰，等．GM (1，1) 幂模型求解方法及其解的性质 [J]. 系统工程与电子技术，2009，31 (10)：2380-2383.

[108] Guo X J，Liu S F，Yang Y J. A Prediction Method for Plasma Concentration by Using a Nonlinear Grey Bernoulli Combined Model Based on a Self-Memory Algorithm [J]. Computers in Biology and Medicine，2019，105：81-91.

[109] Wu W Q，Ma X，Zeng B，et al. A Novel Grey Bernoulli Model for Short-Term Natural Gas Consumption Forecasting [J]. Applied Mathematical Modelling，2020，84：393-404.

[110] 丁松，李若瑾，党耀国．基于初始条件优化的 GM (1，1) 幂模型及其应用 [J].

中国管理科学，2020，28（1）：153 - 161.

[111] 罗友洪，陈友军．线性时变参数非等间距 GM（1，1）幂模型及其应用［J］．系统工程，2021，39（5）：152 - 158.

[112] Ma X，Liu Z B，Wang Y. Application of a Novel Nonlinear Multivariate Grey Bernoulli Model to Predict the Tourist Income of China［J］. Journal of Computational and Applied Mathematics，2019，347：84 - 94.

[113] Wu W Q，Ma X，Zeng B，et al. Forecasting Short - Term Renewable Energy Consumption of China Using a Novel Fractional Nonlinear Grey Bernoulli Model［J］. Renewable Energy，2019，140：70 - 87.

[114] Şahin U，Şahin T. Forecasting the Cumulative Number of Confirmed Cases of COVID - 19 in Italy，UK and USA Using Fractional Nonlinear Grey Bernoulli Model［J］. Chaos，Solitons & Fractals，2020，138：109948.

[115] Xie W L，Wu W Z，Liu C，et al. Forecasting Fuel Combustion - Related CO_2 Emissions by a Novel Continuous Fractional Nonlinear Grey Bernoulli Model with Grey Wolf Optimizer［J］. Environmental Science and Pollution Research，2021，28（28）：38128 - 38144.

[116] Yang L，Xie N. Integral Matching - Based Nonlinear Grey Bernoulli Model for Forecasting the Coal Consumption in China［J］. Soft Computing，2021，25（7）：5209 - 5223.

[117] Wu W Z，Xie W L，Liu C，et al. A Novel Fractional Discrete Nonlinear Grey Bernoulli Model for Forecasting the Wind Turbine Capacity of China［J］. Grey Systems：Theory and Application，2022，12（2）：357 - 375.

[118] 钱吴永，党耀国，刘思峰．含时间幂次项的灰色 GM（1，1，t^α）模型及其应用［J］．系统工程理论与实践，2012，32（10）：2247 - 2252.

[119] 吴紫恒，吴仲城，李芳，等．改进的含时间幂次项灰色模型及建模机理［J］．控制与决策，2019，34（3）：637 - 641.

[120] Yu L，Ma X，Wu W，et al. Application of a Novel Time - Delayed Power - Driven Grey Model to Forecast Photovoltaic Power Generation in the Asia - Pacific Region［J］. Sustainable Energy Technologies and Assessments，2021，44：100968.

[121] Ding S，Li R，Wu S，et al. Application of a Novel Structure - Adaptative Grey Model with Adjustable Time Power Item for Nuclear Energy Consumption Forecasting［J］. Applied Energy，2021，298：117114.

[122] Liu C, Wu W Z, Xie W, et al. Application of a Novel Fractional Grey Prediction Model with Time Power Term to Predict the Electricity Consumption of India and China [J]. Chaos, Solitons & Fractals, 2020, 141: 110429.

[123] Xia J, Ma X, Wu W, et al. Application of a New Information Priority Accumulated Grey Model with Time Power to Predict Short - Term Wind Turbine Capacity [J]. Journal of Cleaner Production, 2020, 244: 118573.

[124] Liu C, Xie W, Lao T, et al. Application of a Novel Grey Forecasting Model with Time Power Term to Predict China's GDP [J]. Grey Systems: Theory and Application, 2021, 11 (3): 343 - 357.

[125] Liu C, Wu W Z, Xie W, et al. Forecasting Natural Gas Consumption of China by Using a Novel Fractional Grey Model with Time Power Term [J]. Energy Reports, 2021, 7: 788 - 797.

[126] 何凌阳，王正新．季节性弱化缓冲算子的构造与应用 [J]. 系统工程理论与实践，2022，42 (1)：13 - 23.

[127] 杨鑫波，龙勇，曾波．季度性用电需求预测的移动平均 GM (1，1) 模型 [J]. 统计与决策，2021，37 (9)：168 - 171.

[128] Wang Z X, Li Q, Pei L L. A Seasonal GM (1, 1) Model for Forecasting the Electricity Consumption of the Primary Economic Sectors [J]. Energy, 2018, 154: 522 - 534.

[129] Wang Z X, Wang Z W, Li Q. Forecasting the Industrial Solar Energy Consumption Using a Novel Seasonal GM (1, 1) Model with Dynamic Seasonal Adjustment Factors [J]. Energy, 2020, 200: 117460.

[130] Zhou W J, Wu X L, Ding S, et al. Predictive Analysis of the Air Quality Indicators in the Yangtze River Delta in China: An Application of a Novel Seasonal Grey Model [J]. Science of The Total Environment, 2020, 748: 141428.

[131] Jiang J M, Wu W Z, Li Q, et al. A PSO Algorithm - Based Seasonal Nonlinear Grey Bernoulli Model with Fractional Order Accumulation for Forecasting Quarterly Hydropower Generation [J]. Journal of Intelligent & Fuzzy Systems, 2021, 40 (1): 507 - 519.

[132] Wang Z X, Li Q, Pei L L. Grey Forecasting Method of Quarterly Hydropower Production in China Based on a Data Grouping Approach [J]. Applied Mathematical Modelling, 2017, 51: 302 - 316.

[133] 王正新，赵宇峰．含季节性虚拟变量的 GM（1，1）模型及其应用 [J]. 系统工程理论与实践，2020，40（11）：2981－2990.

[134] 曾波，李惠，余乐安，等．季节波动数据特征提取与分数阶灰色预测建模 [J]. 系统工程理论与实践，2022，42（2）：471－486.

[135] Qian W Y，Wang J. An Improved Seasonal GM（1，1）Model Based on the HP Filter for Forecasting Wind Power Generation in China [J]. Energy，2020，209：118499.

[136] Ding S，Li R J，Tao Z. A Novel Adaptive Discrete Grey Model with Time－Varying Parameters for Long－Term Photovoltaic Power Generation Forecasting [J]. Energy Conversion and Management，2021，227：113644.

[137] 孙永军，李刚，程春田，等．结合加权马尔可夫链与 GM（1，1）模型的两阶段小水电群发电能力预测方法 [J]. 中国科学：技术科学，2015，45（12）：1279－1288.

[138] 张国政，罗党．基于季节波动序列的灰色预测模型及其应用 [J]. 统计与决策，2021，37（23）：23－27.

[139] Zhu X Y，Dang Y G，Ding S. Forecasting Air Quality in China Using Novel Self－Adaptive Seasonal Grey Forecasting Models [J]. Grey Systems：Theory and Application，2021，11（4）：596－618.

[140] 张召亚．灰色多变量新型累加预测模型及其应用 [D]. 邯郸：河北工程大学，2020.

[141] Lao，T F，Chen X T，Zhu J N. The Optimized Multivariate Grey Prediction Model Based on Dynamic Background Value and Its Application [J]. Complexity，2021，Article ID：6663773.

[142] Pei L L，Chen W M，Bai J H，Wang Z X. The Improved GM（1，N）Models with Optimal Background Values：A Case Study of Chinese High－Tech Industry [J]. Journal of Grey System，2015，27（3）：223－234.

[143] Luo Y X，Liu Q Y. Multivariable Non－Equidistance Grey Model with Fractional Order Accumulation and Its Application [J]. Journal of Grey System，2018，30（1）：239－248.

[144] Huang H L，Tao Z F，Liu J P，Cheng J H，Chen H Y. Exploiting Fractional Accumulation and Background Value Optimization in Multivariate Interval Grey Prediction Model and Its Application [J]. Engineering Applications of Artificial Intelligence，2021，104，Article ID：104360.

[145] Tien T L. The Indirect Measurement of Tensile Strength of Material by the Grey Prediction Model GMC (1, N) [J]. Measurement Science Technology, 2005, 16 (6): 1322-1328.

[146] Tien T L. Forecasting CO_2 Output from Gas Furnace by Grey Model IGMC (1, N) [J]. Journal of the Chinese Society of Mechanical Engineers, 2010, 31 (1): 55-65.

[147] Tien T L. The Indirect Measurement of Tensile Strength by the New Model FGMC (1, N) [J]. Measurement, 2011, 44 (10): 1884-1897.

[148] 何满喜，王勤．基于 Simpson 公式的 GM（1，N）建模的新算法［J］．系统工程理论与实践，2013，33（1）：199-202.

[149] Ma X, Liu Z B. Predicting the Oil Field Production Using the Novel Discrete GM (1, N) Model [J]. Journal of Grey System, 2015, 27 (4): 63-73.

[150] 张可，曲品品，张隐桃．时滞多变量离散灰色模型及其应用［J］．系统工程理论与实践，2015，35（8）：2092-2103.

[151] 丁松，党耀国，徐宁，等．基于时滞效应的多变量离散灰色预测模型［J］．控制与决策，2017，32（11）：1997-2004.

[152] 罗党，安艺萌，王小雷．时滞累积 TDAGM（1，N，t）模型及其在粮食生产中的应用［J］．控制与决策，2021，36（8）：2002-2012.

[153] 张可．基于驱动控制的多变量离散灰色模型［J］．系统工程理论与实践，2014，34（8）：2084-2091.

[154] 党耀国，魏龙，丁松．基于驱动信息控制项的灰色多变量离散时滞模型及其应用［J］．控制与决策，2017，32（9）：1672-1680.

[155] 王正新．灰色多变量 GM（1，N）幂模型及其应用［J］．系统工程理论与实践，2014，34（9）：2357-2363.

[156] Xiong P P, Yin Y, Shi J, Gao H. Nonlinear Multivariable GM (1, N) Model Based on Interval Grey Number Sequence [J]. Journal of Grey System, 2018, 30 (3): 33-47.

[157] 丁松，党耀国，徐宁，等．多变量离散灰色幂模型构建及其优化研究［J］．系统工程与电子技术，2018，40（6）：1302-1309.

[158] Zhang M, Guo H, Sun M, Liu S F, Forrest J. A Novel Flexible Grey Multivariable Model and Its Application in Forecasting Energy Consumption in China [J]. Energy, 2022, 239: Article ID: 122441.

[159] 丁松，党耀国，徐宁．基于虚拟变量控制的 GM（1，N）模型构建及其应用［J］.

控制与决策，2018，33（2）：309－315.

[160] 丁松，党耀国，徐宁，等．基于交互作用的多变量灰色预测模型及其应用［J］．系统工程与电子技术，2018，40（3）：595－602.

[161] Zeng X Y，Shu L，Yan S L，Shi Y C，He F L. A Novel Multivariate Grey Model for Forecasting the Sequence of Ternary Interval Numbers [J]. Applied Mathematical Modelling，2019，69：273－286.

[162] 翟军，盛建明，冯英浚．MGM（1，n）灰色模型及应用［J］．系统工程理论与实践，1997（5）：110－114.

[163] Ma X，Liu Z B. Predicting the Oil Field Production Using the Novel Discrete GM（1，N）Model [J]. Journal of Grey System，2015，27（4）：63－73.

[164] Zhang K，Pin P Q. Multivariate Discrete Grey Model Base on Dummy Drivers [J]. Grey Systems：Theory and Application，2016，6（2）：246－258.

[165] 张可，曲品品，张隐桃．时滞多变量离散灰色模型及其应用［J］．系统工程理论与实践，2015，35（8）：2092－2103.

[166] 丁松，党耀国，徐宁，等．基于时滞效应的多变量离散灰色预测模型［J］．控制与决策，2017，32（11）：1997－2004.

[167] 罗党，安艺萌，王小雷．时滞累积 TDAGM（1，N，t）模型及其在粮食生产中的应用［J］．控制与决策，2021，36（8）：2002－2012.

[168] 张可．基于驱动控制的多变量离散灰色模型［J］．系统工程理论与实践，2014，34（8）：2084－2091.

[169] 党耀国，魏龙，丁松．基于驱动信息控制项的灰色多变量离散时滞模型及其应用［J］．控制与决策，2017，32（9）：1672－1680.

[170] 丁松，党耀国，徐宁，等．多变量离散灰色幂模型构建及其优化研究［J］．系统工程与电子技术，2018，40（6）：1302－1309.

[171] Ding S. A Novel Discrete Grey Multivariable Model and Its Application in Forecasting the Output Value of China's High－Tech Industries [J]. Computers & Industrial Engineering，2019，127：749－760.

[172] Ding S，Dang Y G，Li X M，et al. Forecasting Chinese CO_2 Emissions from Fuel Combustion Using a Novel Grey Multivariable Model [J]. Journal of Cleaner Production，2017，162：1527－1538.

[173] Dai J，Liu H J，Sun Y N，Wang M. An Optimization Method of Multi－Variable MGM（1，m）Prediction Model's Background Value [J]. Journal of Grey Sys-

tem，2018，30（1）：221－238.

[174] 赵领娣，王海霞．基于初始条件优化的非等间距多变量灰色预测模型研究 [J]. 模糊系统与数学，2019，33（1）：136－142.

[175] 张红敏，沙秀艳，王玉凤，等．改进的初值和背景值优化的 MGM（1，m）模型及应用 [J]. 统计与决策，2020，36（1）：15－19.

[176] Wu L F，Gao X H，Xiao Y L，Yang Y J，Chen X N. Using a Novel Multi－Variable Grey Model to Forecast the Electricity Consumption of Shandong Province in China [J]. Energy，2018，157：327－335.

[177] 周伟杰，党耀国．向量灰色模型的建立及应用 [J]. 运筹与管理，2019，28（10）：150－155.

[178] Xiong P P，Huang S，Peng M，Wu X H. Examination and Prediction of Fog and Haze Pollution Using a Multi－Variable Grey Model Based on Interval Number Sequences [J]. Applied Mathematical Modelling，2020，77：1531－1544.

[179] Xiong P P，Zhang Y，Zeng B，Yao T X. MGM（1，m）Model Based on Interval Grey Number Sequence and Its Applications [J]. Grey Systems：Theory and Application，2017，7（3）：310－319.

[180] Wang H X，Zhao L D. A Nonhomogeneous Multivariable Grey Prediction NMGM Modeling Mechanism and Its Application [J]. Mathematical Problems in Engineering，2018，Article ID：6879492.

[181] 熊萍萍，袁玮莹，叶琳琳，等．灰色 MGM（1，m，N）模型的构建及其在雾霾预测中的应用 [J]. 系统工程理论与实践，2020，40（3）：771－782.

[182] 刘思峰．冲击扰动系统预测陷阱与缓冲算子 [J]. 华中理工大学学报，1997（1）：26－28.

[183] 董奋义，肖美丹，刘斌，等．灰色系统教学中白化权函数的构造方法分析 [J]. 华北水利水电学院学报，2010，31（3）：97－99.

[184] Luo D，Wang X，Song B. Multi－Attribute Decision－Making Methods with Three－Parameter Interval Grey Number [J]. Grey Systems：Theory and Application，2013，3（3）：305－315.

[185] 包子阳，余继周，杨杉．智能优化算法及其 MATLAB 实例 [M]. 第 3 版．北京：电子工业出版社，2021.

[186] 李晔，丁圆苹．区间灰数 NGM（1，1）预测模型的构建及优化 [J]. 数学的实践与认识，2021，51（10）：316－322.

[187] 童明余，周孝华，曾波．灰色 NGM（1，1，k）模型背景值优化方法 [J]. 控制与决策，2017，32（3）：507－514.

[188] Cui J，Liu S，Zeng B，et al. A Novel Grey Forecasting Model and Its Optimization [J]. Applied Mathematical Modelling，2013，37（6）：4399－4406.

[189] Lewis C. Industrial and Business Forecasting Methods [M]. Butterworths Publishing，London，1982.

[190] 杨锦伟，肖新平，郭金海．正态分布区间灰数灰色预测模型 [J]. 控制与决策，2015，30（9）：1711－1716.

[191] 王建华，查怡婷，王雪，等．基于核和灰度的灰色马尔可夫预测模型及应用 [J]. 系统工程与电子技术，2020，42（2）：398－404.

[192] 童明余，周孝华，曾波．基于信息域和认知程度的改进区间灰数预测模型 [J]. 统计与决策，2015（18）：66－68.

[193] 张新生，赵梦旭，王小完．尾段残差修正 GM（1，1）模型在管道腐蚀预测中的应用 [J]. 中国安全科学学报，2017，27（1）：65－70.

[194] Ye J，Dang Y G，Li B J. Grey－Markov Prediction Model Based on Background Value Optimization and Central－Point Triangular Whitenization Weight Function [J]. Communications in Nonlinear Science and Numerical Simulation，2018，54：320－330.

[195] Yuan C Q，Liu S F，Fang Z G. Comparison of China's Primary Energy Consumption Forecasting by Using ARIMA（the auto regressive integrated moving average）Model and GM（1，1）model [J]. Energy，2016，100：384－390.

[196] 吉培荣，黄巍松，胡翔勇．无偏灰色预测模型 [J]. 系统工程与电子技术，2000（6）：6－7，80.

[197] 李树良，曾波，孟伟．基于克莱姆法则的无偏区间灰数预测模型及其应用 [J]. 控制与决策，2018，33（12）：2258－2262.

[198] 曾波，石娟娟，周雪玉．基于 Cramer 法则的区间灰数预测模型参数优化方法研究 [J]. 统计与信息论坛，2015，30（8）：9－15.

[199] 曾波，刘思峰．近似非齐次指数序列的 DGM（1，1）直接建模法 [J]. 系统工程理论与实践，2011，31（2）：297－301.

[200] 朱超余，谢乃明．NDGM 模型的性质及预测效果分析 [J]. 系统工程与电子技术，2010，32（9）：1915－1918.

[201] BP. BP Statistical Review of World Energy 2022 [M]. BP，UK，2022.

[202] Hu P. Discrete DGM (1, 1, t^{α}) Model [J]. Mathematics in Practice and Theory, 2016, 46 (5): 222-230.

[203] 河南省统计局. 河南省统计年鉴 [M]. 北京: 中国统计出版社, 2004—2020.

[204] 王正新. 具有交互效应的多变量 GM (1, N) 模型 [J]. 控制与决策, 2017, 32 (3): 515-520.

[205] Tien T L. A Research on the Grey Prediction Model GM (1, n) [J]. Applied Mathematics and Computation, 2012, 218 (9): 4903-4916.

[206] Ma X, Liu Z and Wang Y. Application of a Novel Non-Linear Multivariate Grey Bernoulli Model to Predict the Tourist Income of China [J]. Journal of Computational and Applied Mathematics, 2019, 347: 84-94.

[207] Wang Z X, Hipel K W, Wang Q, et al. An Optimized NGBM (1, 1) Model for Forecasting the Qualified Discharge Rate of Industrial Wastewater in China [J]. Applied Mathematical Modelling, 2011, 35 (12): 5524-5532.

[208] 中华人民共和国国家统计局. 中国统计年鉴 [M]. 北京: 中国统计出版社, 2021.

[209] Tan P N, Steinbach M, Kumar V. Introduction to Data Mining [M]. Pearson Addison-Wesley, 2006.

[210] Xie N M, Liu S F, Yang Y J, Yuan C Q. An Novel Grey Forecasting Model Based on Non-Homogeneous Index Sequence [J]. Applied Mathematical Modelling, 2013, 37 (7): 5059-5068.

[211] Xie N M, Liu S F. Interval Grey Number Sequence Prediction by Using Non-Homogenous Exponential Discrete Grey Forecasting Model [J]. Journal of Systems Engineering and Electronics, 2015, 26 (1): 96-102.

[212] 冯志, 李兆平, 李祎. 多变量灰色系统预测模型在深基坑围护结构变形预测中的应用 [J]. 岩石力学与工程学报, 2007, 26 (S2): 4319-4324.

图书在版编目（CIP）数据

灰色预测模型的优化研究 / 李晔等著．—北京：
中国农业出版社，2024.6
ISBN 978-7-109-31948-6

Ⅰ.①灰…　Ⅱ.①李…　Ⅲ.①灰色预测模型－研究
Ⅳ.①N949

中国国家版本馆 CIP 数据核字（2024）第 093802 号

中国农业出版社出版
地址：北京市朝阳区麦子店街 18 号楼
邮编：100125
责任编辑：闫保荣
版式设计：小荷博瑞　　责任校对：吴丽婷
印刷：北京中兴印刷有限公司
版次：2024 年 6 月第 1 版
印次：2024 年 6 月北京第 1 次印刷
发行：新华书店北京发行所
开本：700mm×1000mm　1/16
印张：16.25
字数：260 千字
定价：88.00 元
